3rd Edition

패널 데이터 분석

민인식 · 최필선 공저

STATA

Panel Data Analysis

패널 데이터 분석 3rd Edition

STATA

Panel Data Analysis

민인식 · 최필선 공저

16-17 Version

MEDIA JIPHIL
(주)지필미디어

머리말

시계열과 횡단면의 특성을 동시에 갖고 있는 패널데이터를 이용한 분석이 최근 다양한 분야에서 활발하게 이루어지고 있다. 기존의 통계프로그램이 횡단면 또는 시계열에 초점을 맞춘 것에 비해 STATA는 초기 개발 단계에서부터 패널데이터의 분석에 중점을 둔 통계패키지다. 현존하는 통계프로그램 중 STATA만큼 패널분석에 다양하면서도 최신의 이론을 반영한 통계패키지를 찾아보기 힘들다.

STATA를 이용하여 패널데이터를 분석하고자 하는 연구자들은 크게 늘어나고 있으나 패널분석 방법론을 친절하게 설명해 주는 책을 찾기 쉽지 않다. 기본적으로 패널분석은 횡단면 및 시계열 분석과 크게 다르지는 않지만, 패널데이터만의 특징을 활용하는 데이터관리 및 추정방법에 대한 지식이 필요하다. 본서는 STATA에서 사용하는 패널데이터 관리 명령어와 패널 선형회귀모형에 초점을 맞추어 예제를 실행하고, 그 결과를 설명하는 방식으로 서술되어 있다. 사실 패널분석을 이해하기 위해서는 계량경제학적 이론에 대한 전반적인 지식이 선행되어야 한다. 그러나 이 책을 읽는 독자들의 계량경제학 지식과 배경이 서로 크게 다르다는 점을 감안하여 이론적인 측면은 핵심 개념만을 소개하고, 그 대신 실제 데이터를 분석할 때 사용하는 STATA 명령문과 그 결과를 해석하는 것에 주안점을 두었다.

본서는 STATA의 기본 명령문과 기초적인 통계분석 방법에 어느 정도 익숙한 독자들을 가정하였다. STATA를 처음 사용하는 독자라면 저자들의 또 다른 저서인 『STATA 기초적 이해와 활용』과 『STATA 기초통계와 회귀분석』을 같이 참고하기 바란다. 특히 이번 개정판에서는 가장 최신의 STATA 버전 16/17를 기반으로 내용을 설명, 새롭게 변화된 내용을 책에 반영시키고자 하였다. 이 책에 사용된 모든 예제 데이터 파일(◉ 표시)은 한국STATA학회 홈페이지
(http://kastata.org/html/sub02-04.asp)에서 다운로드 받아 독자들이 직접 실습할 수 있다.

본서가 출간되는데 물심양면으로 후원해 주신 STATA 한국판매지사(제이슨티지)의 박정권 사장님, 어려운 출판시장 환경에도 불구하고 출간을 지속해 주신 지필미디어 김성남 대표께도 감사를 표한다. 사랑하는 가족들에게 이 책을 바치고자 합니다.

2022년 2월
저 자

목차

제4장 | 기초 통계분석

제5장 | 패널 그래프 작성

제6장 | 패널 GLS

제7장 | Between Effects 모형

제8장 | 고정효과 모형

제9장 | 1차 차분 모형

제10장 | 확률효과 모형

제14장 | 동적 패널 모형

제15장 | 이항 종속변수 모형

CHAPTER 01 패널데이터 구조와 특징

1.1 패널데이터란?

어떤 특정 개체(예: 개인, 가구, 기업, 국가 등)의 현상이나 특성을 시간 순으로 기록해 놓은 것을 시계열데이터(time-series data)라 한다. 이에 반해 횡단면데이터(cross-sectional data)는 특정 시점(예: 2009년)에 있어서 여러 개체(예: 5,000 가구)의 현상이나 특성을 모아 놓은 것이다. 즉 시계열데이터는 특정 개체에 대해 관측 시점이 여러 개인 반면, 횡단면데이터는 특정 시점에 있어서 관측되는 개체가 여러 개이다. 이와 같은 시계열데이터와 횡단면데이터를 하나로 합쳐 놓은 것이 패널데이터(panel data)이다. 즉 패널데이터는 여러 개체에 대해 그 현상이나 특성을 일련의 관측시점별로 기록해 놓은 것이다. 예를 들어 한국의 경상수지를 연도별로 기록한 것은 시계열데이터이고, 2009년 OECD 회원국들의 경상수지를 기록한 것은 횡단면데이터이며, OECD 회원국들의 경상수지를 연도별로 기록한 것은 패널데이터의 예에 해당한다.

패널데이터는 합동(pooled) 횡단면데이터와 구별된다. 시계열데이터와 횡단면데이터를 합쳐 놓은 것이라는 점에서는 동일하나, 합동 횡단면데이터에서는 동일한 개체를 반복적으로 관찰하는 것이 아니라 서로 다른 개체가 매 시점에서 조사된다. 이에 반해 패널데이터는 기본적으로 동일한 개체를 시간에 따라 반복적으로 서베이한다. 예를 들어 2000년~2006년까지 도시근로자 1,000명을 매년 조사할 때, 동일한 1,000명을 매년 조사하면 패널데이터이고, 매년 서로 다른 1,000명을 조사하면 합동 횡단면데이터이다.

최근 자연과학과 사회과학 분야에서 패널데이터를 응용한 연구가 활발해지고 있다. 보통 사회과학 분야에서는 패널데이터라는 이름으로 불리는데 비해 자연과학 분야에서는 종단면데이터(longitudinal data)라고도 불린다. 특히 개체가 개인, 회사, 가구, 국가 등일 때에는 주로 패널데이터라는 이름으로 사용한다. 그러나 많은 경우, 패널데이터와 종단면데이터는 서로 혼용되어 사용되고 있다.

여러 가구들의 연도별 소득을 조사한 패널데이터를 생각해보자. 데이터의 기본 구조는 다음과 같다.

그림 1.1 패널데이터의 기본구조

균형패널			불균형패널		
가구	연도	소득	가구	연도	소득
1	2005	4,200	1	2005	4,200
1	2006	4,300	1	2006	4,300
1	2007	4,500	1	2007	4,500
2	2005	3,500	2	2005	3,500
2	2006	3,800	2	2006	3,800
2	2007	3,900	3	2006	5,500
⋮	⋮	⋮	⋮	⋮	⋮

위의 왼쪽 예에서 보는 것처럼 각 개체(가구)가 동일한 기간(2005, 2006, 2007년)에 대해 데이터 값을 가지고 있는 경우를 균형(balanced) 패널이라고 부르며, 그렇지 않고 오른쪽 예에서처럼 개체별 데이터 포괄기간이 서로 다른 경우를 불균형(unbalanced) 패널이라 부른다. 패널분석은 전통적으로 균형패널 분석에 초점을 맞추어 왔지만, 사회과학 서베이에서는 조사대상 개인(또는 회사)의 이탈(attrition)로 인해 불균형패널이 되는 경우가 많다. 따라서 최근에는 불균형패널에 대한 계량경제학적 분석이 많이 시도되고 있다.

1.2 패널분석의 장단점

시계열데이터 및 횡단면데이터와 비교했을 때 패널데이터의 장점을 생각해보면, 첫째, 횡단면데이터는 특정 시점에서 여러 개체에 대한 조사이기 때문에 변수 간 정적(static) 관계만을 추정할 수 있다. 이에 반해 패널데이터에서는 개인이 반복하여 관찰되기 때문에 동적(dynamic) 관계를 추정할 수 있다. 예를 들어 개인의 취업상태를 시간에 따라 조사함으로써 재직기간, 실업기간, 직업변경 등에 관한 연구가 패널에서는 가능하다. 실업률을 분석하는 경우 횡단면데이터에서는 특정 시점에서의 실업률만을 계산할 수 있지만, 패널데이터가 있으면 어떤 그룹의 실업률이 시간에 따라 어떻게 변하는지 측정할 수 있다.

둘째, 개체들의 관찰되지 않는 이질성(unobserved heterogeneity) 요인을 모형에서 고려할 수 있다. 가령 미국 50개 주의 담배소비를 1963~1988년까지 조사한 패널데이터를 생각해보자. 담배소비에 영향을 미치는 요인으로는 그 주의 1인당 소득, 과거 담배소비, 그리고 담배가격 등의 함수로 간주할 수 있다. 그러나 모형에서 고려되지는 않았지만, 시간에 따라 변하지 않는(time-invariant) 각 주의 이질적 특성이 담배소비에 영향을 미칠 수 있다. 예를 들어

각 주의 종교적 특성을 그 예로 들 수 있다. 이러한 패널 개체*의 특성이 회귀모형에서 제외된다면 누락된 변수로 인한 편의(omitted variable bias)가 생길 수 있다. 패널데이터를 이용한 회귀모형에서는 개인별 또는 주별 이질성을 반영시킬 수 있기 때문에 모형설정 오류(model misspecification)를 줄일 수 있다.

셋째, 패널데이터는 횡단면 또는 시계열데이터에 비해 더 많은 정보와 변수의 변동성(variability)을 제공한다. 결과적으로 효율적인 추정량(efficient estimator)을 얻을 수 있는 장점이 있다. 또한 패널회귀모형에서는 다중공선성(multi-collinearity) 문제를 완화시킬 수 있다. 미국의 담배소비를 1963~1988년까지 모은 시계열데이터에서는 설명변수 간에 강한 선형관계가 예상된다. 예를 들어 담배가격과 소득을 설명변수로 사용할 경우 두 설명변수 간에 강한 양(+)의 선형관계가 있을 가능성이 높다. 그러나 미국의 50개 주별로 모은 패널데이터에서는 가격변수와 소득변수 간의 선형관계가 크게 줄어들 수 있다. 그 이유는 각 변수가 주별로 값이 모두 다르고, 또한 특정 주 내에서도 시간이 따른 변동이 존재하기 때문이다. 설사 두 설명변수(가령, 담배가격과 소득)가 강한 선형관계가 있더라도, 패널 선형회귀모형을 추정할 때는 설명변수를 다양한 형태로 변형하기 때문에 추정단계에서는 설명변수의 상관관계가 줄어들게 된다.**

패널데이터는 몇 가지 단점도 지니고 있다. 첫째, 데이터 수집의 어려움이다. 특정 개인을 시간의 흐름에 따라 반복적으로 조사하는 경우 결측치가 발생할 가능성이 크다. 이러한 결측치로 인해 추정량의 비효율성(inefficiency)이 생길 수 있으며, 추정해야 할 모수의 식별(identification)에 문제가 생길 수 있다. 둘째, 국가나 지역을 패널 그룹으로 설정하여 조사한 데이터의 경우에는 패널 그룹 간 상관관계(group-wise correlation)가 존재할 수 있다. 따라서 이러한 그룹 간 상관관계를 모형추정에서 고려해야만 올바른 추론 결과를 얻을 수 있다. 셋째, 개인이 패널 그룹인 경우 시간변수의 길이가 짧다는 단점이 있다. 추정량에 대한 점근적 추론(asymptotic interference)은 패널의 숫자가 커지는 것에 의존한다. 그러나 패널 프로빗 또는 패널 로짓과 같은 제한된 종속변수 모형(limited dependent model)의 추정에서 각 그룹이 가진 시점이 짧고 그룹의 갯수가 많아지는 경우에는 계산비용(computational cost)이 발생하는 것으로 알려져 있다.

---

* 패널 '개체'란 패널변수를 구성하는 각 개체(예: 개인, 가구, 기업, 국가 등)를 말하는 것으로서 본서에서는 경우에 따라 이를 패널 '그룹'으로 부르기도 한다. 패널데이터의 특징상 각 패널 개체마다 여러 시점에서 관측된 데이터를 갖고 있으므로 이를 하나의 그룹으로 볼 수 있기 때문이다.

** 패널 선형회귀모형에서는 변수들을 고정효과 모형(본서 8장), 1차 차분 모형(본서 9장), 확률효과 모형(본서 10장)의 형태로 변형하여 추정한다.

1.3 tsset 명령어

Stata에서 패널분석을 시작하기 위해서는 가장 먼저 **tsset** 명령어를 실행하여 데이터를 정렬해 주어야 한다. 예제 데이터파일 P_data1_1.dta를 이용하여 이를 실행한 결과는 다음과 같다.

```
. tsset state_code year
       panel variable:  state_code (strongly balanced)
        time variable:  year, 1970 to 2000, but with gaps
                delta:  1 unit
```

명령어 **tsset** 다음에는 데이터세트의 변수 이름을 적어 주는데, **tsset** 바로 다음에는 반드시 개체를 의미하는 패널변수(panel variable), 즉 위의 예에서는 state_code가 와야 하고, 두 번째에 시간변수(time variable), 위의 예에서는 year가 위치해야 한다. **tsset** 명령문을 실행할 경우 그 결과는 다음 **sort** 명령문 실행결과와 동일하다.

```
. sort state_code year
```

또는 **tsset** 대신 다음과 같이 **xtset**을 사용할 수도 있다.

```
. xtset state_code year
       panel variable:  state_code (strongly balanced)
        time variable:  year, 1970 to 2000, but with gaps
                delta:  1 unit
```

위의 명령문에서 **tsset** 또는 **xtset** 다음에 오는 패널변수는 반드시 숫자변수(numeric variable)이어야 하며, 문자변수(string variable)인 경우에는 패널변수로 사용할 수 없다. 예제 데이터에서 state 변수는 빨간색의 문자변수이다. 이를 패널변수로 사용할 경우 다음과 같은 에러 메시지를 얻게 된다.

```
. tsset state year
varlist:  state:  string variable not allowed
r(109);
```

패널변수는 숫자변수이기만 하면 되며, 반드시 정수(integer) 형태일 필요는 없다.

Tip 1.1 ● encode와 decode

문자변수가 패널변수로 되어 있는 경우를 실제 데이터 작업에서 많이 만나게 된다. 국가이름이나 도시이름으로 패널변수가 만들어진 경우이다. 패널변수가 문자인 경우, 숫자변수로 바꾸어 주어야 tsset 명령이 가능하다. 문자변수를 숫자변수로 전환하기 위해서는 encode 명령어를 사용할 수 있다. encode 명령어는 문자변수 관측치를 밸류 레이블(value label)로 저장한 숫자변수로 변환해 준다.* 명령문은 다음과 같다.

```
. encode state, gen(state_code1)
```

위 명령문을 실행하면 state_code1 변수가 새로 생성된다. 이 변수는 state 변수와 동일한 값(즉, 문자)을 밸류 레이블로 갖는 숫자변수이다. 파란색으로 표시된다는 점에서 이것이 숫자변수임을 확인할 수 있다. 각 밸류 레이블의 값을 알기 위해서는 label list 명령을 실행하면 된다.

```
. label list
state_code1:
           1 CT
           2 MA
           3 ME
           4 NH
           5 RI
           6 VT
```

위의 결과를 보면 encode 명령어는 문자변수의 알파벳 순으로 1부터 연속의 정수를 부여함을 알 수 있다. 한편 decode 명령어를 이용하면 밸류 레이블이 붙어 있는 숫자변수를 문자변수로 변환할 수 있다.

```
. decode state_code1, gen(state1)
```

새로 만들어진 state1 변수는 state_code1 변수의 밸류 레이블을 그대로 문자로 변환시킴으로써 빨간색의 문자변수가 되었다. decode 명령어 다음에 오는 숫자변수는 반드시 밸류 레이블을 갖고 있는 숫자변수이어야 한다. 밸류 레이블이 없는 숫자변수(예: stata_code)에 대해 decode 명령어를 사용할 경우 다음과 같은 에러 메시지를 얻는다.

```
. decode state_code, gen(state2)
```

```
value label state_code not found
r(111);
```

1.4 패널데이터 유형

패널데이터는 각 개체의 데이터 포괄기간이 서로 동일한지 여부와 시간갭(time gap)이 있는지 여부에 따라 다음 4가지 유형으로 구분할 수 있다.

그림 1.2 패널데이터의 4가지 유형

	균형패널	불균형패널
시간갭이 없는 패널	(1) 각 개체의 데이터 포괄기간이 동일하고 시간갭이 없음	(3) 각 개체의 데이터 포괄기간이 다르지만 시간갭이 없음
시간갭이 있는 패널	(2) 각 개체의 데이터 포괄기간이 동일하지만 시간갭이 존재	(4) 각 개체의 데이터 포괄기간이 다르며 시간갭이 존재

위 표의 구분에 따른 4가지 패널구조의 예를 하나씩 들어보기로 한다. 먼저 예제 데이터파일 P_data1_2.dta는 균형패널이면서 시간갭이 없는 패널데이터로서 아래 그 일부분이 나와 있다.

그림 1.3 시간갭이 없는 균형패널

	state_code	year	pop	area
1	1	1970	.1369841	.871691
2	1	1971	.6184582	.871691
3	1	1972	.4241557	.871691
4	1	1973	.2648021	.871691
5	2	1970	.6432207	.4611429
6	2	1971	.0610638	.4611429
7	2	1972	.8983462	.4611429
8	2	1973	.9477426	.4611429

각 개체(state_code 변수)가 1970~1973년까지 4개년의 데이터를 가지고 있다. 이 데이터세트에 **tsset** 명령문을 실행할 경우 다음과 같은 결과를 얻는다.

```
. tsset state_code year
```

* 밸류 레이블(value label)에 대한 자세한 내용은 민인식 · 최필선(2019a)의 5.7절을 참고하라.

```
       panel variable:  state_code (strongly balanced)
        time variable:  year, 1970 to 1973
                delta:  1 year
```

위 실행결과에서 panel variable에 대한 설명 중 strongly balanced는 균형패널이라는 의미이다. 또한 time variable에 대한 설명에서 시간갭이 있다는 메시지가 나오지 않으면 시간변수에 갭이 없다는 의미이다. 따라서 예제 데이터파일 P_data1_2.dta는 균형패널이고, 시간갭이 없는 패널데이터임을 알 수 있다.

앞에서 사용했던 예제 데이터파일 P_data1_1.dta는 균형패널이지만 시간갭이 있는 패널데이터로서 그 일부분은 다음과 같다.

그림 1.4 시간갭이 있는 균형패널

state_code	year	pop	area
1	1970	.1369841	.871691
1	1980	.6184582	.871691
1	1990	.4241557	.871691
1	2000	.2648021	.871691
2	1970	.6432207	.4611429
2	1980	.0610638	.4611429
2	1990	.8983462	.4611429
2	2000	.9477426	.4611429

state_code 변수의 각 개체마다 1970, 1980, 1990, 2000년 등 동일한 4개년에 대해 데이터 값을 가지고 있지만, 시간변수가 연속으로 이어지지 않고 10년씩의 갭이 있는 것을 알 수 있다. 패널데이터가 이러한 구조로 되어 있을 때 tsset 명령문의 결과는 다음과 같다.

```
. tsset state_code year
       panel variable:  state_code (strongly balanced)
        time variable:  year, 1970 to 2000, but with gaps
                delta:  1 unit
```

위 결과에서 보듯이 time variable에 대한 설명 중 but with gaps라는 표현을 통해 시간갭이 있는 패널데이터라는 것을 알려준다.

예제 데이터파일 P_data1_3.dta는 불균형패널이고 시간갭이 없는 패널데이터로서 그 일부분이 다음에 나와 있다.

그림 1.5 시간갭이 없는 불균형패널

	state_code	year	pop	area
1	1	1970	.1369841	.871691
2	1	1971	.6184582	.871691
3	1	1972	.4241557	.871691
4	1	1973	.2648021	.871691
5	2	1970	.6432207	.4611429
6	2	1971	.0610638	.4611429
7	3	1970	.5578017	.4216726
8	3	1971	.5552388	.4216726
9	3	1972	.5219247	.4216726
10	3	1973	.2769154	.4216726

패널변수(state_code 변수) 각 개체의 데이터 포괄기간이 서로 다른 것을 알 수 있다. 즉 state_code 1과 3은 데이터 기간이 1970~1973인데 반해, 2는 단지 1970년과 1971년의 데이터만을 가지고 있다. 따라서 불균형패널이다. 하지만 각 패널 개체의 데이터 포괄기간에서 시간갭은 없다. 패널데이터가 이러한 구조로 되어 있을 때 **tsset** 명령문의 결과는 다음과 같다.

```
. tsset state_code year
       panel variable:  state_code (unbalanced)
        time variable:  year, 1970 to 1973
                delta:  1 year
```

마지막으로 예제 데이터파일 P_data1_4.dta는 불균형패널이고 시간갭이 있는 패널데이터로서 개인이나 가구패널에서 자주 발견되는 패널데이터 구조이다. 예제 데이터의 일부분이 그림 1.6에 나와 있다. 패널변수인 hhid에서 12번 가구의 관측치를 보면 year 변수에서 2000년 다음에 2002년이 나온다. 즉 2001년 조사에서는 12번 가구가 제외되었음을 알 수 있다. 따라서 이 경우에는 12번 가구의 데이터에 시간갭이 있을 뿐만 아니라 데이터 포괄기간도 다른 가구와 서로 다르다는 것을 알 수 있다.

그림 1.6 시간갭이 있는 불균형패널

	hhid	year	resid_area	hsex	hage
1	12	2000	1	2	24
2	12	2002	1	2	26
3	12	2003	1	2	27
4	12	2004	1	2	28
5	12	2005	1	2	29
6	12	2006	1	2	30
7	64	2000	1	1	69
8	64	2001	8	1	70
9	64	2002	8	1	71
10	64	2003	8	1	72
11	64	2004	8	1	73
12	64	2005	8	2	71
13	64	2006	8	2	72
14	82	2000	1	1	28
15	82	2002	1	1	30

패널데이터가 위 그림 1.6과 같은 구조로 되어 있을 때 **tsset** 명령문의 결과는 다음과 같다.

```
. tsset hhid year
       panel variable:  hhid (unbalanced)
        time variable:  year, 2000 to 2006, but with gaps
                delta:  1 unit
```

패널변수에 대한 설명(unbalanced)에서 불균형패널임을 알 수 있고, 시간변수에 대한 설명(but with gaps)에서 시간갭이 있는 데이터임을 알 수 있다.

Tip 1.2 ● 시간갭이 있는 패널데이터의 변환

어떤 데이터는 형식적으로는 시간갭이 있지만, 그것을 실질적인 시간갭이라고 할 수 없는 경우도 있다. 주가지수를 일별로 기록해 놓은 데이터가 그 예인데, 시장이 열리지 않는 공휴일에는 주가지수가 존재하지 않기 때문이다. 따라서 이 경우에는 형식적으로는 시간갭이 있지만 시장이 열리는 경우만을 생각한다면 실질적으로는 시간갭이 없는 셈이다. 또 다른 예로서 10년마다 조사되는 패널 서베이의 경우, Stata에서는 시간갭이 있는 것으로 인식하게 된다. 앞에서 본 예제 데이터파일 P_data1_1.dta가 그런 경우에 해당한다.

	state	state_code	year	pop	area
1	CT	1	1970	.1369841	.871691
2	CT	1	1980	.6184582	.871691
3	CT	1	1990	.4241557	.871691
4	CT	1	2000	.2648021	.871691
5	MA	2	1970	.6432207	.4611429
6	MA	2	1980	.0610638	.4611429
7	MA	2	1990	.8983462	.4611429

위의 데이터세트에서 시간변수인 year를 보면 시간갭이 10년임을 알 수 있다. 다음과 같이 tsset을 실행해 보자.

```
. tsset state_code year
       panel variable:  state_code (strongly balanced)
        time variable:  year, 1970 to 2000, but with gaps
                delta:  1 unit
```

위 결과에서 알 수 있듯이 균형패널이지만, 시간갭이 있는 패널데이터로 인식하고 있다. 하지만 1971년~1979년까지는 패널조사가 실시되지 않았기 때문에 실질적으로는 시간갭이 없는 데이터라고 할 수 있다. 이런 종류의 데이터가 있을 때 이를 시간갭이 없는 데이터로 인식하게 만들 수 있다. 시간변수를 시스템 변수(system variable)인 _n을 이용하여 새로 생성하면 된다. 명령문은 다음과 같다.

```
. by state_code, sort: gen time=_n
```

위의 명령을 실행했으면, 이제 시간변수를 기존의 year 대신 새로 생성한 time 변수를 이용하여 tsset 명령을 실행한다.

```
. tsset state_code time
       panel variable:  state_code (strongly balanced)
        time variable:  time, 1 to 4
                delta:  1 unit
```

위 결과에서 보듯이 이제 주어진 패널데이터를 시간갭이 없는 균형패널로 간주하고 있다.

1.5 Stata do file

```
* working directory를 먼저 설정하세요.
use P_data1_1, clear
tsset state_code year
sort state_code year

xtset state_code year
* tsset state year   // error message

encode state, gen(state_code1)
label list

decode state_code1, gen(state1)
* decode state_code, gen(state2) // error message

use P_data1_2, clear
brow
tsset state_code year

use P_data1_1, clear
tsset state_code year

use P_data1_3, clear
tsset state_code year

use P_data1_4, clear
tsset hhid year

use P_data1_1, clear
tsset state_code year
by state_code, sort: gen time=_n

tsset state_code time
```

CHAPTER 02 | 시계열데이터 관리 명령어

패널데이터는 시계열데이터와 횡단면데이터가 합쳐진 형태이기 때문에 패널데이터를 다루기 위해서는 시계열데이터 관리(management) 명령어를 이해할 필요가 있다. 본 장에서는 패널데이터에 활용할 수 있는 시계열데이터 관리 명령어를 소개한다.*

2.1 시간변수의 생성

예제 데이터파일 P_data2_1.dta는 패널데이터이지만 시간변수가 아직 갖추어져 있지 않은 경우이다. 예제 데이터 파일의 일부분은 다음과 같다.

	company	invest	mvalue	kstock
1	1	317.6	3078.5	2.8
2	1	391.8	4661.7	52.6
3	1	410.6	5387.1	156.9
4	1	257.7	2792.2	209.2
5	1	330.8	4313.2	203.4
6	1	461.2	4643.9	207.2
7	1	512	4551.2	255.2
8	1	448	3244.1	303.7
9	1	499.6	4053.7	264.1
10	1	547.5	4379.3	201.6
11	2	209.9	1362.4	53.8
12	2	355.3	1807.1	50.5
13	2	469.9	2676.3	118.1
14	2	262.3	1801.9	260.2
15	2	230.4	1957.3	312.7
16	2	361.6	2202.9	254.2

tsset 명령을 위해서는 패널변수와 시간변수가 있어야 하지만, 위 데이터에는 시간변수가 없다. 따라서 사용자가 직접 시간변수를 생성해야 한다. 시간변수의 주기가 연도이고, 패널변수(company)의 각 개체가 1930~1939년까지의 데이터를 갖고 있다고 하자. 이 경우 Stata의 시스템 변수(system variable)인 _n을 이용하여 다음과 같은 명령문을 통해 시간변수를 생성할 수 있다.

```
. by company, sort: gen year=1929+_n
```

* Stata를 이용한 시계열데이터 분석에 대한 자세한 내용은 민인식 · 최필선(2022a)을 참고하라

각 company별로 연도 변수를 생성해야 하기 때문에 접두어(prefix) by를 사용해야 함에 주의해야 한다. 시간변수가 분기(quarter) 주기라면 다음과 같이 분기를 생성하는 날짜함수를 사용해야 한다.*

```
. by company, sort: gen quarter=yq(1929,4)+_n
. format quarter %tq
```

위 명령문을 보면, yq(year, quarter) 함수를 사용하여 시간변수를 생성한 후 디스플레이 포맷을 변경하였다. 시간변수의 주기가 월별(monthly)과 일별(daily)인 경우 다음과 같은 날짜함수를 사용하여 시간변수를 생성할 수 있다.

```
. by company, sort: gen month=ym(1929,12)+_n
. format month %tm

. by company, sort: gen day=mdy(12,31,1929)+_n
. format day %td
```

이상 일련의 명령문을 통해 새로이 만들어진 4개의 시간변수(year, quarter, month, day)는 다음과 같다.

	company	year	quarter	month	day
1	1	1930	1930q1	1930m1	01jan1930
2	1	1931	1930q2	1930m2	02jan1930
3	1	1932	1930q3	1930m3	03jan1930
4	1	1933	1930q4	1930m4	04jan1930
5	1	1934	1931q1	1930m5	05jan1930
6	1	1935	1931q2	1930m6	06jan1930
7	1	1936	1931q3	1930m7	07jan1930
8	1	1937	1931q4	1930m8	08jan1930
9	1	1938	1932q1	1930m9	09jan1930
10	1	1939	1932q2	1930m10	10jan1930
11	2	1930	1930q1	1930m1	01jan1930
12	2	1931	1930q2	1930m2	02jan1930

시스템 변수인 _n을 이용하는 방법 이외에 tsmktim 명령어를 이용하여 시간변수를 생성할 수도 있다. 이를 위해서는 먼저 다음과 같이 tsmkitm 명령어를 인터넷에서 찾은 후 프로그램을 다운로드 받아야 한다.

```
. findit tsmktim
```

---

* 각 주기에 해당하는 다양한 날짜함수 관련 명령어에 대해서는 민인식·최필선(2019a) 3장을 참고하라.

tsmkitm 프로그램 설치 후, 각 company별로 1930~1939년의 연도변수를 생성하고자 하면 다음과 같이 명령어를 작성한다.

```
. tsmktim year1, start(1930) i(company)
```

예제 데이터가 패널데이터이기 때문에 i(company) 옵션을 반드시 사용해야 한다. 즉 패널 변수에 해당하는 변수이름을 옵션으로 적어주어야 한다. 분기별, 월별, 일별 시간변수를 만들기 위해서는 다음과 같은 명령문을 각각 사용할 수 있다.

```
. tsmktim quarter1, start(1930q1) i(company)
. tsmktim month1, start(1930m1) i(company)
. tsmktim day1, start(01jan1930) i(company)
```

시스템 변수인 _n을 사용하는 경우보다 편리한 점은 디스플레이 포맷을 변경해 줄 필요가 없다는 점이다. 즉 tsmktim은 변수생성과 동시에 각 주기에 맞는 디스플레이 포맷으로 변경해 준다. 새로 만들어진 시간변수인 year1, quarter1, month1, day1은 앞서 시스템 변수 _n을 이용하여 만든 year, quarter, month, day 변수와 각각 정확히 일치함을 확인할 수 있다.

지금까지는 시간갭이 없는 연속된 시간변수를 생성하는 경우를 살펴보았다. 만약 시간변수가 1930, 1940, 1950과 같이 10년마다 값을 갖는 경우에는 다음과 같이 명령문을 작성할 수 있다.

```
. by company, sort: gen year2=1920+10*_n
```

참고로 tsmktim 명령어의 경우 연속된 시간변수만을 생성하기 때문에 위와 같이 시간갭이 있는 시간변수를 만드는 데는 사용할 수 없다.

또 다른 예로 일별 주가 데이터의 경우에는 일주일에 5일만 값을 갖고 있다. 따라서 월~금, 그런 다음 토~일은 빼고 다시 월~금으로 이어지는 일별 시간변수를 만들고자 하면 다음과 같은 일련의 명령문을 사용할 수 있다.

```
. by company, sort: gen day2=mdy(12,31,1929)+_n

. gen dow1=dow(day2)

. replace day2=day2+2 if dow==6
(10 real changes made)

. by company, sort: replace day2=day1+2 if day1[_n-1]~=day2[_n-1]
(60 real changes made)
```

```
. format day2 %td

. drop dow1

. brow company day1 day2 if com==1
```

위 명령문에서는 일별 날짜의 요일을 확인하기 위해서 dow( ) 함수를 사용한다*. dow1 변수의 0=일요일, 6=토요일이기 때문에 토요일인 경우(dow==6)인 경우에 이틀을 더해준다. 시간갭이 없는 day1 변수(전기값)와 day2 변수(전기값)가 서로 다르면 모두 이틀씩 더해주면 된다. 다음 그림은 시간갭이 없는 일별 시간변수인 day와 주중 5일만을 표시하는 day2 시간변수를 비교해서 보여준다. day2 변수에는 1930년 1월 4일과 5일이 없는 것을 확인할 수 있다.

	company	day1	day2
1	1	01jan1930	01jan1930
2	1	02jan1930	02jan1930
3	1	03jan1930	03jan1930
4	1	04jan1930	06jan1930
5	1	05jan1930	07jan1930
6	1	06jan1930	08jan1930
7	1	07jan1930	09jan1930
8	1	08jan1930	10jan1930
9	1	09jan1930	11jan1930
10	1	10jan1930	12jan1930

2.2 시간변수의 주기 변환

데이터를 관리할 때 경우에 따라서는 시간변수의 주기(frequency)를 변환할 필요가 있다. 예를 들어 일별주기를 월별주기로 바꾸는 경우이다. 예를 들어 일별주기인 다우존스지수 데이터를 월별 평균 지수로 변환하는 경우에 유용하게 활용할 수 있다.

예제 데이터파일 P_data2_2.dta는 1953년 1월 2일~1990년 2월 20일까지 다우존스 주가지수 시계열데이터이다. 여기에서 일별주기인 시간변수를 다른 주기(월별, 분기별 등) 시간변수로 변환하는 명령어에 대해 알아보자. 우선 일별주기를 월별주기로 변환하기 위해서는 날짜변환 함수를 사용하는데, 명령문은 다음과 같다.

* dow( ) 함수에 대한 자세한 설명은 본서 2장 22페이지를 참고하라.

```
. gen dm=mofd(date)
. format dm %tm
```

명령문을 보면 mofd( ) 함수를 이용하여 월별주기의 dm 변수를 생성하였다. 이처럼 mofd( )는 일별주기의 시간변수를 월별주기의 시간변수로 변환하라는 의미이다. 따라서 괄호 안에는 반드시 일별주기를 가진 시간변수가 위치해야 한다. 앞의 명령문을 실행하면 기존의 date 변수에 추가하여 dm의 이름을 가진 변수가 생성된다. 그 일부분(15번~25번째 관측치)을 보기 위해 다음과 같은 list 명령문을 실행했다. 그 결과가 다음에 나와 있다.

```
. list date dm in 15/25

     +--------------------+
     |      date       dm |
     |--------------------|
 15. | 22jan1953   1953m1 |
 16. | 23jan1953   1953m1 |
 17. | 26jan1953   1953m1 |
 18. | 27jan1953   1953m1 |
 19. | 28jan1953   1953m1 |
     |--------------------|
 20. | 29jan1953   1953m1 |
 21. | 30jan1953   1953m1 |
 22. | 02feb1953   1953m2 |
 23. | 03feb1953   1953m2 |
 24. | 04feb1953   1953m2 |
     |--------------------|
 25. | 05feb1953   1953m2 |
     +--------------------+
```

위 결과를 보면 1953년 1월에 해당하는 날들은 dm 변수에서 모두 1953m1로 바뀌었고, 1953년 2월에 해당하는 날들은 1953m2로 변환되었음을 알 수 있다. 한편 일별주기 시간변수를 분기별 또는 연도별주기로 변환하고자 하면 다음과 같은 변환함수를 사용한다.

qofd( ) : 일별주기를 분기별주기로 변환

yofd( ) : 일별주기를 연도별주기로 변환

날짜변환은 반대방향으로도 가능하다. 즉 월별주기 변수를 일별주기로 변환할 수도 있다. 앞의 예제에서 생성한 월별주기의 dm 변수를 다시 일별주기로 변환하기 위해서는 다음과 같은 명령문을 사용한다.

```
. gen day1=dofm(dm)
. format day1 %td
```

명령문의 dofm( ) 함수는 월별주기를 일별주기로 변환할 때 사용하는 함수이다. 위 명령문을 실행하면 일별주기를 가진 day1 변수가 새로 생성된다. 다음은 데이터의 일부분이다.

```
. list date dm day1 in 15/24

     +----------------------------------+
     |      date       dm          day1 |
     |----------------------------------|
 15. | 22jan1953   1953m1     01jan1953 |
 16. | 23jan1953   1953m1     01jan1953 |
 17. | 26jan1953   1953m1     01jan1953 |
 18. | 27jan1953   1953m1     01jan1953 |
 19. | 28jan1953   1953m1     01jan1953 |
     |----------------------------------|
 20. | 29jan1953   1953m1     01jan1953 |
 21. | 30jan1953   1953m1     01jan1953 |
 22. | 02feb1953   1953m2     01feb1953 |
 23. | 03feb1953   1953m2     01feb1953 |
 24. | 04feb1953   1953m2     01feb1953 |
     |----------------------------------|
```

월별주기의 dm 변수에는 월에 대한 정보만 있고 날짜에 대한 정보는 있지 않기 때문에 이러한 dm 변수를 일별주기로 변환하면 각 월의 첫째 날로 일괄 변환된다는 것을 알 수 있다. 예컨대 dm 변수의 1953m1이 day1 변수에서는 1953년 1월 1일로 바뀌었다. 분기 또는 연도주기 시간변수 역시 다음의 변환함수를 이용하면 일별주기로 바꿀 수 있다.

dofq( ) : 분기별주기를 일별주기로 변환

dofy( ) : 연도별주기를 일별주기로 변환

앞에서 설명한 변환함수는 일별주기를 다른 주기로 변환하거나 또는 다른 주기를 일별주기로 변환하는 경우였다. 그렇다면 그 밖의 다른 경우, 예를 들어 월별주기를 분기별주기로 바꾸고자 하는 경우에는 앞에서 설명한 변환과정을 약간 응용하면 가능하다. 월별주기인 dm 변수를 분기별주기로 바꾸고자 할 때 그 명령문은 다음과 같다.

```
. gen mq=qofd(dofm(dm))
. format mq %tq
```

즉 첫 번째 명령문에서 보듯이 먼저 월별주기 dm 변수를 dofm( ) 함수를 이용하여 일별주기로 변환하고, 그것을 다시 qofd( ) 함수를 이용하여 분기별주기로 변환하면 된다. 유의할 점은 반드시 일별주기로 먼저 변환해야 한다. 위 명령을 실행하여 생성된 분기별주기 mq

변수를 월별주기 dm 변수와 비교한 것이 아래 나와 있다. 1953년 3월은 1953년 1분기로 바뀌었고, 1953년 4월은 1953년 2분기로 바뀌었음을 알 수 있다.

```
. list dm mq in 56/64

     +-------------------+
     |      dm        mq |
     |-------------------|
 56. | 1953m3    1953q1 |
 57. | 1953m3    1953q1 |
 58. | 1953m3    1953q1 |
 59. | 1953m3    1953q1 |
 60. | 1953m3    1953q1 |
     |-------------------|
 61. | 1953m3    1953q1 |
 62. | 1953m4    1953q2 |
 63. | 1953m4    1953q2 |
 64. | 1953m4    1953q2 |
     +-------------------+
```

시간변수의 주기를 바꾸는 이유는 대개 데이터의 주기를 바꾸기 위한 것이다. 예를 들어 일별주기인 다우존스지수를 월별 지수로 바꾸는 것이다. 월별 지수에는 여러 종류가 있을 수 있다. 월평균, 월말, 월중최고(최저) 등을 생각할 수 있다. 여기에서는 일별 지수를 월평균 지수로 변환하는 방법에 대해 생각해보자. 이를 위해서는 날짜변환 함수를 사용한 후 collapse 명령어를 이용하면 된다. 명령문은 다음과 같다.

```
. gen dm1=mofd(date)
. format dm1 %tm
. collapse (mean) dowclose, by(dm1)
```

위의 첫 번째 명령문은 일별주기인 date 변수를 기초로 월별주기인 dm1 변수를 생성한 것이다. 그런 다음 마지막 명령문에서 일별 다우존스지수 변수(dowclose)를 collapse 명령어와 by( ) 옵션을 이용하여 월별로 평균하였다.

또 다른 예로 월별 데이터를 분기별 합산 데이터로 바꾸는 것을 생각해보자. 예제 데이터 파일 P_data2_3.dta는 10개의 회사가 각 20개월씩의 관측치를 가지고 있는 패널데이터 구조이다. 시간변수는 월별주기인 month 변수이다. 여기에서 invest, mvalue, kstock 등의 월별주기 변수들을 분기별 합산 데이터로 변환하는 방법에 대해 알아보자. 먼저 월별주기 변수를 분기별주기 변수로 변환하는 명령문은 다음과 같다.

```
. gen m_q=qofd(dofm(month))
```

```
. format m_q %tq
```

각 변수(invest, mvalue, kstock)의 월별 데이터를 합하여 분기별 데이터로 만들고자 하면 다음과 같이 collapse 명령어를 활용한다.

```
. collapse (sum) invest mvalue kstock, by(company m_q)
```

평균이 아니라 합을 원하기 때문에 명령어 collapse 다음에 (mean) 대신 (sum)을 사용하였다. 그 다음에 분기별 데이터로 만들고자 하는 변수들을 나열하고, 마지막으로 by( ) 옵션에서는 패널변수인 company와 분기주기 변수 m_q를 순서대로 입력해야 한다. company와 m_q 변수의 순서를 바꾸면 전혀 다른 결과가 만들어짐에 주의해야 한다. 3개월씩 합한 데이터 값을 분기별로 만든 결과의 일부분은 다음과 같다.

	company	m_q	invest	mvalue	kstock
1	1	1930q1	1120	13127.3	212.3
2	1	1930q2	1049.7	11749.3	619.8
3	1	1930q3	1459.6	11849	823
4	1	1930q4	1796.8	14121.1	868.8
5	1	1931q1	1653.2	10481.4	2704
6	1	1931q2	2290	13513.5	3737.2
7	1	1931q3	2791.1	11835.3	4003.6
8	2	1930q1	1035.1	5845.8	222.4
9	2	1930q2	854.3	5962.1	827.1
10	2	1930q3	1280	6534.2	861.9
11	2	1930q4	967.2	5731.8	625.5
12	2	1931q1	1320.1	5089.5	922.8

company 1의 1930년 1분기 invest 1120은 1930년 1월(317.6), 2월(391.8), 3월(410.6)의 값을 합한 것임을 확인할 수 있다.

경우에 따라서는 년(year), 월(month), 일(day)이 하나로 합쳐져 있는 시간변수를 따로 분리하는 작업이 필요할 때도 있다. 예제 데이터파일 ⊡P_data2_4.dta는 월별 다우존스지수를 기록한 것인데, 월별주기 시간변수인 dm 변수에서 연도와 월을 따로 분리하는 방법에 대해 알아보자. 그런데 Stata에서 시간변수의 연월일을 따로 분리하는 것은 오직 일별주기에서만 가능하다. 따라서 월별주기인 경우에는 다음과 같이 이를 먼저 일별주기 변수로 변환해야 한다.

```
. gen date1=dofm(dm)
. format date1 %td
```

위 명령을 실행한 다음, 일별주기 변수인 date1 변수를 년, 월, 일로 구별하여 변수로 생성하기 위해서는 다음과 같이 year( ), month( ), day( ) 함수를 활용한다.

```
. gen year1=year(date1)
. gen month1=month(date1)
. gen day1=day(date1)
```

이상의 명령을 통해 새로 만들어진 데이터의 일부분은 다음과 같다.

```
. list dm  date1 year1 month1 day1 in 1/7

     +-------------------------------------------+
     |      dm       date1   year1   month1   day1 |
     |-------------------------------------------|
  1. |  1953m1   01jan1953    1953        1      1 |
  2. |  1953m2   01feb1953    1953        2      1 |
  3. |  1953m3   01mar1953    1953        3      1 |
  4. |  1953m4   01apr1953    1953        4      1 |
  5. |  1953m5   01may1953    1953        5      1 |
     |-------------------------------------------|
  6. |  1953m6   01jun1953    1953        6      1 |
  7. |  1953m7   01jul1953    1953        7      1 |
     +-------------------------------------------+
```

year1, month1, day1 변수는 date1 변수의 년, 월, 일에 해당하는 숫자임을 확인할 수 있다. 이와 같이 년, 월, 일을 분리하는 작업은 예를 들어 주식시장에서 1월 효과(January effect)를 추정하는 경우에 유용하게 활용할 수 있다. 즉 각 연도의 1월에 대한 더미변수를 만들고자 할 때 위의 month1 변수를 이용하면 된다. 1월 더미변수를 만드는 명령문은 다음과 같다.

```
. gen jan_dum=(month1==1)
```

지금까지 몇 단계를 거쳐 1월 더미변수를 만들었는데, 원래 데이터세트에 있는 dm 변수를 이용해서 바로 1월 더미변수를 만들 수도 있다. 명령문은 다음과 같다.

```
. gen jan_dum1=(month(dofm(dm))==1)
```

위 명령문의 구조를 보면, dm 변수를 일별주기로 바꾸고, 그것을 month 함수를 이용하여 월을 추출한 다음, 그것이 1이면 1의 값을 주고, 그렇지 않으면 0의 값을 만들라는 의미이다. 다음과 같이 compare 명령어를 이용하면 앞에서 만들었던 jan_dum과 위의 jan_dum1 변수가 정확히 동일하다는 것을 확인할 수 있다.

```
. compare jan_dum jan_dum1
                                        ---------- difference ---------
                            count       minimum      average     maximum
------------------------------------------------------------------------
jan_dum=jan_dum1              446
                       ----------
jointly defined               446             0            0           0
                       ----------
total                         446
```

한편, 앞에서와 반대로 년, 월, 일의 3개 변수로 나누어진 시간변수를 하나로 합치기 위해서는 mdy( ) 함수를 활용할 수 있다.

```
. gen date2=mdy(month1, day1, year1)
. format date2 %td
```

mdy( ) 함수에서는 반드시 월, 일, 년에 해당하는 변수를 순서대로 나열해야 한다. 생성된 date2 변수는 앞에서 만들었던 date1 변수와 정확히 일치함을 확인할 수 있다.

마지막으로 각 날짜에 해당하는 요일을 변수로 얻고자 할 때는 다음과 같이 dow( ) 함수를 이용한다.

```
. gen week_d=dow(date1)
```

dow( ) 함수는 day of week의 약자로서 요일을 0~6의 값으로 변환해 준다. 여기에서 0은 일요일, 1은 월요일, …, 마지막 6은 토요일을 의미한다. 위 명령문을 통해 새로 만들어진 week_d 변수의 빈도표는 다음과 같다.

```
. tab week_d

     week_d |      Freq.     Percent        Cum.
------------+-----------------------------------
          0 |         65       14.57       14.57
          1 |         63       14.13       28.70
          2 |         64       14.35       43.05
          3 |         64       14.35       57.40
          4 |         64       14.35       71.75
          5 |         64       14.35       86.10
          6 |         62       13.90      100.00
------------+-----------------------------------
      Total |        446      100.00
```

2.3 egen 명령어의 활용

egen 명령어는 다양한 함수를 이용하여 어떤 변수를 생성하는데 사용된다. Stata에 기본적으로 내장된 기능뿐만 아니라 시계열데이터와 관련된 함수들을 이용하기 위해서는 다음 명령문을 통해 egenmore 프로그램을 다운로드 받아야 한다.

```
. ssc install egenmore, replace
```

이제 예제 데이터파일 P_data2_2.dta를 이용하여 egen의 다양한 활용법에 대해 살펴보자. 먼저 특정 년, 월의 첫째 날(1일)을 변수로 만들어주는 함수인 bom( )을 보자. bom은 beginning of month의 약자이다. 예를 들어 1953년 1월 1일을 변수로 생성하는 명령문은 다음과 같다.

```
. egen bom1=bom(1,1953)
. format bom1 %td
```

위 명령문에서 보듯이 반드시 월, 년의 순으로 입력해야 한다. egen 명령문의 옵션으로 다음과 같이 work와 format 옵션을 사용할 수도 있다.

```
. egen bom2=bom(2,1953), work format(%td)
```

위 명령문에서 bom(2,1953)만 보면 1953년 2월 1일을 변수로 만드는 명령이지만, 실제로 만들어진 날짜는 1953년 2월 2일이다. 왜냐하면 work 옵션은 지정한 연도와 월의 첫째 날이 휴일이면 그 다음 날을 변수로 만드는 기능을 하기 때문이다. 실제로 1953년 2월 1일이 휴일이기 때문에 2월 2일을 변수로 생성한 것이다. 한편 egen 명령문의 옵션으로 format 옵션을 사용하면 생성된 날짜를 바로 시간변수 디스플레이 포맷으로 변경해 준다.

다음으로 살펴 볼 bomd( ) 함수는 일별주기 시간변수를 이용하여 해당 월의 첫째 날을 변수로 만들게 된다. 명령문은 다음과 같다.

```
. egen bom3=bomd(date), format(%td)
```

위 명령문에서 보듯이 bomd( ) 함수의 괄호 안에는 일별주기 시간변수를 지정해준다. 앞에서 bom(1,1953)에 의해 생성된 변수의 경우 모든 관측치가 1953년 1월 1일이 되는데 반해, bomd(date)에 의해 생성된 bom3 변수는 괄호 안에 지정된 date 변수 각 관측치의 해당연도와 월의 첫째 날을 변수로 만들어 준다. 실행결과를 확인해 보면 다음과 같다.

```
. list date bom3 in 17/24

     +-----------------------+
     |      date        bom3 |
     |-----------------------|
 17. | 26jan1953   01jan1953 |
 18. | 27jan1953   01jan1953 |
 19. | 28jan1953   01jan1953 |
 20. | 29jan1953   01jan1953 |
 21. | 30jan1953   01jan1953 |
     |-----------------------|
 22. | 02feb1953   01feb1953 |
 23. | 03feb1953   01feb1953 |
 24. | 04feb1953   01feb1953 |
     +-----------------------+
```

위에서 만든 bom3 변수는 시점 간 간격을 변수로 만들고자 할 때 사용될 수 있다. 예를 들어 다음과 같은 새로운 변수를 만드는데 사용된다.

```
. gen ela_bom=date-bom3
```

이렇게 ela_bom 변수를 정의하면, 이는 date의 각 날짜가 해당 월의 첫째 날을 기준으로 며칠이 지났는지를 알려주게 된다. 다음 결과에서 그것을 확인할 수 있다.

```
. list  date bom3 ela_bom in 17/24

     +---------------------------------+
     |      date        bom3   ela_bom |
     |---------------------------------|
 17. | 26jan1953   01jan1953        25 |
 18. | 27jan1953   01jan1953        26 |
 19. | 28jan1953   01jan1953        27 |
 20. | 29jan1953   01jan1953        28 |
 21. | 30jan1953   01jan1953        29 |
     |---------------------------------|
 22. | 02feb1953   01feb1953         1 |
 23. | 03feb1953   01feb1953         2 |
 24. | 04feb1953   01feb1953         3 |
     +---------------------------------+
```

예를 들어 앞의 결과에서 21번 관측치인 1953년 1월 30일은 1953년 1월 1일에서 29일이 지났다는 것을 알 수 있다.

다음으로 eom( ) 함수는 bom( )과 반대로 지정한 연도와 월의 마지막 날짜를 변수로 생성해 준다. 명령문은 다음과 같다.

```
. egen eom1=eom(1,1953), format(%td)
```

유사하게 eomd( )는 bomd( )에 대응하는 것으로서 지정된 일별주기 변수의 해당 연도와 월의 마지막 날을 변수로 만들어 준다.

```
. egen eom2=eomd(date), format(%td)
```

한편 dayofyear(date) 함수는 date 변수에 있는 날짜가 그 해의 1월 1일을 기준으로 경과기간 변수로 생성해 준다. 명령문은 다음과 같다.

```
. egen day1=dayofyear(date)
```

dayofyear( ) 함수의 괄호 안에는 반드시 일별주기 변수를 지정해야 한다. 그런데 예를 들어 회계연도가 3월에 시작하는 등의 이유로 3월 1일부터 며칠이 지났는지를 계산하고자 하는 경우도 있을 것이다. 이럴 때는 다음과 같이 month( ) 옵션을 사용하면 된다. 실행결과는 다음과 같다.

```
. egen day2=dayofyear(date), month(3)
. list date day1 day2 in 36/42

     +--------------------------+
     |      date   day1   day2 |
     |--------------------------|
 36. | 24feb1953     55    361 |
 37. | 25feb1953     56    362 |
 38. | 26feb1953     57    363 |
 39. | 27feb1953     58    364 |
 40. | 02mar1953     61      2 |
     |--------------------------|
 41. | 03mar1953     62      3 |
 42. | 04mar1953     63      4 |
     +--------------------------+
```

앞의 결과를 보면 38번째 관측치인 1953년 2월 26일에 대해 dayofyear( ) 함수를 이용하여 만든 day1 변수는 1953년 1월 1일에서 57일이 지난 날짜임을 알려준다. 또한 month(3) 옵션을 이용하여 만든 day2 변수는 이 날이 1952년 3월 1일에서 363일 지난 날짜임을 알려준다.

egen에서 max( )와 min( ) 함수는 지정한 변수의 최대값과 최대값을 변수로 생성하는 데 사용한다. 이와 관련하여 egenmore 패키지에 포함된 record( ) 함수는 max( )와 min( ) 함수와 유사하지만 약간 차이가 있다. 예제 데이터파일 P_data2_5.dta를 이용하여 다음과 같은 record( ) 함수 명령문을 실행해 보자.

```
. egen maxtodate=record(invest), by(company) order(time)
```

예제 데이터가 패널데이터 구조이기 때문에 옵션으로 by( )와 order( )를 추가하였다. 여기에서 by( )에는 패널변수를 지정하고, order( )에는 시간변수를 지정해야 한다. record( ) 함수의 결과를 max( )와 비교하기 위해 다음과 같이 max1 변수를 만들어보자. 실행된 결과는 다음과 같다.

```
. by company, sort : egen max1 = max(invest)
. list company time invest  maxtodate max1 in 1/12

     +--------------------------------------------+
     | company   time   invest   maxtod~e    max1 |
     |--------------------------------------------|
  1. |       1      1    317.6      317.6  1486.7 |
  2. |       1      2    391.8      391.8  1486.7 |
  3. |       1      3    410.6      410.6  1486.7 |
  4. |       1      4    257.7      410.6  1486.7 |
  5. |       1      5    330.8      410.6  1486.7 |
     |--------------------------------------------|
  6. |       1      6    461.2      461.2  1486.7 |
  7. |       1      7      512        512  1486.7 |
  8. |       1      8      448        512  1486.7 |
  9. |       1      9    499.6        512  1486.7 |
 10. |       1     10    547.5      547.5  1486.7 |
     |--------------------------------------------|
 11. |       1     11    561.2      561.2  1486.7 |
 12. |       1     12    688.1      688.1  1486.7 |
     +--------------------------------------------+
```

앞에서 보는 것처럼 max( )로 만든 max1 변수는 각 회사별로 총 20개 관측치 중 최대값을 찾아 그것을 변수로 생성한다. 반면에 record( )로 만든 maxtodate 변수는 각 시점까지의 최대값을 변수로 생성해 준다. 예를 들어 8번째 관측치의 경우 maxtodate 값이 512인데, 이는 invest 변수의 1~8번째 관측치 중에서 최대값이 512임을 의미한다. record( ) 함수를 그냥 사용하면 최대값을 변수로 생성할 수 있고, 최소값을 원할 때에는 다음과 같이 min 옵션을 사용한다.

```
. egen mintodate=record(invest), by(company) order(time) min
```

2.4 시계열 연산자

래그 및 리드

패널데이터는 시계열데이터의 성격을 포함하고 있기 때문에 래그(lag; 과거값), 리드(lead; 미래값), 차분(difference) 등 시계열 연산자(operator)를 활용하는 경우가 많다. 예제 데이터파일 P_data2_6.dta는 한국노동패널데이터(Korea Labor and Income Panel Survey; KLIPS) 가구용 패널자료의 일부분이다. 이를 이용하여 시계열 연산자의 활용법을 익혀 보자. 우선 패널분석을 위해 tsset 명령을 실행한다.

```
. tsset hhid year
       panel variable:  hhid (strongly balanced)
        time variable:  year, 2000 to 2006
                delta:  1 unit
```

tsset 실행 결과 데이터세트가 균형패널(balanced panel) 구조임을 알 수 있다. 여기에서 total_income 변수의 1기 래그 값을 변수로 만들기 위해 다음과 같이 L 연산자를 사용한다.

```
. gen total_income1=L.total_income
(142 missing values generated)
```

여기에서 L은 lag의 의미이다. L 연산자를 tsset 실행 후에 사용하였기 때문에 각 패널그룹(hhid)별로 1기 전 값을 변수로 생성하는 것을 확인할 수 있다. 시스템 변수인 [_n-1]을 이용해서도 소득변수의 1기 래그 값을 변수로 만들 수 있다.

```
. by hhid, sort: gen total_income11=total_income[_n-1]
(142 missing values generated)
```

L 대신 [_n-1]을 사용하는 경우 반드시 접두어(prefix)인 by를 함께 사용해야 함에 주의해야 한다. 두 가지 방식으로 만든 total_income1과 total_income11은 정확히 같은 변수임을 확인할 수 있다. 2기 래그 값을 변수로 만들고자하면, 다음과 같이 L2와 [_n-2]를 사용할 수 있다.

```
. gen total_income2=L2.total_income
(284 missing values generated)
. by hhid, sort: gen total_income22=total_income[_n-2]
(284 missing values generated)
```

다음으로 리드, 예를 들어 1기 후(next period) 값을 변수로 만드는 경우 F 또는 [_n+1]을 사용할 수 있다(여기에서 F는 Future를 나타낸다). 명령문은 다음과 같다.

```
. gen total_income3=F.total_income
(142 missing values generated)

. by hhid, sort: gen total_income33=total_income[_n+1]
(142 missing values generated)
```

래그 또는 리드를 회귀모형에서 설명변수로 사용하는 경우가 있는데, 이 경우에는 래그 또는 리드를 미리 변수로 만들 필요 없이 바로 L 또는 F 연산자를 사용할 수 있다. 다음이 그 예이다.

```
. reg house_price i.hsex hage i.hedu L.total_income F.total_income

      Source |       SS           df       MS      Number of obs   =       370
-------------+----------------------------------   F(7, 362)       =      8.29
       Model |  6.2887e+09         7   898380965   Prob > F        =    0.0000
    Residual |  3.9232e+10       362   108375971   R-squared       =    0.1381
-------------+----------------------------------   Adj R-squared   =    0.1215
       Total |  4.5521e+10       369   123362516   Root MSE        =     10410

------------------------------------------------------------------------------
 house_price | Coefficient  Std. err.      t    P>|t|     [95% conf. interval]
-------------+----------------------------------------------------------------
     2.hsex |  -2352.454   1768.917    -1.33   0.184    -5831.098     1126.19
        hage |    144.818   56.01906     2.59   0.010     34.65437    254.9817
             |
        hedu |
          2  |   4759.847   1385.726     3.43   0.001     2034.763    7484.931
          3  |   4589.312    1811.75     2.53   0.012     1026.434    8152.189
          4  |   9140.584    5426.13     1.68   0.093    -1530.112    19811.28
             |
total_income |
         L1. |   .1734641   .1109568     1.56   0.119    -.0447368    .3916649
         F1. |   .8518083   .2134752     3.99   0.000     .4320009    1.271616
             |
       _cons |  -672.1495   3487.961    -0.19   0.847    -7531.361    6187.062
------------------------------------------------------------------------------
```

위 예의 명령문에 L.total_income과 F.total_income이 설명변수로 나열되어 있는데, 이는 각각 $income_{it-1}$과 $income_{it+1}$ 변수를 의미한다. 만약 예를 들어 $income_{it-1}$, $income_{it-2}$, $income_{it-3}$ 변수를 설명변수로 사용할 때는 다음과 같이 L(1/3).total_ income으로 줄여서 쓸 수 있다.

```
. reg house_price i.hsex hage i.hedu L(1/3).total_income
```

이를 응용하여 L(-3/3)으로 쓰면, $income_{it+3}$, $income_{it+2}$, $income_{it+1}$, $income_{it}$, $income_{it-1}$, $income_{it-2}$, $income_{it-3}$ 등 총 7개의 리드 및 래그 소득변수를 설명변수로 포함하게 된다. 또한 다음과 같이 2개 이상의 변수에 대해 동시에 L 연산자를 취할 수도 있다(아래 예에서는 total_income 및 debt 변수).

```
. reg house_price i.hsex hage i.hedu L(1/3).(total_income debt)
```

한 가지 주의해야 할 점은 L(1/3).total_income과 같은 형태의 연산자는 gen 명령문에서는 사용할 수 없다. 사용하는 경우에는 다음과 같이 에러 메시지를 얻게 된다.

```
. gen total_income4=L(1/3).total_income
Unknown function L()
r(133);
```

tsset으로 지정한 시간변수에 시간갭이 있는 경우, L 또는 F 연산자를 사용하는 경우와 _n을 사용하는 경우의 차이점을 알아둘 필요가 있다. 시간갭이 있는 예제 데이터파일 P_data2_7.dta를 이용하여 이를 알아보자. tsset 명령문 실행 결과는 다음과 같다.

```
. tsset  hhid year
       panel variable:  hhid (unbalanced)
        time variable:  year, 2000 to 2006, but with gaps
                delta:  1 unit
```

위 결과에서 확인할 수 있듯이 year 변수에 시간갭이 있음을 알 수 있다. 이제 fin_asset 변수에 대해 1기 래그 변수와 1기 리드 변수를 만들어 보자.

```
. gen fin_asset1=L.fin_asset
(352 missing values generated)
. gen fin_asset2=F.fin_asset
(352 missing values generated)
. by hhid, sort: gen fin_asset11=fin_asset[_n-1]
(306 missing values generated)
. by hhid, sort: gen fin_asset22=fin_asset[_n+1]
(306 missing values generated)
```

만약 시간갭이 없다면 위에서 만든 fin_asset1과 fin_asset11 변수는 서로 같고, fin_asset2와

fin_asset22 변수는 서로 같게 된다. 그러나 본 예제 데이터처럼 시간갭이 있는 경우에는 다음에서 보는 것처럼 서로 다른 변수가 만들어진다.

```
. list year fin_asset fin_asset1 fin_asset11 fin_asset2 fin_asset22 if hhid==12

     +-----------------------------------------------------------------+
     | year   fin_as~t   fin_a~t1   fin_a~11   fin_a~t2   fin_a~22 |
     |-----------------------------------------------------------------|
  1. | 2000          0          .          .          .        500 |
  2. | 2002        500          .          0       1000       1000 |
  3. | 2003       1000        500        500       3000       3000 |
  4. | 2004       3000       1000       1000      10000      10000 |
  5. | 2005      10000       3000       3000          0          0 |
     |-----------------------------------------------------------------|
  6. | 2006          0      10000      10000          .          . |
     +-----------------------------------------------------------------+
```

위 예에서는 가구번호(hhid)==12인 경우를 보여주고 있는데, 첫 번째 열에서 보듯이 이 가구는 2001년 관측치가 존재하지 않는다. 이런 경우 L 연산자는 2002년의 1기 래그 값을 결측치로 처리하게 된다. 이에 반해 [_n-1]을 사용할 경우에는 '관측치가 있는 것 중에서' 1기 래그 값을 취한다. 따라서 2002년의 1기 래그 값은 2000년 값인 0이 된다. 리드 변수도 마찬가지이다. F 연산자를 이용할 경우 2000년의 1기 리드 값은 2001년 관측치가 존재하지 않기 때문에 결측치로 처리한다. 하지만 [_n+1]을 사용할 경우 2000년의 1기 리드 값은 2002년 값인 500이 된다. 이처럼 tsset 명령어를 실행하면 시간개념이 생기기 때문에 그 상태에서 L이나 F 연산자를 적용하면 시간갭이 있는 경우 결측치가 생길 수 있음에 주의해야 한다.

Tip 2.1 ● 시간갭이 있는 경우 L 및 F 연산자 사용

예제 데이터파일 P_data2_8.dta는 일별 주가데이터이다. 이 경우 토, 일, 공휴일에는 주가지수 값이 존재하지 않기 때문에 시간갭이 있는 시계열 자료로 인식되게 된다. 다음과 같이 tsset을 실행하자.

```
. tsset date
```

이제 예를 들어 dowclose 변수의 1기 래그 값을 변수로 만들기 위해 L 연산자를 사용하면 앞서 설명한 이유 때문에 많은 결측치가 발생하게 된다. 이 경우 결측치가 생기는 것을 막고 [_n-1]을 사용하는 것과 동일한 결과를 얻기 위해서는 먼저 다음과 같이 정수로 구성된 시간변수를 만든다.

```
. gen time1=_n
```

그리고 time1 변수에 대해 다시 tsset을 실행한다.

```
. tsset time1
        time variable:  time1, 1 to 9341
                delta:  1 unit
```

그런 후 L 연산자를 이용하여 1기 래그 값을 변수로 생성한다.

```
. gen dowclose1=L.dowclose
(1 missing value generated)
```

결과를 확인해 보면 dowclose1 변수의 맨 처음 관측치만 결측치이고 나머지는 관측치가 있는 것 중에서 1기 래그 값을 취한 것을 알 수 있다.

차분

시계열데이터에서는 차분한 값(differenced value)을 변수로 만들어야 하는 경우도 많다. 예제 데이터파일 P_data2_9.dta를 이용하여 차분 변수를 만드는 법에 대해 알아보자. 먼저 다음과 같이 tsset 명령어를 실행한다.

```
. tsset company quarter
       panel variable:  company (strongly balanced)
        time variable:  quarter, 1930q1 to 1934q4
                delta:  1 quarter
```

데이터세트가 균형패널이고 시간갭이 없는 패널데이터임을 알 수 있다. 예를 들어 invest 변수의 1차 차분(first-difference) 변수는 다음과 같이 정의된다.

$$\Delta invest_{it} = invest_{it} - invest_{it-1}$$

이를 만들기 위해서는 다음과 같이 D 연산자를 사용한다.

```
. gen dinvest=D.invest
(5 missing values generated)
```

1차 차분의 경우 결측치가 1개 발생하는데, 패널변수(company)의 개체가 5개이므로 각 company에서 1개씩 총 5개의 결측치가 발생하게 된다.

한편 [_n-1]을 사용해서도 차분 변수를 만들 수 있다. 명령문은 다음과 같다.

```
. by company, sort: gen dinvest1=invest-invest[_n-1]
(5 missing values generated)
```

D.와 [_n-1]을 사용하여 만든 dinvest와 dinvest1 변수는 서로 동일한 변수임을 확인할 수 있다. 2차 차분의 경우에는 다음과 같이 D2 연산자를 사용한다.

```
. gen d2invest=D2.invest
(10 missing values generated)
```

이 경우 다음과 같은 변수를 생성하게 된다.

$$\begin{aligned} \Delta(\Delta invest_{it}) &= \Delta invest_{it} - \Delta invest_{it-1} \\ &= invest_{it} - 2\,invest_{it-1} + invest_{it-2} \end{aligned}$$

위와 같은 2차 차분(second-difference)이 아니라 $invest_{it} - invest_{it-2}$변수가 필요한 경우도 있는데, 이럴 때에는 다음과 같이 S 연산자를 사용한다.

```
. gen s2invest=S2.invest
(10 missing values generated)
```

S 연산자는 계절차분(seasonal difference)을 의미한다. S.invest는 D.invest를 사용할 때와 동일한 변수를 생성한다. 그러나 S2.invest는 앞에서 본 D2.invest와 다른 결과를 얻게 됨에 주의해야 한다.

Tip 2.2 ● 2개의 연산자를 동시에 사용하는 경우

앞서 설명한 시계열 연산자를 2개 이상 동시에 사용할 수도 있다. 그 예는 다음과 같다.

```
. gen stock1=LD.stock
(10 missing values generated)
```

여기에서 LD.stock은 stock 변수의 1차 차분($\Delta stock_{it}$) 변수에 대한 1기 래그 변수이다. 즉 $\Delta stock_{it-1} = stock_{it-1} - stock_{it-2}$이다. 위에서 L과 D 연산자의 순서를 바꾸어 다음과 같이 실행해도 동일한 변수가 생성된다.

```
. gen stock2=DL.stock
(10 missing values generated)
```

2.5 Stata do file

```
use P_data2_1, clear
brow
by company, sort: gen year=1929+_n

by company, sort: gen quarter=yq(1929,4)+_n
format quarter %tq

by company, sort: gen month=ym(1929,12)+_n
format month %tm

by company, sort: gen day=mdy(12,31,1929)+_n
format day %td

findit tsmktim
tsmktim year1, start(1930) i(company)
tsmktim quarter1, start(1930q1) i(company)
tsmktim month1, start(1930m1) i(company)
tsmktim day1, start(01jan1930) i(company)

by company, sort: gen year2=1920+10*_n

by company, sort: gen day2=mdy(12,31,1929)+_n
gen dow1=dow(day2)
replace day2=day2+2 if dow==6
by company, sort: replace day2=day1+2 if day1[_n-1]~=day2[_n-1]
format day2 %td
drop dow1
brow company day1 day2 if com==1

use P_data2_2,clear
gen dm=mofd(date)
format dm %tm
list date dm in 15/25

gen day1=dofm(dm)
format day1 %td
list date dm day1 in 15/24

gen mq=qofd(dofm(dm))
```

```
format mq %tq
list dm mq in 56/64

gen dm1=mofd(date)
format dm1 %tm
collapse (mean) dowclose, by(dm1)

gen m_q=qofd(dofm(month))
format m_q %tq
collapse (sum) invest mvalue kstock, by(company m_q)

use P_data2_4, clear
gen date1=dofm(dm)
format date1 %td
gen year1=year(date1)
gen month1=month(date1)
gen day1=day(date1)

list dm  date1 year1 month1 day1 in 1/7
gen jan_dum=(month1==1)
gen jan_dum1=(month(dofm(dm))==1)

compare jan_dum jan_dum1
gen date2=mdy(month1, day1, year1)
format date2 %td

gen week_d=dow(date1)
tab week_d

ssc install egenmore, replace
use P_data2_2, clear
egen bom1=bom(1,1953)
format bom1 %td

egen bom2=bom(2,1953), work format(%td)
egen bom3=bomd(date), format(%td)
list date bom3 in 17/24

gen ela_bom=date-bom3
list  date bom3 ela_bom in 17/24

egen eom1=eom(1,1953), format(%td)
egen eom2=eomd(date), format(%td)

egen day1=dayofyear(date)
egen day2=dayofyear(date), month(3)
```

```
list date day1 day2 in 36/42

use P_data2_5,clear
egen maxtodate=record(invest), by(company) order(time)
by company, sort : egen  max1 = max(invest)
list company time invest  maxtodate max1 in 1/12

egen mintodate=record(invest), by(company) order(time) min

use P_data2_6,clear
tsset hhid year

gen total_income1=L.total_income
by hhid, sort: gen total_income11=total_income[_n-1]

gen total_income2=L2.total_income
by hhid, sort: gen total_income22=total_income[_n-2]

gen total_income3=F.total_income
by hhid, sort: gen total_income33=total_income[_n+1]

reg house_price i.hsex hage i.hedu L.total_income F.total_income
reg house_price i.hsex hage i.hedu L(1/3).total_income
reg house_price i.hsex hage i.hedu L(1/3).(total_income debt)

* gen total_income4=L(1/3).total_income // error message

use P_data2_7,clear
tsset  hhid year
gen fin_asset1=L.fin_asset
gen fin_asset2=F.fin_asset
by hhid, sort: gen fin_asset11=fin_asset[_n-1]
by hhid, sort: gen fin_asset22=fin_asset[_n+1]
list year fin_asset fin_asset1 fin_asset11 fin_asset2 fin_asset22 if hhid==12

use P_data2_8,clear
tsset date
gen time1=_n
tsset time1
gen dowclose1=L.dowclose

use P_data2_9, clear
tsset company quarter
gen dinvest=D.invest

by company, sort: gen dinvest1=invest-invest[_n-1]
```

```
gen d2invest=D2.invest
gen s2invest=S2.invest

gen stock1=LD.stock
gen stock2=DL.stock
```

CHAPTER 03 패널데이터 관리 명령어

3.1 xtdes

명령어 xtdes는 주어진 패널 데이터세트의 구조를 파악하는 데 유용하다. 예제 데이터파일 P_data3_1.dta를 이용하여 이를 실행해보자. 먼저 tsset 명령어를 실행한 결과는 다음과 같다.

```
. tsset hhid year
       panel variable:  hhid (strongly balanced)
        time variable:  year, 2000 to 2006
                delta:  1 unit
```

예제 데이터가 시간갭이 없고 균형패널임을 알 수 있다. 이제 좀 더 구체적인 데이터 구조를 파악하기 위해 다음과 같이 xtdes 명령어를 실행한다.

```
. xtdes

    hhid:  64, 113, ..., 5307                               n =        142
    year:  2000, 2001, ..., 2006                            T =          7
           Delta(year) = 1 unit
           Span(year)  = 7 periods
           (hhid*year uniquely identifies each observation)

Distribution of T_i:   min      5%      25%       50%       75%     95%     max
                         7       7        7         7         7       7       7

     Freq.  Percent    Cum. |  Pattern
 ---------------------------+---------
      142    100.00  100.00 |  1111111
 ---------------------------+---------
      142    100.00         |  XXXXXXX
```

실행결과를 보면, 우선 n=142는 패널그룹 개체의 수가 142개라는 의미이다. 다음으로 T=7은 각 개체의 시간변수 관측개체 중 개수가 가장 긴 것이 7(년)이라는 뜻이다. Distribution of T_i는 각 패널 개체가 포괄하는 기간의 분포를 뜻하는데, 위 결과에서는 모든 백분위수가 7로 동일하다. 즉 모든 개체의 시간변수 포괄기간이 7년이라는 것을 의미한다. 마지막으로 시간변수 관측치 패턴에 대한 분석이 나와 있다. Pattern 란을 보면 "1"이 모두 7개가 있는

데, 첫 번째 "1"은 2000년에 데이터 값이 존재한다는 것이고 그 다음 "1"은 2001년 값이 존재한다는 의미이다. 위 결과에서는 이런 식으로 2000년~2006년 모두 "1"의 값을 갖는 패널 개체의 수가 142가구라는 뜻이다. 즉 모든 개체가 동일한 시점을 가지고 있고 시간갭이 없는 구조임을 의미한다.

약간 다른 데이터 구조를 갖고 있는 예제 데이터파일 P_data3_2.dta에 대해 동일한 명령을 실행해보자. 우선 tsset 실행결과는 다음과 같다.

```
. tsset hhid year
       panel variable:  hhid (unbalanced)
        time variable:  year, 2000 to 2006, but with gaps
                delta:  1 unit
```

시간갭이 있는 불균형 패널데이터임을 알 수 있다. xtdes 명령어 실행결과는 다음과 같다.

```
. xtdes

    hhid:  12, 64, ..., 6949                                 n =        306
    year:  2000, 2001, ..., 2006                             T =          7
           Delta(year) = 1 unit
           Span(year)  = 7 periods
           (hhid*year uniquely identifies each observation)

Distribution of T_i:   min      5%     25%       50%       75%     95%     max
                         1       1       3         6         7       7       7

     Freq.  Percent    Cum. |  Pattern
 ---------------------------+---------
      142     46.41   46.41 |  1111111
       16      5.23   51.63 |  .111111
       15      4.90   56.54 |  ....111
       12      3.92   60.46 |  .....11
       10      3.27   63.73 |  ......1
       10      3.27   66.99 |  ...1111
       10      3.27   70.26 |  1......
        7      2.29   72.55 |  11.....
        6      1.96   74.51 |  ..11111
       78     25.49  100.00 | (other patterns)
 ---------------------------+---------
      306    100.00         |  XXXXXXX
```

우선 패널 개체의 수가 306개이며, 시간변수 관측치가 최대 7개(년)임을 알 수 있다. 불균형 패널데이터로서 각 개체의 포괄기간이 서로 다르며, Distribution of T_i는 그 분포를 보여주고 있다. 즉 306개 개체의 데이터 포괄기간을 오름차순으로 정렬했을 때, 예를 들어 한 가운

데(50%) 위치한 개체의 데이터 포괄기간은 6년이라는 것이다. 개체마다 포괄기간이 다르기 때문에 Pattern 란을 보면 다양한 패턴과 그 빈도수가 제시되어 있는 것을 알 수 있다. 예를 들어 맨 윗줄에는 7개년 동안 관측치가 모두 존재하는 개체의 수가 142개(46.41%)라는 것을 의미하고, 두 번째 패턴인 ".111111"은 첫 번째 연도인 2000년도 관측치가 없고, 2001년~2006년에는 값이 존재하는 개체의 수가 16개(5.23%)라는 의미이다. 즉 "1"은 해당 기간에 관측치가 존재한다는 의미이고, "."는 해당 기간에 관측치가 존재하지 않다는 의미이다.

Tip 3.1 ● 균형패널 만들기

예제 데이터파일 P_data3_2.dta는 시간갭이 있는 불균형 패널이다. 이 데이터세트에서 전체 기간(2000~2006년) 모두에 관측치가 있는 142가구의 패널 그룹만을 추려내는 방법에 대해 알아보자. 먼저 다음과 같이 각 패널 그룹이 몇 개년씩 값을 갖고 있는지를 나타내는 변수(ind)를 만든다.

```
. by hhid, sort: gen ind=_N
```

위 명령문에서 시스템 변수인 _N은 몇 개의 관측치가 있는지 계산해 준다. 접두어 by를 이용하여 각 패널 개체별로 관측치의 수를 계산하였다. 데이터의 일부분을 구체적으로 살펴보자.

```
. list hhid year ind in 1/15

     +-------------------+
     | hhid   year   ind |
     |-------------------|
  1. |   12   2000     6 |
  2. |   12   2002     6 |
  3. |   12   2003     6 |
  4. |   12   2004     6 |
  5. |   12   2005     6 |
     |-------------------|
  6. |   12   2006     6 |
  7. |   64   2000     7 |
  8. |   64   2001     7 |
  9. |   64   2002     7 |
 10. |   64   2003     7 |
     |-------------------|
 11. |   64   2004     7 |
 12. |   64   2005     7 |
 13. |   64   2006     7 |
```

```
14. |   82   2000     6 |
15. |   82   2002     6 |
    +-------------------+
```

이제 균형패널을 만들기 위해서는 ind 변수값이 7을 가진 개체만 남기면 된다. 이를 위해 다음과 같은 명령문을 실행한다.

```
. keep if ind==7
(597 observations deleted)
```

다음과 같이 tsset과 xtdes 명령어를 통해 확인해보면, 남겨진 데이터세트가 시간갭이 없는 균형패널임을 알 수 있다.

```
. tsset hhid year
       panel variable:  hhid (strongly balanced)
        time variable:  year, 2000 to 2006
                delta:  1 unit

. xtdes
    hhid:  64, 113, ..., 5307                            n =        142
    year:  2000, 2001, ..., 2006                         T =          7
           Delta(year) = 1 unit
           Span(year)  = 7 periods
           (hhid*year uniquely identifies each observation)

Distribution of T_i:   min      5%     25%       50%       75%     95%     max
                         7       7       7         7         7       7       7

     Freq.  Percent    Cum. |  Pattern
 ---------------------------+---------
      142    100.00  100.00 |  1111111
 ---------------------------+---------
      142    100.00         |  XXXXXXX
```

Tip 3.2 ● 시간갭이 없는 패널데이터 만들기

예제 데이터파일 P_data3_3.dta는 아래 실행결과에서 보는 것처럼 시간갭이 있는 불균형 패널이다.

```
. tsset company year
. xtdes
  company:  1, 2, ..., 10                                n =         10
```

```
    year:  1935, 1936, ..., 1954                                T =       20
           Delta(year) = 1 unit
           Span(year)  = 20 periods
           (company*year uniquely identifies each observation)

Distribution of T_i:   min      5%      25%       50%       75%     95%     max
                        17      17       18        20        20      20      20

     Freq.  Percent    Cum. |  Pattern
 ---------------------------+----------------------
        5     50.00   50.00 |  11111111111111111111
        1     10.00   60.00 |  ..111111111111111111
        1     10.00   70.00 |  111111111.1111.11111
        1     10.00   80.00 |  111111111111...11111
        1     10.00   90.00 |  1111111111111.111111
        1     10.00  100.00 |  111111111111111111..
 ---------------------------+----------------------
       10    100.00         |  XXXXXXXXXXXXXXXXXXXX
```

위 실행결과 중 Pattern을 보면 1935~1954년의 중간에 시간갭이 있는 그룹은 3개임을 알 수 있다. 이 3개를 제외하고, 나머지 7개만 남기면 시간갭이 없는 불균형 패널이 된다. 이를 만드는 방법에 대해 알아보자. 우선 year 변수의 1차 차분을 각 개체별로 실행하여 ind1 변수를 만든다.

```
. by company, sort: gen ind1=year-year[_n-1]
(10 missing values generated)
```

다음으로 egen 명령어를 이용하여 각 개체별로 ind1 변수의 최대값을 변수로 만든다.

```
. by company, sort : egen max_year = max(ind1)
```

만약 max_year 변수의 값이 1보다 크다면 시간갭이 있는 개체가 된다. 따라서 다음과 같은 명령문을 통해 max_year 변수의 값이 1인 경우만 남긴다.

```
. keep if max_year==1
(54 observations deleted)
```

다음과 같이 xtdes 명령어를 실행해 보면 시간갭이 없는 7개 개체가 남아 있는 것을 확인할 수 있다.

```
. xtdes
                                   ----- 중략 -----

     Freq.  Percent    Cum. |  Pattern
 ---------------------------+----------------------
        5     71.43   71.43 |  11111111111111111111
        1     14.29   85.71 |  ..111111111111111111
        1     14.29  100.00 |  111111111111111111..
 ---------------------------+----------------------
```

```
         7     100.00           |  XXXXXXXXXXXXXXXXXXX
```

만약 시간갭이 존재하는 company를 모두 제외하는 것이 아니라 시간갭이 발생하기 직전 년도까지만 데이터를 남기고자 한다면 아래와 같이 코드를 작성할 수 있다.

```
use P_data3_3, clear
tsset com year
by com, sort: gen nn=_n
by com: gen ind1=year-year[_n-1]
by com: gen ind2=1+sum(ind1)
drop if ind2>nn

. xtdes

----- 중략 -----
     Freq.  Percent    Cum. |  Pattern
 ---------------------------+----------------------
         5    50.00   50.00 |  1111111111111111111
         1    10.00   60.00 |  ..11111111111111111
         1    10.00   70.00 |  111111111..........
         1    10.00   80.00 |  111111111111.......
         1    10.00   90.00 |  1111111111111......
         1    10.00  100.00 |  11111111111111111..
 ---------------------------+----------------------
        10   100.00         |  XXXXXXXXXXXXXXXXXXX
```

xtdes 결과에서 알 수 있듯이 시간갭이 발생하기 직전까지 표본을 남기게 된다. 따라서 생성된 패널데이터는 불균형이면서 시간갭이 없는 패널데이터가 된다.

3.2 xtpattern

패널데이터의 구조를 확인하는 또 하나의 명령어는 xtpattern이다. 우선 예제 데이터파일 P_data3_4.dta에 대해 다음과 같이 tsset과 xtdes를 실행해 보자.

```
. tsset idcode year
. xtdes

  idcode:  1, 2, ..., 10                                    n =          8
    year:  70, 71, ..., 88                                  T =         12
           Delta(year) = 1 unit
           Span(year)  = 19 periods
           (idcode*year uniquely identifies each observation)
```

```
Distribution of T_i:   min      5%      25%       50%       75%      95%     max
                         5       5        6         8        10       12      12

     Freq.  Percent     Cum. |  Pattern
 ---------------------------+--------------------
        1     12.50    12.50 |  ..1....1..1..1.1.11
        1     12.50    25.00 |  .1.....11.1.11.1.11
        1     12.50    37.50 |  .111...11.1.11.1.11
        1     12.50    50.00 |  11.....1..1.1......
        1     12.50    62.50 |  111..............11
        1     12.50    75.00 |  111.......1.11.1.11
        1     12.50    87.50 |  1111...1..1.1......
        1     12.50   100.00 |  1111...11.1.11.1.11
 ---------------------------+--------------------
        8    100.00          |  XXXX...XX.X.XX.X.XX
```

위 실행결과에서 예제 데이터세트는 시간갭이 있는 불균형 패널임을 알 수 있다. 위 결과의 맨 마지막 행은 다음과 같다.

```
8    100.00          |  XXXX...XX.X.XX.X.XX
```

여기에서 "X"는 해당 시점에 적어도 한 개 이상의 관측개체가 존재한다는 의미이고 "."는 모든 그 시점에 관측개체가 전혀 존재하지 않는다는 의미이다. 위 맨 마지막 행의 의미는 74~76, 79, 81, 83, 86년 시점 (총 7개년)에서는 8개 패널 개체 모두 관측치가 없다는 것이다. 즉 이 기간 동안에는 패널 서베이가 실시되지 않았다고 생각할 수 있다. 이제 이 상태에서 다음과 같이 xtpattern 명령문을 실행해 보자.*

```
. xtpattern, gen(pattern)
```

위 명령문을 실행하면 pattern 변수가 만들어지는데, 이는 빨간색의 문자변수(string variable)로서 각 개체별로 시간변수의 패턴을 보여준다. 각 개체별로는 pattern 변수의 값이 (서로 다른 시점에 대해서도) 동일하기 때문에 각 개체별로 pattern 변수의 값을 하나씩 뽑아 그 빈도표를 구해보자.

```
. egen tag1 = tag(idcode)

. tab pattern if tag1==1

    pattern |      Freq.     Percent        Cum.
------------+-----------------------------------
```

* 이를 실행하기 위해서는 먼저 findit xtpattern 명령문을 통해 프로그램을 다운로드 받아 설치하여야 한다.

```
..1.1.1.1111 |          1       12.50       12.50
.1..11111111 |          1       12.50       25.00
.11111111111 |          1       12.50       37.50
11..1.11.... |          1       12.50       50.00
111.......11 |          1       12.50       62.50
111...111111 |          1       12.50       75.00
11111.11.... |          1       12.50       87.50
111111111111 |          1       12.50      100.00
-------------+-----------------------------------
       Total |          8      100.00
```

위 결과는 앞에서의 xtdes 결과와는 다르다. 즉 관측개체가 없는 시점은 아예 제외시킨 상태의 패턴을 보여준다.* 모든 패널 개체에 대해 조사가 이루어지지 않았다면 실제로는 시간갭이 없는 것으로 간주하는 것이 적절할 수 있다. 위 결과에 따르면 "조사된 모든 시점"에서 관측치가 있는 개체가 1개 있다는 것을 알 수 있다.

3.3 reshape

Stata에서 패널데이터 분석을 위해서는 데이터 구조가 반드시 long type이어야 한다.** 예제 데이터파일 P_data3_5.dta는 wide type 구조로서 그 일부분은 다음과 같다.

	state	pop1970	pop1980	pop1990	pop2000	area
1	CT	.1369841	.6184582	.4241557	.2648021	.871691
2	MA	.6432207	.0610638	.8983462	.9477426	.4611429
3	ME	.5578017	.5552388	.5219247	.2769154	.4216726
4	NH	.6047949	.8714491	.8414094	.1180158	.8944746
5	RI	.684176	.2551499	.2110077	.4079702	.0580662
6	VT	.1086679	.0445188	.5644092	.7219492	.6759487

이 데이터세트에서 패널변수는 state이고, 시간에 대한 정보는 각 변수의 이름(pop1970~pop2000)에 포함되어 있는 것을 알 수 있다. 이를 long type으로 전환하기 위해 먼저 다음과 같이 reshape 명령어의 대화창(dialog box)을 불러온다.

```
. db reshape
```

* xtdes 결과와 같은 패턴변수를 만들고자 하는 경우에는 xtpatternvar 명령어를 사용한다.

** long type 및 wide type의 데이터 구조에 대한 일반적인 설명은 민인식·최필선(2019a) 6.5절을 참고하라.

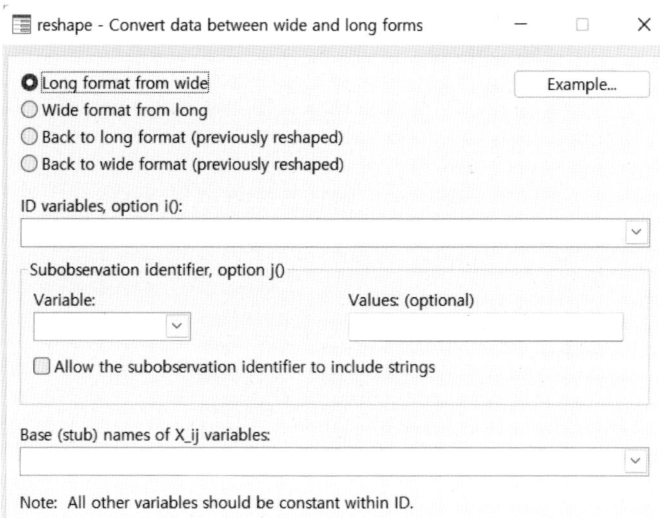

대화창의 Main 탭에서 가장 먼저 Long format from wide를 선택하고, 그 다음 패널변수를 선택하는 란(ID variable)에서 state 변수를 지정한다. 이어 Subobservation...에서는 시간변수에 해당하는 변수이름을 임의로 지정해 준다. 위 예에서는 year로 변수이름을 입력하였다. 마지막에 Base (stub)...에는 pop이라고 입력한다. 이 부분을 입력할 때는 변수이름에서 시간에 따라 변하는 부분을 제외한 나머지 부분, 즉 바뀌지 않는 부분을 그대로 입력해야 한다. 데이터세트의 마지막 변수인 area 변수는 시간에 따라 바뀌지 않는다(즉, 어떤 state에 대해 1970, 1980, 1990, 2000년 모두 동일한 값). 이 경우 따로 지정하지 않더라도 long type으로 변환되면서 모든 시점에서 같은 값을 갖도록 만들어 준다. 이상에 해당하는 reshape 명령문과 실행결과의 일부분은 다음과 같다.

```
. reshape long pop, i( state ) j( year )
(note: j = 1970 1980 1990 2000)

Data                               wide   ->   long
-----------------------------------------------------------------------------
Number of obs.                        6   ->     24
Number of variables                   6   ->      4
j variable (4 values)                     ->   year
xij variables:
             pop1970 pop1980 ... pop2000  ->   pop
-----------------------------------------------------------------------------
```

	state	year	pop	area
1	CT	1970	.1369841	.871691
2	CT	1980	.6184582	.871691
3	CT	1990	.4241557	.871691
4	CT	2000	.2648021	.871691
5	MA	1970	.6432207	.4611429
6	MA	1980	.0610638	.4611429
7	MA	1990	.8983462	.4611429
8	MA	2000	.9477426	.4611429
9	ME	1970	.5578017	.4216726
10	ME	1980	.5552388	.4216726
11	ME	1990	.5219247	.4216726
12	ME	2000	.2769154	.4216726
13	NH	1970	.6047949	.8944746
14	NH	1980	.8714491	.8944746

실행결과를 보면, 시간변수 이름은 지정한 대로 year가 되었고, 시간에 따라 변하는 변수는 pop의 이름을 갖게 되었다. 또한 area 변수는 각 패널 개체의 모든 시점에서 동일한 값을 갖고 있음을 알 수 있다.

다른 예제 데이터파일인 P_data3_6.dta를 살펴보자. 데이터는 다음과 같다.

	id	sex	inc80	inc81	inc82
1	1	0	5000	5500	6000
2	2	1	2000	2200	3300
3	3	0	3000	2000	1000
4	2	0	2400	2500	2400

이 경우 id 변수가 패널변수인데, 앞에서 본 예제 데이터세트와 달리 패널변수 열에 개체 "2"가 두 번 나오는 것을 알 수 있다. 이처럼 만약 wide type 패널에서 패널변수에 해당하는 변수의 값이 반복되어 나타나는 경우 reshape 명령을 실행하면 다음과 같은 에러 메시지를 얻게 된다.

```
. reshape long inc, i( id ) j( year )
(note: j = 80 81 82)
i=id does not uniquely identify the observations;
there are multiple observations with the same value of id.
Type "reshape error" for a listing of the problem observations.
r(9);
```

위 에러 메시지가 지적하고 있는 대로 i( ) 옵션에 지정된 변수(즉 id 변수)의 값이 반복되지 않아야 한다.

Tip 3.3 ● reshape: 연도가 두 자리 수인 경우

시간변수에 해당하는 연도가 1999, 2000 등 네 자리 수가 아니라 99, 00 등 두 자리 수로 표시된 경우도 많다. 이렇게 표시된 wide type 데이터를 long type으로 변경하는 방법에 대해 알아보자. 예제 데이터파일 P_data3_7.dta은 다음과 같다.

	id	sex	inc99	inc00	inc01
1	1	0	5000	5500	6000
2	2	1	2000	2200	3300
3	3	0	3000	2000	1000
4	4	0	2400	2500	2400

여기에서 inc99, inc00, inc01 변수는 각각 1999, 2000, 2001년의 소득을 나타내는 변수이다. 일단 앞에서와 동일한 방식으로 reshape 명령문을 실행해 보자.

```
. reshape long inc, i( id ) j( year )
```

그러나 아래에서 보는 것처럼 새로 생성된 시간변수인 year의 값이 우리가 원하는 것이 아님을 알 수 있다.

	id	year	sex	inc	inc00	inc01
1	1	0	0	.	5500	6000
2	1	1	0	.	5500	6000
3	1	99	0	5000	5500	6000
4	2	0	1	.	2200	3300
5	2	1	1	.	2200	3300
6	2	99	1	2000	2200	3300
7	3	0	0	.	2000	1000
8	3	1	0	.	2000	1000
9	3	99	0	3000	2000	1000

위와 같은 문제를 해결하기 위해서는 reshape 명령을 실행하기 전에 연도를 네 자리 숫자로 변경하는 것이 가장 확실한 방법이다. 즉 rename 명령어를 이용해 다음과 같이 변수이름을 변경한다.

```
. use P_data3_7.dta, clear
. rename inc99 inc1999
. rename inc00 inc2000
. rename inc01 inc2001
```

그런 다음 앞에서와 동일한 방식으로 reshape 명령을 실행한다.

```
. reshape long inc, i( id ) j( year )
```

그 결과, 다음에서 보는 것처럼 변환된 데이터가 우리가 원하는 long type 구조로 바뀌었다.

	id	year	sex	inc
1	1	1999	0	5000
2	1	2000	0	5500
3	1	2001	0	6000
4	2	1999	1	2000
5	2	2000	1	2200
6	2	2001	1	3300
7	3	1999	0	3000
8	3	2000	0	2000
9	3	2001	0	1000

예제 데이터파일 P_data3_8.dta를 살펴보자.

inc80r	inc81r	inc82r	ue80	ue81	ue82
5000	5500	6000	0	1	0
2000	2200	3300	1	0	0
3000	2000	1000	0	0	1

변수이름 inc80r, inc81r, inc82r에서 보듯이 연도에 해당하는 숫자가 끝에 있는 것이 아니고 중간에 위치하는 경우, reshape 대화창의 Base (stub) names...에 변수이름을 어떻게 입력해야 하는지 생각해 보자. 답은 inc@r 식으로 해야 한다. 즉, 이 경우 reshape 명령문은 다음과 같다.

```
. reshape long inc@r ue, i( id ) j( year )
```

inc@r에서 보는 것처럼 시간에 해당하는 숫자가 중간에 있는 경우, 그 숫자 위치에 @표시를 해주어야 한다. 그러나 본 데이터세트의 ue80, ue81, ue82처럼 숫자가 끝에 있는 경우에는 앞에서 설명한대로 @표시를 해주지 않아도 된다. 위 명령문 실행의 결과, 변환된 데이터의 일부분은 다음과 같다. 변수의 이름이 incr와 ue가 된 것을 알 수 있다.

	id	year	sex	incr	ue
1	1	80	0	5000	0
2	1	81	0	5500	1
3	1	82	0	6000	0
4	2	80	1	2000	1
5	2	81	1	2200	0
6	2	82	1	3300	0

또 다른 예제 데이터파일 P_data3_9.dta를 살펴보자. 데이터는 다음과 같다.

	city	kids	incAsian	incWhite
1	1	0	5000	5500
2	2	1	2000	2200
3	3	2	3000	2000

이 데이터세트는 3개 도시에 대해 kids와 소득을 기록하고 있다. 소득의 경우 아시아인(incAsian)과 백인(incWhite)의 소득으로 구분되어 있다. 이 데이터세트 역시 2개 차원(도시별 및 인종별)에서 데이터가 기록되어 있다는 점에서 패널데이터라고 할 수 있다. 이 경우 패널변수는 city 변수가 될 것이다. 한편 시간변수는 존재하지 않는데, 그 대신 인종변수가 존재한다. 따라서 이 데이터세트를 long type으로 만들기 위해서는 앞에서 설명한 방식을 그대로 따르되, 시간변수 대신 인종변수를 사용하면 된다. 그런데 인종을 나타내는 Asian과 White가 앞에서와 달리 숫자가 아니라 문자이다. 따라서 reshape 명령문에 반드시 string 옵션을 주어야 한다는 점에 유의해야 한다.

```
. reshape long inc, i( city ) j( race ) string
```

실행결과 long type으로 변환된 데이터를 보면 다음과 같다.

	city	race	kids	inc
1	1	Asian	0	5000
2	1	White	0	5500
3	2	Asian	1	2000
4	2	White	1	2200
5	3	Asian	2	3000
6	3	White	2	2000

이 상태로는 race 변수가 빨간 색의 문자변수이기 때문에 tsset 명령이 불가하다. 따라서 먼저 race 변수를 다음과 같은 명령문을 통해 숫자변수로 변환한 후 tsset 명령어를 실행한다.

```
. encode race, gen(race1)
. tsset city race1
      panel variable:  city (strongly balanced)
       time variable:  race1, 1 to 2
               delta:  1 unit
```

또 다른 예제 데이터파일 P_data3_10.dta를 살펴보자. 데이터는 다음과 같다.

	hid	year	finc	minc
1	1	90	3200	4500
2	1	91	4700	4600
3	2	90	1800	2400
4	2	91	1500	2500

패널데이터는 일반적으로 패널과 시간을 기준으로 한 2차원 구조인데, 이 데이터의 경우 3차원 구조이다. 즉 개체(hid)－시간(year)－성별(f 및 m)로 소득이 기록되어 있다. 이 데이터

세트를 reshape 대화창을 이용하여 long type으로 만드는 명령문을 작성해 보자. 먼저 다음 명령문으로 reshape 대화창을 불러온다.

```
. db reshape
```

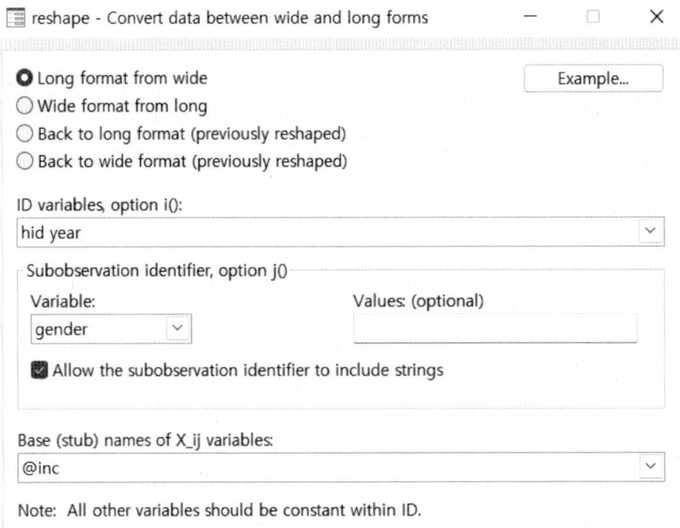

이 경우 i( )에 해당하는 변수로 개체변수와 시간변수를 두고, j( )에 해당하는 변수로 성별변수를 설정하는 것이 중요하다. 즉 대화창의 ID variable 란에 id와 year 변수를 지정해 주고, Subobservation...에 성별변수의 이름을 임의로 지정해준다. 마지막으로 Base (stub) names...에서 f와 m에 해당하는 곳에 @표시를 해주고 나머지 이름인 "inc"를 입력한다. 또한 j( )에 해당하는 값이 문자이기 때문에 Allow the subobservation identifier to include strings를 선택하여 문자변수라는 것을 인식시킨다. 이에 해당하는 명령문과 변환된 데이터는 아래와 같다.

```
. reshape long @inc, i( hid year ) j( gender ) string
```

	hid	year	gender	inc
1	1	90	f	3200
2	1	90	m	4500
3	1	91	f	4700
4	1	91	m	4600
5	2	90	f	1800
6	2	90	m	2400
7	2	91	f	1500
8	2	91	m	2500

3.4 Stata do file

```
use P_data3_1,clear
tsset hhid year
xtdes

use P_data3_2,clear
tsset hhid year
xtdes

by hhid, sort: gen ind=_N
list hhid year ind in 1/15
keep if ind==7
tsset hhid year
xtdes

use P_data3_3,clear
tsset company year
xtdes
by company, sort: gen ind1=year-year[_n-1]
by company, sort : egen max_year = max(ind1)
keep if max_year==1
xtdes

use P_data3_3, clear
tsset com year
by com, sort: gen nn=_n
by com: gen ind1=year-year[_n-1]
by com: gen ind2=1+sum(ind1)
drop if ind2>nn
xtdes

use P_data3_4,clear
tsset idcode year
xtdes
xtpattern, gen(pattern)

egen tag1 = tag(idcode)
tab pattern if tag1==1

use P_data3_5,clear
db reshape
reshape long pop, i( state ) j( year )

use P_data3_6,clear
* reshape long inc, i( id ) j( year ) // error message
```

```
use P_data3_7,clear
reshape long inc, i( id ) j( year )
use P_data3_7.dta, clear
rename inc99 inc1999
rename inc00 inc2000
rename inc01 inc2001
reshape long inc, i( id ) j( year )

use P_data3_8,clear
reshape long inc@r ue, i( id ) j( year )

use P_data3_9,clear
reshape long inc, i( city ) j( race ) string
encode race, gen(race1)
tsset city race1

use P_data3_10,clear
reshape long @inc, i(hid year) j(gender) string
```

CHAPTER 04 **기초 통계분석**

4.1 xtsum

명령어 xtsum은 패널데이터에 대한 기초통계량을 계산하는데 주로 사용된다. 예제 데이터 파일 P_data4_1.dta에 대해 기초통계량을 계산해보자. 먼저 tsset 명령어를 실행하면 균형 패널 데이터임을 알 수 있다.

```
. tsset id t
```

이 상태에서 xtsum 명령어 다음에 변수이름을 나열하면 해당 변수에 대한 기초통계량을 보여준다. 명령문과 실행결과는 다음과 같다.

그림 4.1

```
. xtsum lwage un fem

Variable         |      Mean   Std. Dev.       Min        Max |    Observations
-----------------+--------------------------------------------+----------------
lwage    overall |  6.408696    .3435133    5.56068    7.00307 |     N =      40
         between |               .309375   5.818473   6.930582 |     n =      10
         within  |              .1721947   5.751323   6.723056 |     T =       4
                 |                                             |
union    overall |        .4    .4961389          0          1 |     N =      40
         between |              .4743416          0          1 |     n =      10
         within  |              .1961161       -.35       1.15 |     T =       4
                 |                                             |
fem      overall |        .1    .3038218          0          1 |     N =      40
         between |              .3162278          0          1 |     n =      10
         within  |                     0         .1         .1 |     T =       4
```

위 결과를 보면 명령문에서 지정한 각 변수에 대해 overall, between, within 3가지로 나누어 평균, 표준편차 등의 기초통계량을 보여주고 있다. 또한 맨 마지막 열을 보면 관측치의 개수를 알려주고 있는데, n=10은 패널변수 개체의 숫자이고, T=4는 개체별 시간변수의 관측치 숫자(평균)이다. 데이터가 10명의 개체에 대해 각 4개 시점의 임금(lwage), 노동조합 가입여부(union), 성별(fem) 등을 기록한 것이다. 따라서 관측개체(observation)의 총 개수는

10×4=40개가 된다. 이것이 앞 결과에서 N=40의 의미이다.

이러한 데이터가 있을 때 우리는 다양한 기초통계량에 관심이 있을 수 있다. 앞에서 본 것처럼 xtsum 명령어는 각 변수에 대해 overall, between, within 3가지로 나누어 기초통계량을 계산해준다. 먼저 overall의 의미는 어떤 변수, 예를 들어 임금변수가 있을 때 전체 관측치(즉 N=40)를 대상으로 계산한 기초통계량을 말한다. 예를 들어 overall 표준편차는 N=40의 모든 관측치를 대상으로 그 평균값을 중심으로 퍼져 있는 정도를 나타낸다. 원래 Stata 명령어 중 su가 기초통계량을 계산하는 것인데, overall 기초통계량은 그 개념상 전체 관측치를 대상으로 한 su 명령 결과와 동일하다. 즉 다음과 같은 su 명령문을 실행하면 앞의 overall 기초통계량 결과와 일치하는 것을 확인할 수 있다.

```
. su lwage un fem

    Variable |       Obs        Mean    Std. Dev.       Min        Max
-------------+--------------------------------------------------------
       lwage |        40    6.408696    .3435133    5.56068    7.00307
       union |        40          .4    .4961389          0          1
         fem |        40          .1    .3038218          0          1
```

다음으로 between은 패널 그룹간(between group)의 개념이다. 즉, 본 예제에서는 10개의 패널 개체마다 4개씩의 시계열 시점에서 관측된 값들이 있는데, 이것을 10개의 데이터 그룹으로 간주할 수 있으며, between 기초통계량은 이와 같은 그룹간 특성을 측정한 것이다. 구체적으로는 어떤 변수가 있을 때 각 패널 개체별로 시계열 평균값을 구한 후 그 값들을 사용하여 기초통계량을 계산한다. 즉 어떤 변수(예: lwage)를 X_{it}로 표기하고 그룹내 평균값을 $\overline{X}_i$라 할 때 between 기초통계량은 $\overline{X}_i$의 표준편차나 평균을 의미한다. 예를 들어 between 표준편차는 10개 개체의 시계열 평균값들이 그 중심에서 어느 정도 퍼져 있는지를 나타낸다. 마찬가지로 between 평균값은 10개 개체의 시계열 평균값들의 중심경향을 나타낸다. between 평균값을 구하는 공식을 적으면 다음과 같다.

$$\overline{X}_{between} = \frac{1}{n}\sum_{i=1}^{n}\frac{1}{T}\sum_{t=1}^{T}X_{it} = \frac{1}{n}\sum_{i=1}^{n}\overline{X}_i$$

사실 위 식으로 계산한 between 평균은 overall 평균과 동일하다. 앞의 그림 4.1에 between 평균값이 나와 있지 않은 이유는 그것이 overall 평균과 동일하기 때문이다. 하지만 다른 기초통계량, 가령 표준편차의 경우에는 between과 overall 표준편차가 서로 다르다는 것을 확인할 수 있다. between 기초통계량을 다음과 같은 절차를 거쳐 직접 구해보면, 그 개념을 더욱 확실히 이해하는 데 도움이 될 것이다.

```
. by id, sort : egen lwage_m = mean(lwage)
. egen tag1 = tag(id)
. su lwage_m if tag1==1

    Variable |       Obs        Mean    Std. Dev.       Min        Max
-------------+--------------------------------------------------------
     lwage_m |        10    6.408696    .3093751   5.818472   6.930583
```

우선 위에서 첫 번째 명령문은 egen 명령어를 이용하여 각 패널 그룹에 대한 표본평균을 계산하여 변수(lwage_m)로 생성한 것이다. 각 패널 그룹별로 4개씩의 시계열 관측개체가 있기 때문에 새로 생성된 lwage_m 변수는 각 그룹마다 동일한 평균값이 4번씩 반복되는 형태를 가진다. 따라서 두 번째와 세 번째 명령문에서는 egen의 tag( ) 함수를 이용하여 각 패널 그룹에서 1개씩을 지정하여 su 명령어로 통계량을 계산한 것이다. 맨 아래 나와 있는 실행결과를 보면 앞의 그림 4.1에서 lwage 변수의 between에 해당하는 통계량과 동일한 것을 확인할 수 있다.

마지막으로 within은 패널 그룹내(within group)의 개념이다. 즉 어떤 변수(예: lwage)를 X_{it}로 표기하고 그룹내 평균값을 $\overline{X}_i$로 표기할 때 within 기초통계량은 $(X_{it}-\overline{X}_i)$의 평균이나 표준편차를 전체 관측치를 대상으로 구한 것을 의미한다. $(X_{it}-\overline{X}_i)$을 within 변환(within transformation)이라고 부른다.

그런데 한 가지 문제는 어떤 그룹이든 $(X_{it}-\overline{X}_i)$의 총합은 항상 0이라는 점이다. 따라서 전체 관측치에 대한 총합 역시 0이며, (이를 관측치 개수로 나눈) within 평균값도 항상 0이 된다. 이 때문에 Stata에서는 $(X_{it}-\overline{X}_i)$ 대신 여기에 overall 평균인 $\overline{X}$를 더한 $(X_{it}-\overline{X}_i+\overline{X})$을 대상으로 기초통계량을 계산한다. 예를 들어 within 평균값 공식은 다음과 같다.

$$\overline{X}_{within} = \frac{1}{nT}\sum_{i=1}^{n}\sum_{t=1}^{T}(X_{it}-\overline{X}_i+\overline{X})$$

사실 위 식으로 계산한 within 평균 역시 overall 평균과 동일하다. 앞의 그림 4.1에 within 평균값이 (between 평균값과 마찬가지로) 나와 있지 않은 이유는 그것이 overall 평균과 동일하기 때문이다. 하지만 다른 기초통계량은 서로 다르다는 것을 앞의 결과에서 확인할 수 있다. within 기초통계량을 다음과 같은 절차를 거쳐 직접 구해보면, 그 개념을 더욱 확실히 이해하는데 도움이 될 것이다.

```
. su lwage

    Variable |       Obs        Mean    Std. Dev.       Min        Max
-------------+--------------------------------------------------------
       lwage |        40    6.408696    .3435133    5.56068    7.00307

. gen lwage_with=(lwage-lwage_m+r(mean))

. su lwage_with

    Variable |       Obs        Mean    Std. Dev.       Min        Max
-------------+--------------------------------------------------------
  lwage_with |        40    6.408696    .1721947   5.751323   6.723056
```

위 실행의 두 번째 명령문에서 lwage_m 변수는 앞에서 between 기초통계량을 직접 구해보기 위해서 만들었던 패널 그룹별 평균 변수이고, r(mean)은 첫 번째 명령문인 su lwage를 실행함으로써 시스템 내에 저장된 overall 평균값이다. 맨 아래 나와 있는 실행결과를 보면 앞의 그림 4.1에서 lwage 변수의 within에 해당하는 통계량과 동일한 것을 알 수 있다.

앞의 그림 4.1에서 fem 변수는 조사된 개인들의 성별을 의미한다. 개인의 성별은 시간에 따라 달라지지 않고 각 패널 그룹 내에서는 같은 값을 갖게 된다. 패널데이터에서 이러한 변수를 시간불변 변수(time-invariant variable)라고 부른다. 성별(sex)이나 인종(race)과 같은 변수가 대표적인 시간불변 변수이다. 특정 변수가 시간불변 변수인지 확인하는 가장 간단한 방법이 within 변환의 표준편차가 0인지 보는 것이다(그림 4.1에서 fem의 within 표준편차가 0임을 알 수 있다). 그 이유는 within 변환 $(X_{it} - \overline{X}_i + \overline{X})$을 보면 명확하다. 즉 시간불변 변수라는 것이 정의상 $X_{it} = \overline{X}_i$을 의미하기 때문에 $(X_{it} - \overline{X}_i + \overline{X})$ 은 모든 관측치에 대해 $\overline{X}$, 즉 overall 평균이 되고, 따라서 그 표준편차는 0이 되는 것이다.

한편 앞에서도 설명했지만, 그림 4.1의 실행결과에서 맨 오른쪽에 위치한 Observations을 조금 더 부연설명하면, N은 각 변수에서 결측치를 제외한 전체 관측치의 수를 의미하며, n은 패널 그룹의 수를 뜻한다. 또한 T는 각 패널 그룹이 가진 시계열 평균 관측개체수를 의미하며, 따라서 다음과 같이 계산된다.

$$\overline{T} = \frac{N}{n}$$

egen 명령어에서 count( ) 함수를 이용하여 각 패널 그룹별로 관측개체수를 계산한 후에 평균을 계산할 수 있다. 구체적인 명령문은 다음과 같다.

```
. by id, sort : egen lwage_count = count(lwage)
. su lwage_count if tag1==1

    Variable |       Obs        Mean    Std. Dev.       Min        Max
-------------+--------------------------------------------------------
 lwage_count |        10           4           0          4          4
```

egen의 count( ) 함수는 각 패널 그룹별로 결측치를 제외하고 관측치의 숫자를 계산하여 변수로 만들어 준다. 본 예에서는 모든 패널 그룹의 시계열 시점이 4개이며, 따라서 그것의 평균값 역시 4임을 확인할 수 있다.

4.2 countby 또는 xtcount

명령어 countby는 지정한 조건에 해당하는 패널 개체의 수를 보여준다. 이를 이용하기 위해서는 본서의 실습파일에 포함된 countby.ado 파일을 c:₩ado₩c 폴더에 복사하여야 한다.* 또한 markby.ado 파일을 c:₩ado₩m 폴더에 복사한다.**

예제 데이터파일 P_data4_2.dta에 대해 **tsset**을 실행하면, 시간갭이 있는 불균형 패널임을 알 수 있다. 또한 3.1절에서 다룬 **xtdes** 명령어를 통해 패널 개체의 수가 4,711명임을 알 수 있다. 아래 실행결과가 나와 있다.

```
. tsset id year
       panel variable:  idcode (unbalanced)
        time variable:  year, 68 to 88, but with gaps
                delta:  1 unit

. xtdes

  idcode:  1, 2, ..., 5159                               n =       4711
    year:  68, 69, ..., 88                               T =         15
           Delta(year) = 1 unit
           Span(year)  = 21 periods
           (idcode*year uniquely identifies each observation)

Distribution of T_i:   min      5%     25%       50%       75%     95%     max
                         1       1       3         5         9      13      15
```

* 도움말 파일인 counby.hlp 파일도 같은 폴더에 복사하여 사용한다.

** countby 대신 xtcount 을 사용해도 같은 결과이다. xtcount.ado 파일은 본서 데이터파일에 같이 포함되어 있다. c:₩ado₩x 폴더에 복사한 후 사용할 수 있다.

이러한 데이터세트가 주어졌을 때 나이가 40세를 초과한 패널 개체의 수에 관심이 있다고 해보자. 이를 위해서는 다음과 같이 countby 명령문을 사용해야 하는데, 이때 반드시 by 옵션을 함께 사용해야 한다. by( )에 패널그룹 변수를 사용한다.

```
. countby if age>40, by(idcode)

#records that satisfy condition                 1482 / 28534
#by-groups that never satisfy condition          3795 / 4711
#by-groups that ever satisfy condition            916 / 4711
#by-groups that always satisfy condition           76 / 4711
```

위 결과에서 우선 #records that satisfy condition은 전체 age 변수 관측치 28,534개 중에서 1,482개 관측치가 40을 초과한다는 의미이다. 여기에서 28,534라는 숫자는 4,711명의 패널 개체가 있고, 각 개체마다 1~15개의 시계열 관측개체를 갖고 있는데, 이것을 모두 합하면 28,534개라는 의미이다. 이어 #by-groups that never satisfy condition은 4,711명의 패널 개체 중에서 age 변수 값이 한 번도 40을 초과하지 않는(즉, 40세를 초과하는 기간을 전혀 갖지 않은) 사람이 3,795명이라는 의미이다. 세 번째의 #by-groups that ever satisfy condition은 4,711명 중에서 적어도 한 번 이상 age 변수 값이 40을 초과한 사람이 916명이라는 의미이다. 앞의 3,795명과 916명을 더하면 전체 패널 개체 숫자인 4,711명이 된다. 마지막으로 #by-groups that always satisfy condition은 age 변수의 모든 시계열 관측치가 40을 초과한 사람이 76명이라는 뜻이다.

countby 명령어는 ifby( ) 옵션과 함께 사용할 수 있다. 다음은 그 예이다.

```
. countby if age>40, by(idcode) ifby(race==1)

#records that satisfy condition                 1128 / 28534
#by-groups that never satisfy condition          2645 / 3329
#by-groups that ever satisfy condition            684 / 3329
#by-groups that always satisfy condition           55 / 3329

. countby if age>40, by(idcode) ifby(union==1)
ifby() violates by-group boundaries
change ifby() or specify option {always|ever}
r(198);

. countby if age>40, by(idcode) ifby(union==1) ever

#records that satisfy condition                  636 / 28534
```

```
#by-groups that never satisfy condition        1255 / 1641
#by-groups that ever satisfy condition          386 / 1641
#by-groups that always satisfy condition         16 / 1641
```

위의 첫 번째 명령문에서 ifby(race==1) 옵션의 의미는 race 변수 값이 1인 경우(백인)로 한정하여 age 변수 값이 40을 초과하는 패널 개체의 수를 계산하라는 것이다. 그 실행결과 중 #by-groups that never satisfy condition을 보면 패널 개체 중 백인의 수가 3,329명이고, 그 중에서 2,645명은 age 변수 값이 40보다 큰 적이 없는 것으로 나타났다. 또한 #by-groups that ever satisfy condition을 보면, 백인 3,329명 중에서 나머지 684명은 적어도 한 번 이상 age 변수 값이 40을 초과했다.

한편, 위의 두 번째 countby if age>40, by(idcode) ifby(union==1) 명령문에서 에러 메시지가 나온 이유는 앞의 race 변수는 각 패널 그룹 내에서는 값이 모두 동일한 값이지만, union의 경우에는 하나의 패널 그룹 내에서도 그 값이 달라질 수 있기 때문이다. 따라서 이런 경우에는 ever 또는 always 옵션을 함께 사용해야 한다. 단어의 의미대로 ever는 한번이라도 옵션의 조건을 만족한 경우에 대해, 그리고 always는 옵션의 조건을 항상 만족한 경우에 대해 조사하는 것이다.

위의 세 번째 명령문에서는 ever 옵션을 추가하였다. 그 결과 중 #records that satisfy condition을 보면 전체 관측치 28,534개이고, 그 중에서 union=1인 값이 적어도 한 번 이상 나타난 패널 그룹 내에서 age 변수 값이 40을 초과하는 관측치의 수가 636개인 것으로 나타났다. 이어 #by-groups that never satisfy condition을 보면, union =1이 한 번 이상 나타난 사람이 1,641명인데, 이 중에서 age가 40을 초과인 적이 없는 사람이 1,255명이라는 의미이다. 마지막에 있는 #by-groups that always satisfy condition을 보면 union=1이 적어도 한 번 이상 나타난 패널 그룹 중에서 age 변수 값이 모든 시점에서 40을 초과한 사람이 16명이라는 의미이다.

Tip 4.1 ● countby 명령문에서 ifby( ) 옵션

다음 두 명령문의 차이점에 대해 생각해 보자.

```
. countby if age>40, by(idcode) ifby(union==1) ever

#records that satisfy condition               636 / 28534
#by-groups that never satisfy condition      1255 / 1641
#by-groups that ever satisfy condition        386 / 1641
```

```
#by-groups that always satisfy condition        16 / 1641

. countby if age>40 & union==1, by(idcode)

#records that satisfy condition                322 / 28534
#by-groups that never satisfy condition       4490 / 4711
#by-groups that ever satisfy condition         221 / 4711
#by-groups that always satisfy condition        13 / 4711
```

위의 첫 번째 명령문과 그 결과는 이미 앞에서 살펴보았다. 이와 달리 두 번째 명령문은 age 변수 값이 40을 초과하고 union=1의 조건을 동시에 만족하는 경우를 계산하라는 의미이다. 그 결과를 보면, 우선 #records that satisfy condition은 전체 28,534개의 관측치 중에서 두 개의 조건을 동시에 만족하는 관측치가 322개라는 의미이다. 또한 #by-groups that never satisfy condition은 전체 패널 개체 4,711명 중에서 age〉40과 union=1의 조건을 동시에 만족하는 시기가 한 번도 존재하지 않는 사람이 4,490명이라는 의미이다. 반면 #by-groups that ever satisfy condition은 age〉40과 union=1의 조건을 동시에 만족하는 시점이 적어도 한번은 존재하는 사람이 221명이라는 의미이다. 마지막으로 #by-groups that always satisfy condition은 모든 시점에 있어서 age〉40과 union=1의 조건을 동시에 만족하는 사람이 13명이라는 뜻이다.

결국 위 첫 번째 명령문인 countby if age>40, by(idcode) ifby(union==1) ever는 age>40인 패널 개체의 수를 계산할 때, (적어도 어느 한 시점에서) union=1인 조건을 만족하는 개체를 먼저 추려내는 반면, 두 번째 명령문인 countby if age>40 & union==1은 전체 개체를 대상으로 두 조건을 모두 만족하는 개체를 계산하는 것이 다른 점이다.

4.3 xttab

명령어 **xttab**은 패널데이터에서 빈도표(frequency table)를 구할 때 사용한다. 우선 예제 데이터파일 P_data4_3.dta를 이용하여 범주형 변수의 빈도표를 만드는 명령어인 **tab**을 실행해 보자. 다음은 union 변수에 대해 **tab** 명령을 실행한 결과이다.

```
. tab union

if wage set |
 be a union |
   contract |      Freq.     Percent        Cum.
------------+-----------------------------------
          0 |          7       58.33       58.33
          1 |          5       41.67      100.00
------------+-----------------------------------
      Total |         12      100.00
```

위 결과를 보면, 전체 12개의 관측치 중에서 union=1인 관측치가 5개이고, union=0인 관측치가 7개임을 알 수 있다. 이번에는 동일한 union 변수에 대해 xttab 명령을 실행해 보았다. 다음은 그 결과이다.

```
. tsset id t
. xttab union

                  Overall             Between            Within
    union |    Freq.  Percent      Freq.  Percent        Percent
----------+-----------------------------------------------------
        0 |        7    58.33          2    66.67          87.50
        1 |        5    41.67          2    66.67          62.50
----------+-----------------------------------------------------
    Total |       12   100.00          4   133.33          75.00
                                   (n = 3)
```

우선 tsset 실행 결과를 보면, 각 개체가 4개씩의 시계열 관측개체를 가진 균형패널임을 알 수 있다. 다음으로 xttab 실행결과는 overall, between, within의 3가지로 나누어 계산되어 있다. 이 중 overall의 내용은 앞에서 본 tab의 실행결과와 정확히 일치한다. 결국 overall은 모든 관측개체(즉 3명×4시점=12개)를 대상으로 union 변수가 0인 경우와 1인 경우의 빈도수를 계산한 것이다.

다음으로 between은 3명의 패널 개체를 대상으로 각 4개의 시계열 관측치 중 0이 한 번이라도 있는 경우와 1이 한 번이라도 있는 경우의 빈도수를 계산한 것이다. 위 결과에서 union=0의 빈도가 2인 것은 전체 3명 중에서 2명은 union 값이 0인 경우가 적어도 한 번은 있다는 것이다. union=1의 빈도가 2로 나온 것도 유사하게 해석된다. 패널 개체는 3명인데, between의 총 빈도가 4로 나온 이유는 3명 중에서 1명은 union 변수의 값에 0과 1이 동시에 존재하기 때문이다. 구체적으로는 2번 개체(id=2)의 union 값에 0과 1이 동시에 존재한다.

다음에서 이를 확인할 수 있다.

```
. list id t union if id==2

     +-----------------+
     | id   t   union  |
     |-----------------|
  5. |  2   1       0  |
  6. |  2   2       0  |
  7. |  2   3       1  |
  8. |  2   4       0  |
     +-----------------+
```

앞의 xttab 실행결과에서 within의 경우에는 상대빈도(percent)만이 제시되어 있다. 예를 들어 union=0의 상대빈도가 87.5%로 나왔다. 그 의미를 살펴보기 위해 다음과 같이 패널변수(id), 시간변수(t), union 변수만을 리스트로 만들었다.

```
. list id t union

     +-----------------+
     | id   t   union  |
     |-----------------|
  1. |  1   1       0  |
  2. |  1   2       0  |
  3. |  1   3       0  |
  4. |  1   4       0  |
  5. |  2   1       0  |
     |-----------------|
  6. |  2   2       0  |
  7. |  2   3       1  |
  8. |  2   4       0  |
  9. |  3   1       1  |
 10. |  3   2       1  |
     |-----------------|
 11. |  3   3       1  |
 12. |  3   4       1  |
     +-----------------+
```

앞의 xttab 실행결과에서 within의 경우 union=0의 상대빈도가 87.5%로 나온 것이 어떻게 계산되었는지를 설명하면, 먼저 union 변수가 0의 값을 한 번이라도 가진 적이 있는 개체를 추려낸다. 위 리스트를 보면, id=1과 id=2의 2명이 여기에 해당한다. 이제 이들 2명만을 대상으로 할 때, 총 시계열 관측개체수는 2명×4시점=8개가 된다. 이 중에서 union=0인 관측치의 개수는 총 7개인데, 그 비율이 바로 within의 union=0 상대빈도가 된다. 즉,

within (union=0) 상대빈도 = 7/8 = 0.875

union=1에 대한 within 상대빈도도 유사한 방법으로 계산한다. 즉,

within (union=1) 상대빈도 = 5/8 = 0.625

within 상대빈도가 이와 같이 계산된다는 점을 염두에 두고, 이것을 구체적으로 어떻게 해석할 것인지를 생각해보자. 가령 within의 union=1 상대빈도(즉, 62.5%)를 생각해 보면, 2번 개체는 4년 중에서 1년 동안 노조에 가입되어 있었고, 3번 개체는 4년 내내 노조에 가입되어 있었다. 따라서 2번 개체의 노조 가입기간은 전체의 25%이고, 3번 개체의 노조 가입 기간은 100%이다. 따라서 두 명의 노조 가입기간은 평균 62.5%임을 알 수 있다. 이 값이 바로 within의 union=1 상대빈도이다. 즉,

$$\frac{25\% + 100\%}{2} = 62.5\%$$

결국 within의 union=1 상대빈도는 "노조에 계속 가입해 있었거나 혹은 잠깐이라도 가입한 적이 있었던 사람들을 대상으로 이들이 전체 기간 중 노조에 가입된 기간의 평균 비율"를 말해준다. 같은 방식으로 within의 union=0 상대빈도(87.5%)는 "노조에 계속 미가입 상태에 있었거나 혹은 잠깐이라도 빠져 있었던 사람들을 대상으로 이들이 평균적으로 전체 조사 기간의 어느 정도를 노조에 가입되어 있지 않았는지"를 의미한다.

4.4 xttrans

패널데이터가 있을 때 패널 개체들의 어떤 특징이 시간에 따라 어떻게 변했는지 알고 싶을 때가 있다. 가령 데이터에 어떤 범주형 변수(예: 결혼 여부)가 있다면, 이를 이용하여 조건부 전이확률(conditional transition probability)을 계산해 볼 수 있다. 조건부 전이확률은 X 변수의 현재 상태가 s_h로 주어졌을 때, 다음 기(next period)의 상태가 s_k가 될 확률을 의미한다. 이를 식으로 표현하면 다음과 같다.

$$\Pr\left(X_{it+1} = s_k \mid X_{it} = s_h\right)$$

명령어 **xttrans**는 이와 같은 조건부 전이확률을 구할 때 사용한다. 예제 데이터파일 P_data4_2.dta에 있는 msp 변수는 현재 배우자가 존재하면 1이고, 이혼이나 별거로 인해 배우자가 없는 경우(미혼인 경우도 포함)는 0으로 구분되어 있다. msp 변수에 대한 조건부 전이확률을 구하기 위한 **xttrans** 명령문을 실행한 결과는 다음과 같다.

```
. xttrans msp, freq

      1 if |
  married, | 1 if married, spouse
    spouse |        present
   present |         0          1 |     Total
-----------+----------------------+----------
         0 |     7,697      1,866 |     9,563
           |     80.49      19.51 |    100.00
-----------+----------------------+----------
         1 |     1,133     13,100 |    14,233
           |      7.96      92.04 |    100.00
-----------+----------------------+----------
     Total |     8,830     14,966 |    23,796
           |     37.11      62.89 |    100.00
```

실행결과가 위에 표로 나와 있는데 맨 왼쪽 열은 현재 시점의 배우자 여부에 따라 구분되어 있고, 맨 위쪽 행은 다음 기의 배우자 여부에 따라 구분되어 있다. 따라서 4가지 종류의 조건부 전이확률에 대한 해석과 계산방법은 다음과 같다.

(1)	현재 배우자가 없는 사람이 다음 기에도 배우자가 여전히 없을 확률 $\Pr(msp_{it+1}=0 \mid msp_{it}=0)$=7,697/9,563=0.8049
(2)	현재 배우자가 없는 사람이 다음 기에는 배우자가 있을 확률 $\Pr(msp_{it+1}=1 \mid msp_{it}=0)$=1,866/9,563=0.1951
(3)	현재 배우자가 있는 사람이 다음 기에는 배우자가 없을 확률 $\Pr(msp_{it+1}=0 \mid msp_{it}=1)$=1,133/14,233=0.0796
(4)	현재 배우자가 있는 사람이 다음 기에도 배우자가 여전히 있을 확률 $\Pr(msp_{it+1}=1 \mid msp_{it}=1)$=13,100/14,233=0.9204

위에서 계산된 조건부 전이확률은 연속된 두 기간 동안 msp 값이 어떻게 변했는지를 추적하여 계산된다. 연속된 두 기간 동안의 변화를 측정하기 때문에 msp 값에 결측치가 있다면 그 결측치가 있는 시점과 바로 전후로 인접한 관측치는 확률계산에서 제외됨에 주의해야 한다.

위 결과에서 주의할 점은 시간갭이 있는 경우이다. xttrans 명령어에서 t와 $t+1$ 시점은 인접한(adjacent) 두 시점으로 간주한다. 특정 개인의 관찰시점이 $t=2000$ 이고 $t+1=2002$ 라고 가정하자. 즉 해당 패널 개체에 대해서는 2001년은 시간갭이 된다. xttrans 결과에서는

2000년과 2002년의 결혼상태 변화(2년 동안)를 포함해서 확률을 제시하게 된다. 그러나 연구자의 관심이 1년 동안 결혼상태의 변화만을 포함하고자 한다면 이 경우는 확률계산에서 제외되어야 한다. 시간갭을 고려하여 1년 동안 조건부 전이확률을 계산하고자 하면 다음과 같이 **tsfill** 명령어를 먼저 사용해야 한다.*

```
. tsset id year
. tsfill
. tsset id year
       panel variable:  idcode (strongly balanced)
        time variable:  year, 68 to 88
                delta:  1 unit
. xttrans msp, freq
      1 if |
  married, | 1 if married, spouse
    spouse |        present
   present |         0          1 |     Total
-----------+----------------------+----------
         0 |     3,936        835 |     4,771
           |     82.50      17.50 |    100.00
-----------+----------------------+----------
         1 |       344      5,765 |     6,109
           |      5.63      94.37 |    100.00
-----------+----------------------+----------
     Total |     4,280      6,600 |    10,880
           |     39.34      60.66 |    100.00
```

tsfill 명령어를 이용하여 시간갭이 없는 패널데이터로 변환한 후 **xttrans** 명령어를 사용한다. 앞선 **xttrans** 결과와 비교하면 freq 값이 줄어들었음을 확인할 수 있다. $t = 2000$과 $t+1 = 2002$와 같이 시간갭이 있는 경우는 확률 계산에서 모두 제외되었기 때문이다.

4.5 mvsumm

시계열데이터에서 이동평균(moving average)을 계산할 때가 있다. 이동 윈도우(moving window) 길이를 예를 들어 5로 설정했을 때, 이동평균은 다음과 같이 정의된다.

$$\text{이동평균} = \frac{x_{t-2} + x_{t-1} + x_t + x_{t+1} + x_{t+2}}{5}$$

* **tsfill** 명령어는 먼저 **findit tsfill** 실행하여 다운로드 받은 후 사용할 수 있다. **tsfill** 명령어에 대한 자세한 설명은 민인식 · 최필선(2022a)의 1장을 참고하라.

패널데이터 구조인 경우에는 각 패널 개체별로 이동평균을 계산해야 한다. 시계열(또는 패널) 데이터에서 이동 윈도우를 적용한 통계량을 계산하기 위해서는 먼저 다음 명령을 실행하여 mvsumm 명령어 프로그램을 인터넷에서 다운로드 받아야 한다.

```
. findit mvsumm
```

예제 데이터파일 P_data4_4.dta에 있는 invest 변수에 대해 mvsumm 명령을 실행해보자. 이동 윈도우의 길이가 5인(즉, 시계열의 어떤 값을 기준으로 전후 2기씩의 값을 이용한) 이동평균을 계산하기 위한 명령문은 다음과 같다.

```
. tsset company year

. mvsumm invest, window(5) gen(mean_invest) stat(mean)
```

위 명령문에서 window(5) 옵션은 이동 윈도우의 길이를 5로 하라는 의미이며, gen( ) 옵션의 괄호 안에 지정한 변수이름으로 이동평균 변수가 만들게 된다. 마지막으로 stat( )은 계산하고자 하는 통계량을 지정한다. 여기에서는 이동 '평균'을 선택했지만, 이동 표준편차, 분산, 최대값, 최소값 등을 통계량으로 지정할 수도 있다. 실행결과의 일부분은 다음과 같다.

```
. list  company year invest mean_invest in 1/10

     +------------------------------------+
     | company   year   invest   mean_i~t |
     |------------------------------------|
  1. |       1   1935    317.6          . |
  2. |       1   1936    391.8          . |
  3. |       1   1937    410.6      341.7 |
  4. |       1   1938    257.7     370.42 |
  5. |       1   1939    330.8     394.46 |
     |------------------------------------|
  6. |       1   1940    461.2     401.94 |
  7. |       1   1941      512     450.32 |
  8. |       1   1942      448     493.66 |
  9. |       1   1943    499.6     513.66 |
 10. |       1   1944    547.5     548.88 |
     +------------------------------------+
```

위 결과를 보면, 1번 회사의 경우 1935, 1936년의 이동평균(mean_invest 변수) 값은 결측치로 처리되었다. 이 시점에는 과거값이 없어 5개의 이동 윈도우를 설정할 수 없기 때문이다. 1937년의 mean_invest 값인 341.7은 invest 변수의 1935~1939년까지 5개년 값의 평균을 계산한 것이다.

다음으로 mvsumm 명령문에 다음과 같이 end 옵션을 추가하면 (미래값은 제외하고) 현재와 과거값만을 이용하여 이동평균을 계산한다.

```
. mvsumm invest, window(5) gen(mean_invest1) stat(mean) end

. list  company year invest mean_invest1 in 1/10

     +--------------------------------------+
     | company   year   invest   mean_i~1 |
     |--------------------------------------|
  1. |       1   1935    317.6          . |
  2. |       1   1936    391.8          . |
  3. |       1   1937    410.6          . |
  4. |       1   1938    257.7          . |
  5. |       1   1939    330.8      341.7 |
     |--------------------------------------|
  6. |       1   1940    461.2     370.42 |
  7. |       1   1941      512     394.46 |
  8. |       1`  1942      448     401.94 |
  9. |       1   1943    499.6     450.32 |
 10. |       1   1944    547.5     493.66 |
     +--------------------------------------+
```

위 결과에서 예를 들어 1939년의 mean_invest1 값인 341.7은 1935~1939년의 5개년 invest 값의 평균이다. 즉 현재와 과거 4개년의 관측치를 이용하여 이동평균을 계산한 것이다.

한편, 결측치가 있을 때 이동평균을 구하는 방법에 대해 생각해보자. 예제 데이터파일 P_data4_5.dta를 보면 각 회사의 1940년 invest 값이 결측치임을 알 수 있다. 이 데이터에 대해 앞에서와 동일한 방법으로 이동평균을 실행시키면 다음과 같은 결과를 얻는다.

```
. mvsumm invest, window(5) gen(mean_invest) stat(mean)

. list  company year invest mean_invest in 1/10

     +--------------------------------------+
     | company   year   invest   mean_i~t |
     |--------------------------------------|
  1. |       1   1935    317.6          . |
  2. |       1   1936    391.8          . |
  3. |       1   1937    410.6      341.7 |
  4. |       1   1938    257.7          . |
  5. |       1   1939    330.8          . |
     |--------------------------------------|
```

```
  6. |         1   1940         .           . |
  7. |         1   1941       512           . |
  8. |         1   1942       448           . |
  9. |         1   1943     499.6      513.66 |
 10. |         1   1944     547.5      548.88 |
     +------------------------------------+
```

앞에서 보는 것처럼 이동 윈도우에 1940년 관측치가 포함되는 경우 이동평균이 모두 결측치로 처리된다. 다시 말하면 이동 윈도우에 결측치가 포함되지 않는 경우에 한해 이동평균이 계산되는 것이다. 경우에 따라서는 설사 이동 윈도우에 1940년이 포함되는 경우라도 그 결측치를 제외하고 이동평균 값을 계산하기를 원할 때도 있을 것이다. 이런 경우에는 다음과 같이 force 옵션을 사용한다.

```
. mvsumm invest, window(5) gen(mean_invest1) stat(mean) force

. list  company year invest mean_invest1 in 1/10

     +------------------------------------+
     | company   year   invest   mean_i~1 |
     |------------------------------------|
  1. |         1   1935     317.6         . |
  2. |         1   1936     391.8         . |
  3. |         1   1937     410.6     341.7 |
  4. |         1   1938     257.7   347.725 |
  5. |         1   1939     330.8   377.775 |
     |------------------------------------|
  6. |         1   1940         .   387.125 |
  7. |         1   1941       512     447.6 |
  8. |         1   1942       448   501.775 |
  9. |         1   1943     499.6    513.66 |
 10. |         1   1944     547.5    548.88 |
     +------------------------------------+
```

위 결과를 보면, 가령 1940년의 mean_invest1 값이 387.125로 나와 있는데, 이는 1940년에 대한 5개년 윈도우(즉, 1938~1942년)에서 결측치가 있는 1940년을 제외시킨 기간(즉, 1938~1939년, 1941~1942년)의 관측치만 이용하여 평균을 계산한 것이다.

Tip 4.2 ● 시간갭이 있는 경우의 mvsumm 명령어

예제 데이터파일 P_data4_6.dta를 보면, 다음 tsset 명령에서 알 수 있듯이 시간갭이 있는 패널데이터이다.

```
. tsset com year
       panel variable:  company (unbalanced)
        time variable:  year, 1935 to 1954, but with gaps
                delta:  1 unit
```

이 데이터에 대해 mvsumm 명령을 실행하면 다음과 같은 에러 메시지를 얻게 된다.

```
. mvsumm invest, window(5) gen(mean_invest) stat(mean)
Number of gaps in sample:  4
sample may not contain gaps
r(198);
```

이 데이터에는 총 10개의 패널 그룹이 있는데, 그 중에서 4개의 패널 그룹에서 시간갭이 있는 것을 알 수 있다. 다시 말하면 6개의 패널 그룹에는 시간갭이 없는데도 모든 그룹에 대해 이동평균 값이 계산되지 않는다. 즉 mean_invest 변수의 모든 값이 결측치로 처리되게 된다.

이 경우 시간갭이 없는 6개 패널 그룹에 대해서는 이동평균을 계산하게 만들 수 있다. 그러기 위해서는 먼저 Tip 3.2에서 설명하였듯이 다음과 같은 방법으로 시간갭이 있는 패널과 없는 패널을 구분해 주어야 한다.

```
. by company, sort: gen year1=year-year[_n-1]
(10 missing values generated)

. by company, sort : egen max_diff = max(year1)
```

이상의 명령문을 통해 max_diff 값이 1인 패널 개체가 시간갭이 없는 회사들로 분류되었다. 따라서 다음과 같이 if 조건문을 추가하여 mvsumm 명령문을 작성한다.

```
. mvsumm invest if max_diff==1, window(5) gen(mean_invest1) stat(mean)
```

이런 식으로 만든 mean_invest1 변수는 시간갭이 없는 패널 그룹에 대해서 이동평균을 계산하여 보여준다.

4.6 Stata do file

```
use P_data4_1,clear
tsset id t
xtsum lwage un fem
su lwage un fem

by id, sort : egen lwage_m = mean(lwage)
egen tag1 = tag(id)
su lwage_m if tag1==1

su lwage
gen lwage_with=(lwage-lwage_m+r(mean))
su lwage_with

by id, sort:egen lwage_count = count(lwage)
su lwage_count if tag1==1

use P_data4_2,clear
tsset id year
xtdes
countby if age>40, by(idcode)
countby if age>40, by(idcode) ifby(race==1)
* countby if age>40, by(idcode) ifby(union==1)  // error message
countby if age>40, by(idcode) ifby(union==1) ever
countby if age>40 & union==1, by(idcode)

* xtcount를 사용하는 경우
xtcount if age>40, i(idcode)
xtcount if age>40, i(idcode) ifby(race==1)
xtcount if age>40, i(idcode) ifby(union==1) ever
xtcount if age>40 & union==1, i(idcode)

use P_data4_3,clear
tab union
tsset id t
xttab union
list id t union if id==2
list id t union

use P_dataa4_2,clear
xttrans msp, freq
tsset id year
tsfill
tsset id year
xttrans msp, freq
```

```
use P_data4_4,clear
tsset company year
mvsumm invest, window(5) gen(mean_invest) stat(mean)
list  company year invest mean_invest in 1/10
mvsumm invest, window(5) gen(mean_invest1) stat(mean) end
list  company year invest mean_invest1 in 1/10

use P_data4_5,clear
mvsumm invest, window(5) gen(mean_invest) stat(mean)
list company year invest mean_invest in 1/10

mvsumm invest, window(5) gen(mean_invest1) stat(mean) force
list  company year invest mean_invest1 in 1/10

use P_data4_6, clear
tsset com year
* mvsumm invest, window(5) gen(mean_invest) stat(mean) // error message
by company, sort: gen year1=year-year[_n-1]
by company, sort : egen max_diff = max(year1)
mvsumm invest if max_diff==1, window(5) gen(mean_invest1) stat(mean)
```

CHAPTER 05 | 패널 그래프 작성

5.1 tsline

패널데이터가 주어졌을 때 tsline 명령어를 이용하면 각 패널 개체별로 시계열 데이터의 변화를 그래프로 작성할 수 있다. 예제 데이터파일 P_data5_1.dta를 이용하여 이를 실행해보자. 먼저 다음과 같이 tsset 명령어를 실행한다.

```
. tsset firm year
       panel variable:  firm (strongly balanced)
        time variable:  year, 1935 to 1954
                delta:  1 unit
```

데이터를 보면 패널 개체가 5개이고, 각 개체별로 20년 동안의 시계열 데이터가 기록되어 있다. 이제 1번 및 2번 회사의 invest 변수 시계열 그래프를 그려 보기로 한다. 다음과 같이 tsline 대화창을 활용한다.

```
. db tsline
```

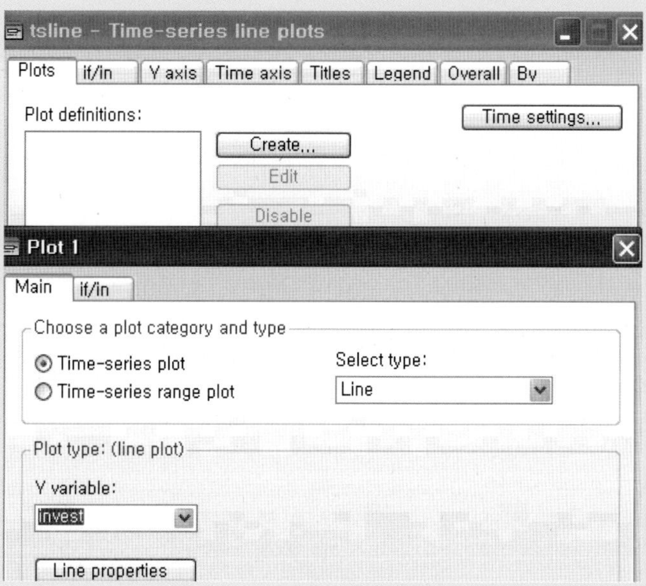

앞의 대화창에서 Create를 클릭하면 Plot 1 창이 생기는데, 여기에서 Y variable로 invest 변수를 선택한다. 또한 Plot 1의 if 탭으로 들어가 firm==1의 조건을 지정해 준다. 다시 한번 Create를 선택하면 Plot 2 창이 생기는데, 이번에도 Y variable을 invest로 지정해주고, 그 대신 if 탭에서는 firm==2 조건을 지정해 준다. 이렇게 하면 1, 2번 회사의 invest 시계열 그래프를 그릴 수 있다. 그런데 2번 회사의 경우에는 선의 종류를 실선이 아니라 점선으로 하기 위해서 Plot 2 창의 아래쪽에 있는 Line properties 버튼을 눌러 Pattern을 Long dash로 선택해보자. 이상에 해당하는 Stata 명령문과 실행결과는 다음과 같다.

```
. twoway (tsline invest if firm==1) (tsline invest if firm==2, lpattern(longdash))
```

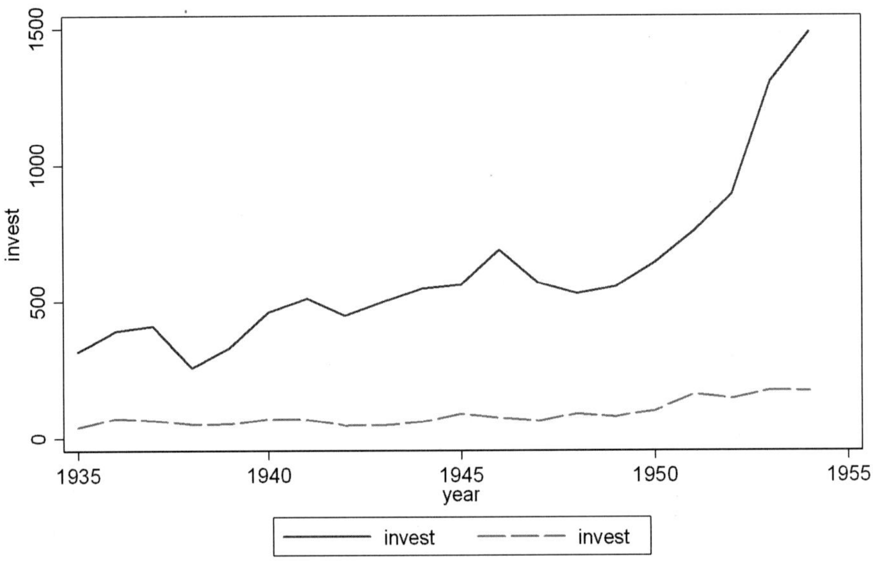

위 그림의 범례(legend)를 보면 1번 회사나 2번 회사 모두 invest로 되어 있다. 이를 바꾸기 위해서는 다음과 같이 legend 옵션을 추가하여 원하는 내용을 기입하면 된다.

```
. twoway (tsline invest if firm==1) (tsline invest if firm==2, lpattern(longdash)),
  legend(order(1 "firm=1" 2 "firm=2"))
```

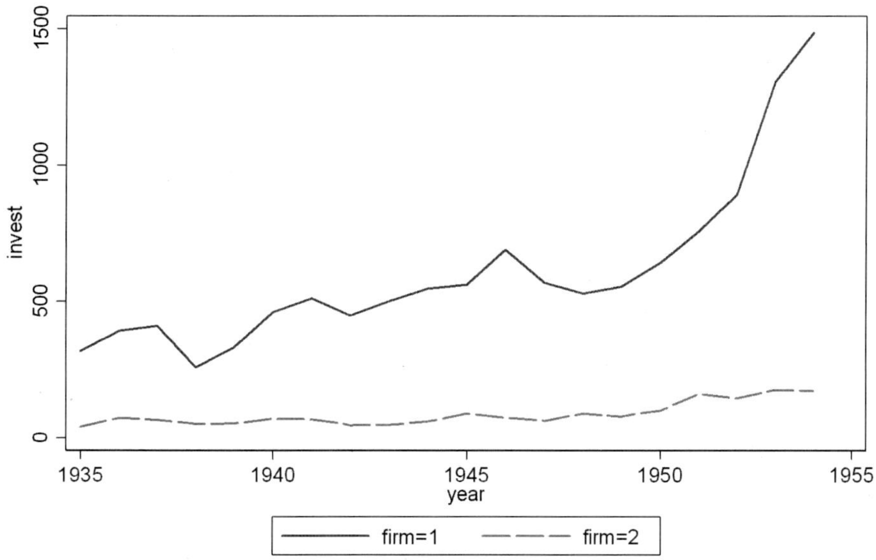

앞에서는 그래프 하나에 2개 회사의 시계열 추이를 함께 표현했는데, 각 회사별로 따로 그래프를 그리는 방법도 있다. 이를 위해서는 by( ) 옵션을 이용하면 된다. 다음과 같이 tsline의 대화창을 다시 불러온다.

. db tsline

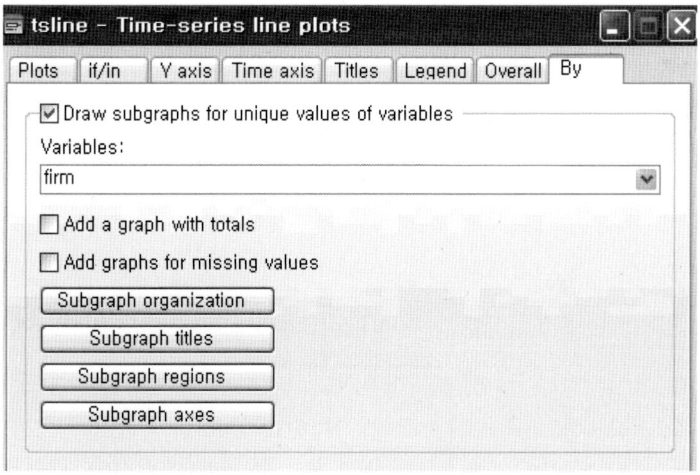

먼저 Plots 탭에서 Create를 선택한 후 Y variable에서 invest 변수를 지정한다. 이어 By 탭에서 Draw subgraphs...를 클릭한 후 Variables로 패널변수(본 예에서는 firm 변수)를 선택한다. 이에 해당하는 명령문과 실행결과는 다음과 같다.

. twoway (tsline invest), by(firm)

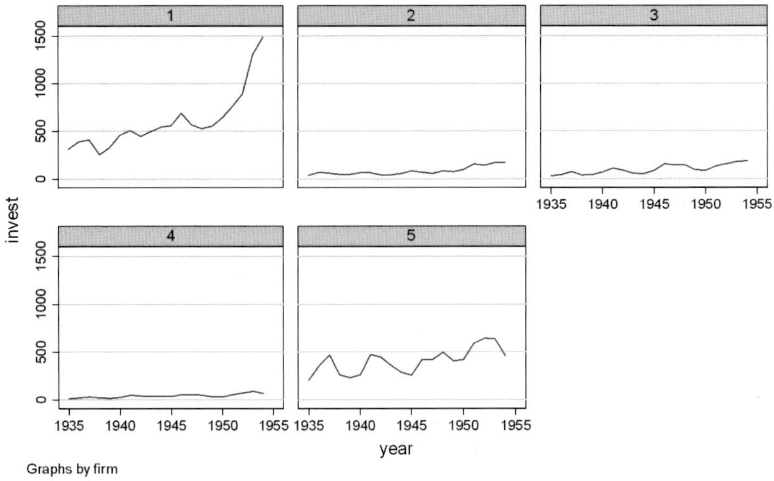

위 결과를 보면 5개 회사별로 invest 시계열 그래프가 따로 그려져 있다.

그런데 위 그래프에서 한 가지 문제는 1~5번 그래프가 모두 동일한 Y축 스케일을 사용하고 있다. 특히 데이터 값의 변동이 가장 큰 1번 회사를 기준으로 Y축이 설정되어 있어 나머지 2~5번 회사들은 invest 수준에 거의 변화가 없는 것처럼 보인다.

각 패널 개체별로 Y축 스케일을 서로 다르게 지정하기 위해서는 다음과 같은 절차를 따른다. tsline 대화창의 By 탭으로 가서, Subgraph axes를 클릭한다. 그런 다음 Rescale axes의 Y axes 값을 Yes로 바꾸면 된다. 해당 명령문과 실행결과는 다음과 같다.

```
. twoway (tsline invest), by(firm, yrescale)
```

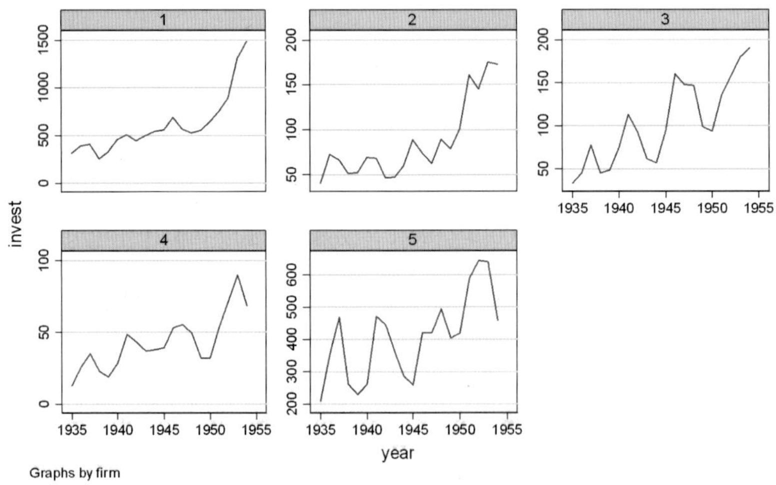

위 그림에서는 각 패널 그룹 별로 Y축 스케일이 서로 다르기 때문에 각 회사별로 invest 수준의 시간에 따른 변화를 보다 쉽게 파악할 수 있다.

5.2 xtline

명령어 xtline 역시 패널 개체의 시계열 변화를 그래프로 작성하는데 사용한다. 예제 데이터 파일 P_data5_1.dta에 대해 tsset 명령어 실행 후 xtline 대화창을 불러오자.

```
. tsset firm year
. db xtline
```

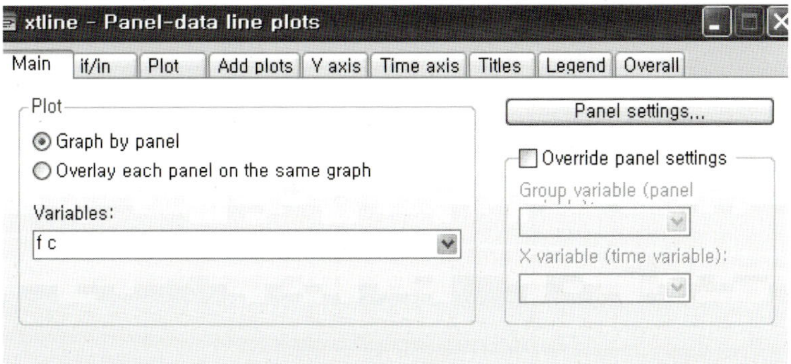

대화창 Main 탭의 Plot에서 Graph by panel을 선택하고 Variables로 1개 또는 2개 이상의 변수를 선택한다. 본 예에서는 f와 c 변수를 선택했다. 해당 명령문과 실행결과는 다음과 같다.

```
. xtline f c
```

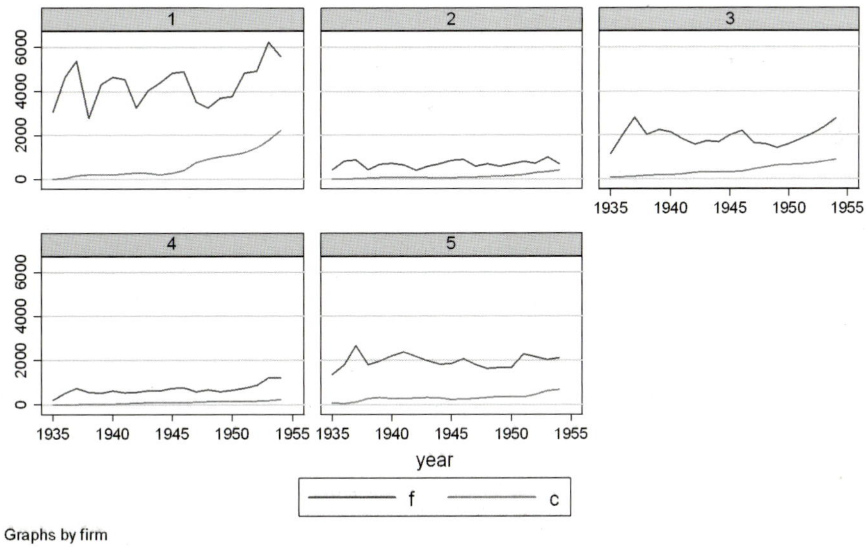

위 그림은 각 회사별로 f와 c 변수의 선 그래프를 보여주고 있다. 그러나 흑백으로 프린트하는 경우 f와 c 변수가 구별되지 않으므로 두 번째 변수인 c 변수를 점선으로 나타내보자. 이

를 위해서는 recast(line)와 lpattern(solid longdash) 옵션을 사용해야 한다. lpattern( )의 괄호안에 있는 solid는 첫 번째 변수에 적용되는 선의 형태이고, longdash는 두 번째 변수에 적용되는 선의 형태이다. 해당 명령문과 실행결과는 다음과 같다.

```
. xtline f c, recast(line) lpattern(solid longdash)
```

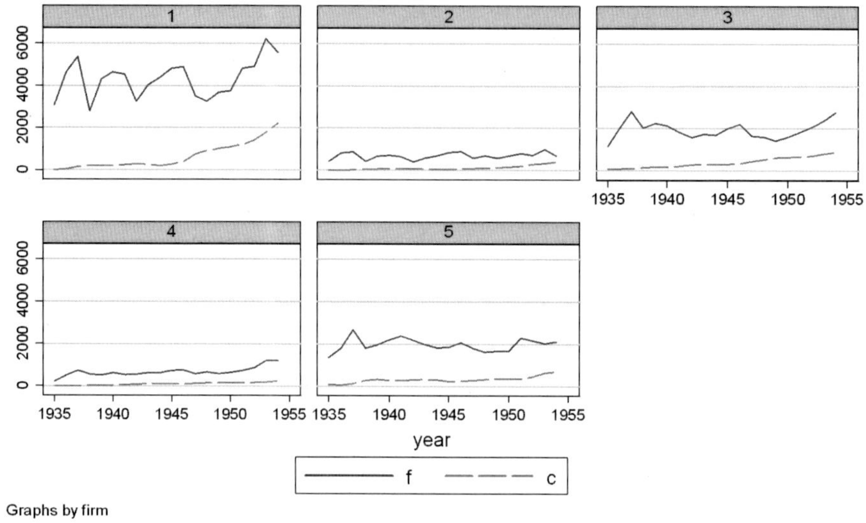

앞 절에서 다룬 tsline의 실행결과와 유사하게 본 예에서도 각 회사별로 Y축의 스케일을 서로 다르게 만들 수 있다. 이를 위해서는 xtline 대화창의 Y axis 탭에서 Subgraph axes를 선택한 다음, Rescale에서 Yes를 선택하면 된다. 해당 명령문과 실행결과는 다음과 같다.

```
. xtline f c, byopts(yrescale) recast(line) lpattern(solid longdash)
```

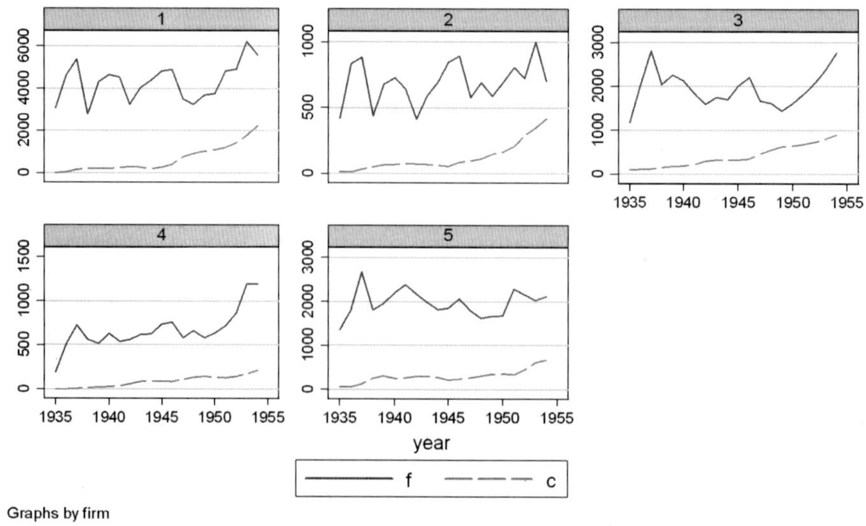

Tip 5.1 ● s2mono scheme

본 절의 첫 번째 그래프에서 본 것처럼 하나의 그래프에 2개 이상의 선을 표현할 경우, Stata에서는 기본적으로 선의 색깔을 통해 구분을 한다. 그러나 흑백으로 프린트를 하는 경우, 색깔로 구분된 선 그래프는 별 의미가 없다. 따라서 선의 패턴을 변경해 주는 것이 바람직하다. 그 방법으로 앞에서 설명한 것 이외에 그래프의 scheme을 변경함으로써 선의 패턴을 쉽게 구분해 줄 수도 있다. 이를 위해서는 xtline 대화창의 Overall 탭으로 들어가 Scheme 메뉴에서 s2monocrome을 선택한다. 해당 명령문과 실행결과는 다음과 같다.

```
. xtline f c, scheme(s2mono)
```

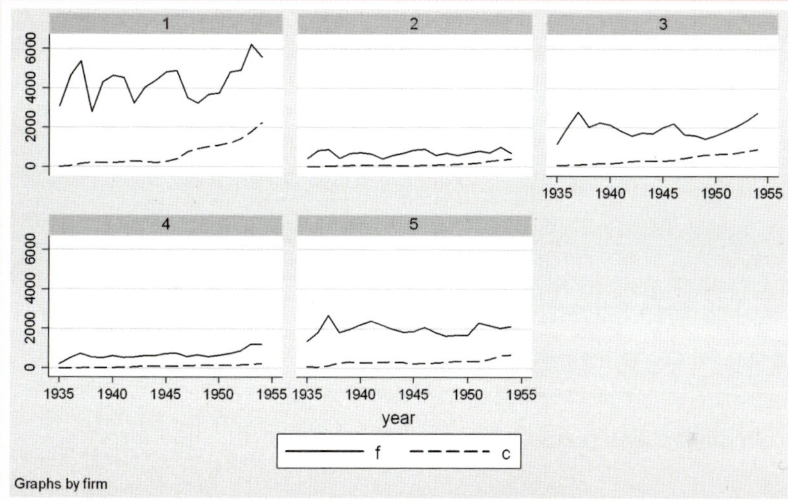

위 그림에서 f 변수는 실선, c 변수는 점선으로 자동으로 지정되어 그려지는 것을 알 수 있다. 이처럼 하나의 그래프에 2개 이상의 선을 표현하는 경우, s2monochrome scheme이 선의 패턴을 다르게 만드는 간단한 방법이다. 하지만 앞에서 본 recast(line) lpattern(solid longdash) 옵션의 경우에는 각 변수의 선 패턴을 사용자가 직접 지정할 수 있는데 반해, scheme(s2mono)의 경우에는 Stata 자체에 미리 지정되어 있는 형태로만 그림을 그릴 수 있다는 단점이 있다.

앞에서는 각 회사별로 그래프를 따로 그렸지만 하나의 그래프에 각 회사의 시계열 추이를 한꺼번에 표현할 수도 있다. 이를 위해서는 xtline 대화창의 Main 탭에서 Overlay each panel on the same graph를 선택하고, Variable로 예를 들어 f 변수를 선택하면 하나의 그래프에 5개 회사의 f 변수 시계열 추이를 그릴 수 있다. 그래프의 성격상 변수를 하나만 선택해야 한다. 다음의 해당 명령문에서 볼 수 있듯이 명령문에 overlay 옵션을 사용한다. 실행결과는 다음과 같다.

```
. xtline f, overlay
```

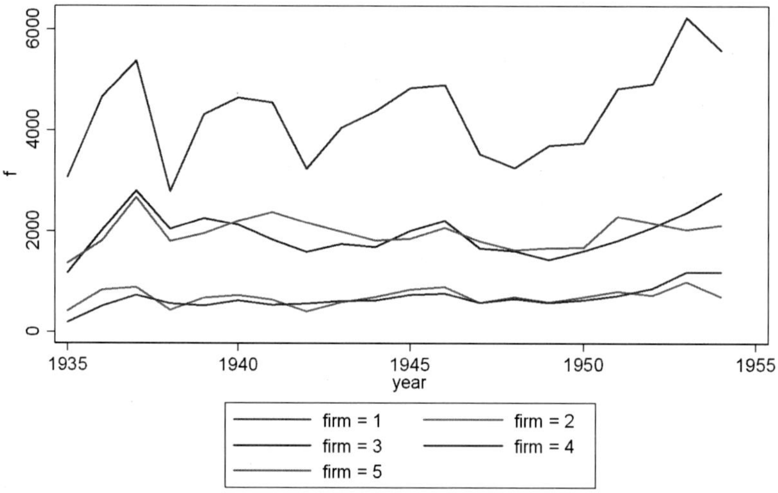

이 그래프에 대해 Tip 5.1에서 설명하였듯이 명령문에 scheme(s2mono) 옵션을 사용하면 5개 선의 패턴을 자동으로 다르게 만들 수 있다.

```
. xtline f, overlay scheme(s2mono)
```

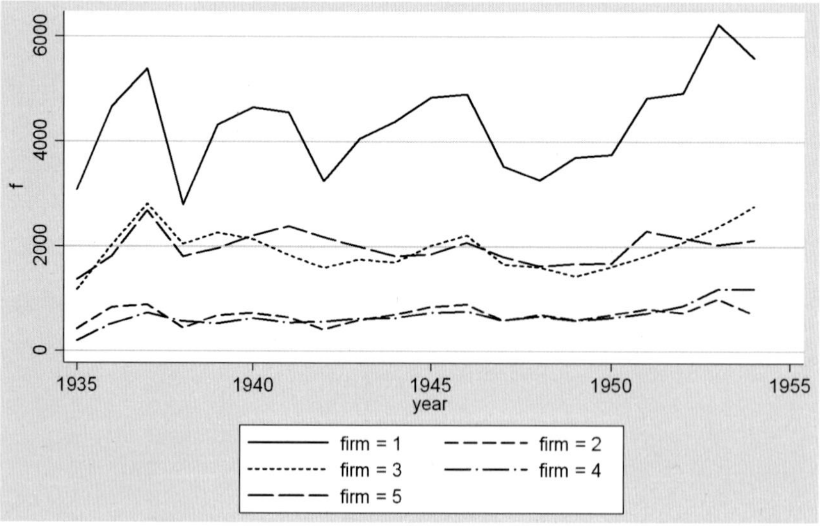

예제 데이터파일 P_data5_2.dta는 일별주기 패널데이터를 담고 있다. 이를 그래프로 그려보자. 먼저 tsset 명령어를 실행한 다음, 패널 그래프를 작성하기 위해 다음과 같은 xtline 대화창을 불러온다.

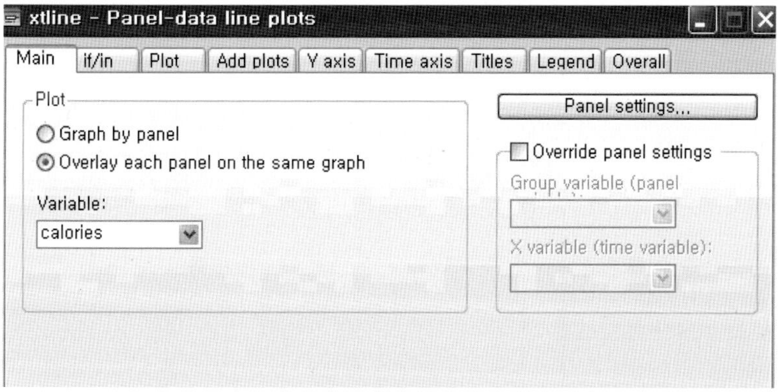

Main 탭의 Plot에서 Overlay each panel....을 선택하고 선 그래프로 그리고자 하는 변수로 calories를 선택한다. 또한 Overall 탭에서 scheme으로 s2mono를 선택하였다. 해당 명령문과 실행결과는 다음과 같다.

```
. xtline calories, overlay scheme(s2mono)
```

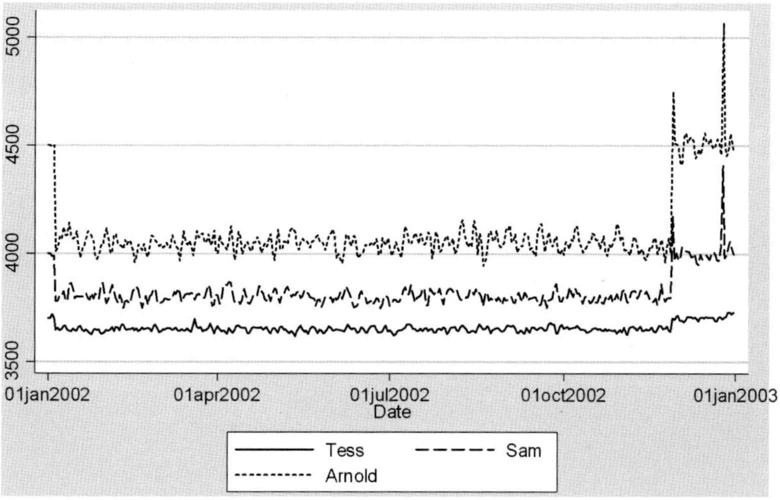

위 그림을 보면 X축에 표시된 시간에서 연도에 해당하는 2002가 반복되고 있다. 이처럼 X축 시간표시에서 반복되는 연도나 월 등을 없앨 필요가 있을 수 있다.

여기에서는 시간표시에서 2002를 없애 보자. 우선 xtline 대화창에서 Time axis 탭 > Major tick/label properties를 선택하면 다음과 같은 대화창이 새로 나온다. 여기에서 Labels 탭의 format에 %tddm이라고 입력한다. %td는 일별주기 포맷이라는 의미이고, dm은 일(day)과 월(month)만 레이블로 표시하라는 의미이다.

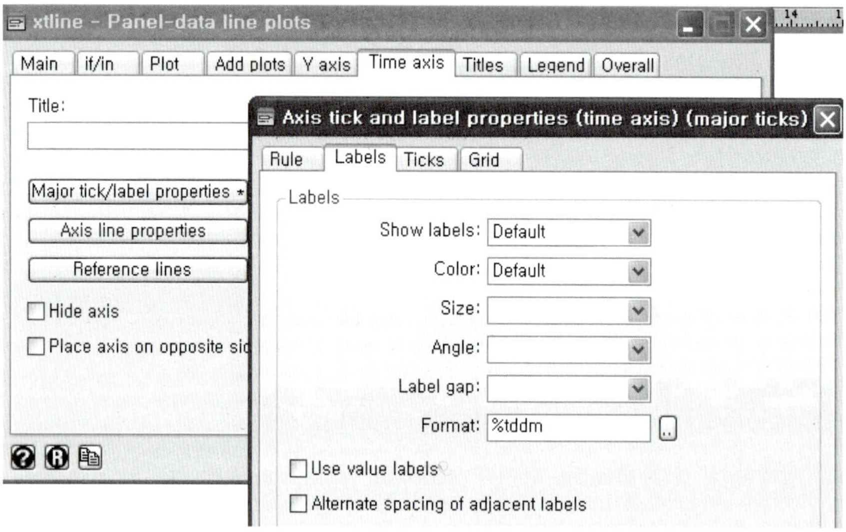


```
. xtline calories, overlay tlabel(, format(%tddm)) scheme(s2mono)
```

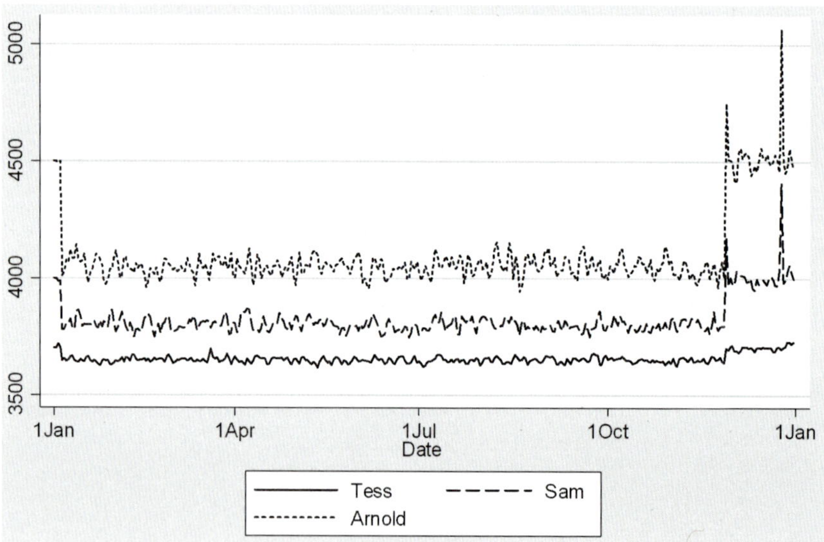

앞의 그림 결과에서 확인할 수 있듯이 X축의 날짜에서 연도에 해당하는 2002가 모두 사라졌다.

5.3 xtgraph

명령어 xtgraph는 특정한 목적의 패널데이터 그래프를 그리는데 유용하다. 즉 어떤 변수의 시계열 그래프를 그리되, 패널 개체별로 그리는 것이 아니라 패널 평균값 및 그 신뢰구간을 그릴 수 있다. 우선 다음을 실행하여 인터넷에서 xtgraph 프로그램을 다운로드 받아 설치한다.

```
. findit xtgraph
```

이제 예제 데이터파일 P_data5_1.dta를 이용하여 xtgraph 명령을 실행해보자. 명령문은 xtgraph 다음에 원하는 변수 이름을 적으면 된다. 예를 들어 본 예제에서 xtgraph invest라는 명령문을 실행하면, 각 연도별로 invest 평균값을 계산하여 선 그래프로 표현하고 동시에 평균값에 대한 95% 신뢰구간을 보여준다. 또한 명령문에 옵션으로 list를 사용하면, 각 연도의 평균과 그것에 대한 95% 신뢰구간을 표로 만들어 Results 창에 제시한다. tsset 명령어를 실행한 후 다음 명령문을 실행한다.

```
. xtgraph invest, list
Arithmetic mean of invest with bars based on 95% CI
by year.

 +------------------------------------------+
 | year   n      mean          lb        ub |
 |------------------------------------------|
 | 1935   5   122.764    -44.3527  289.8807 |
 | 1936   5   178.152   -44.86801   401.172 |
 -----  중 략 -------
 |------------------------------------------|
 | 1950   5    257.62   -69.00352  584.2435 |
 | 1951   5    338.86   -48.98292  726.7029 |
 | 1952   5   382.096   -70.49619  834.6882 |
 | 1953   5   477.982   -155.4314  1111.395 |
 | 1954   5   475.338   -249.1784  1199.854 |
 +------------------------------------------+
```

위 그림에서 수직선은 각 연도의 invest 평균값에 대한 95% 신뢰구간의 하한(lb)과 상한(ub)을 표시하고 있다. 패널 개체가 5개밖에 되지 않아 신뢰구간이 매우 크다는 것을 알 수 있다. Stata에서 연속형 변수에 대한 모평균의 신뢰구간은 ci 명령어를 이용한다.* 위 예제에서 가령 1935년 5개 회사의 평균 invest에 대한 95% 신뢰구간은 다음과 같이 구할 수 있다.

```
. ci invest if year==1935

    Variable |        Obs        Mean    Std. Err.       [95% Conf. Interval]
-------------+---------------------------------------------------------------
      invest |          5     122.764    60.19088       -44.35269    289.8807
```

여기에서 제시된 95% 신뢰구간(-44.35269, 289.8807)은 앞에서 xtgraph invest, list 명령문을 통해 얻은 신뢰구간과 일치하는 것을 확인할 수 있다.

위에서는 각 연도별로 5개 회사의 평균 invest 수준을 그래프로 표현했는데, 반대로 각 회사별로 20년 동안의 평균 invest 수준을 그래프로 그릴 수도 있다. 이를 위해서는 tsset 명령에서 패널변수와 시간변수의 순서를 다음과 같이 바꾸어 실행하는 것이 간편한 방법이다.

```
. tsset year firm
. xtgraph invest
```

* ci 명령어에 대한 자세한 설명은 민인식·최필선(2019a)의 7.4절을 참고하라.

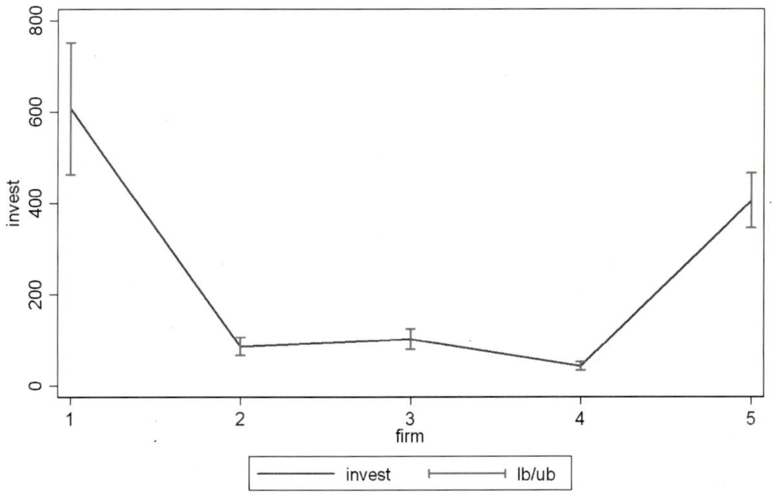

위 그림에서 X축은 각 회사의 번호로서 각 회사별로 20년 동안의 평균 invest 수준을 선 그래프로 표시하고, 동시에 각 평균에 대한 95% 신뢰구간을 보여주고 있다.

신뢰구간을 제외한 패널 그래프 작성을 위해서는 다음과 같이 xtgraph1 명령어를 사용한다. 본서 예제 파일에 포함된 xtgraph1.ado 파일을 c:₩ado₩x 폴더에 복사한 후 사용할 수 있다. noci( ) 옵션에서 1을 적어주면 신뢰구간이 없는 그래프를 그려주고, 0을 적어주면 신뢰구간을 포함한 그래프를 작성한다.

```
. xtgraph1 invest, list noci(1)
```

5.4 Stata do file

```
use P_data5_1,clear
tsset firm year
db tsline
twoway (tsline invest if firm==1) ///
(tsline invest if firm==2, lpattern(longdash))

twoway (tsline invest if firm==1) ///
(tsline invest if firm==2, lpattern(longdash)), ///
legend(order(1 "firm=1" 2 "firm=2"))

db tsline
twoway (tsline invest), by(firm)
twoway (tsline invest), by(firm, yrescale)

use P_data5_1,clear
```

```
tsset firm year
db xtline
xtline f c
xtline f c, recast(line) lpattern(solid longdash)
xtline f c, byopts(yrescale) recast(line) lpattern(solid longdash)
xtline f c, scheme(s2mono)

xtline f, overlay
xtline f, overlay scheme(s2mono)

use P_data5_2,clear
xtline calories, overlay scheme(s2mono)
xtline calories, overlay tlabel(,format(%tddm)) scheme(s2mono)

use P_data5_1,clear
xtgraph invest, list
ci invest if year==1935

tsset year firm
xtgraph invest
xtgraph1 invest, list noci(1)
```

CHAPTER 06 패널 GLS

6.1 합동 OLS

본 장에서는 패널데이터에 대한 선형회귀모형 추정방법을 소개한다. 다음과 같은 선형회귀모형을 가정해 보자.

$$y_{it} = \alpha + \beta x_{it} + \epsilon_{it} \quad , \quad i = 1, 2, \cdots, n \text{ 및 } t = 1, 2, \cdots, T_i \tag{6.1}$$

위 식에서 n은 패널 개체의 수이고, T_i는 개체 i의 데이터 포괄기간이다. 만약 모든 i에 대해 $T_i = T$가 성립하면 균형패널(balanced panel)이 된다. 전체 관측개체의 수(N)는 다음과 같이 계산할 수 있다.

$$N = \begin{cases} n \times T & \text{(균형패널의 경우)} \\ \sum_{i=1}^{n} T_i & \text{(불균형패널의 경우)} \end{cases}$$

이번 절에서는 주어진 데이터가 패널구조임을 고려하지 않고, 식 6.1을 OLS로 추정해 보자. 이를 합동(pooled) OLS라 한다. 이 추정량이 올바른 추론이 되기 위해서는 다음과 같은 기본적인 OLS 가정이 성립해야 한다.

(가정 1) $E(\epsilon_{it}) = 0$, 모든 i 및 t에 대해

(가정 2) $var(\epsilon_{it}) = \sigma^2$, 모든 i 및 t에 대해

(가정 3) $cov(\epsilon_{it}, \epsilon_{js}) = 0$, 모든 $i \neq j$ 및 $t \neq s$에 대해

(가정 4) $cov(x_{it}, \epsilon_{it}) = 0$, 모든 i 및 t에 대해

가정 1은 모든 패널 개체에 대해 모든 시점에서 오차항의 기댓값이 0이 되어야 한다는 의미이다. 가정 2는 모든 패널 개체에 대해 모든 시점에서 오차항의 분산이 σ^2이라는 것으로 동분산성(homoskedasticity)을 의미한다. 즉 패널 개체와 시간에 따라 오차항의 분산이 변하지 않아야 한다. 가정 3은 패널 개체의 오차항은 서로 상관관계가 없어야 하며, 동시에 한 개체

의 서로 다른 시점의 오차항 사이에도 상관관계가 존재하지 않아야 한다는 의미이다. 패널데이터에서는 두 종류의 상관관계가 존재할 수 있다. 하나는 어떤 주어진 시점에서 패널 개체간 상관관계인 동시적 상관(contemporaneous correlation)이며, 다른 하나는 어떤 패널그룹 내에서 서로 다른 시점간 상관관계인 자기상관(autocorrelation 또는 serial correlation)이 있다. 가정 3은 오차항에서 동시적 상관과 자기상관이 모두 존재하지 않아야 한다는 의미이다. 마지막으로 가정 4는 오차항과 설명변수 사이에 상관관계가 존재하지 않아야 한다는 의미이다. 즉 설명변수의 외생성(exogeneity)을 가정하고 있다.

이상의 기본 가정이 위배되는 경우 OLS 추정량에 문제가 있을 수 있다. 특히 패널데이터는 횡단면데이터와 시계열데이터의 특성을 동시에 가지고 있기 때문에 오차항에 이분산성이나 자기상관이 존재할 가능성이 있다. 이러한 문제는 OLS 추정량의 표준오차에 영향을 주어 비효율적인 추정량이 도출될 수 있다. 또한 식 6.1에서 패널 개체의 관찰되지 않는 이질성(unobserved heterogeneity)이 오차항 ϵ_{it}에 포함되는 경우, 오차항과 설명변수 사이에 상관관계가 존재할 가능성이 있다. 이런 경우에 누락된 변수로 인한 편의(omitted variable bias)가 생기고, 그에 따라 OLS 추정량은 일치추정량(consistent estimator)이 되지 못한다.

예제 데이터파일 P_data6_1.dta는 미국 48개 주(state)의 fatal(교통사고 사망률), perincK(1인당 소득), spircons(1인당 술 소비량) 등을 1982~1988년의 7개년에 걸쳐 기록한 것이다. 이 데이터세트를 이용하여 종속변수를 fatal로 하고 설명변수를 perincK와 spircons로 하는 합동 OLS를 실행해보자. 각 변수별로 48개 주의 7년에 걸친 관측치가 있는데, 이것을 마치 336개(48×7) 개체의 관측치인 것처럼 단순히 결합(pooling)하여 OLS로 추정한다는 것이다. 이를 위해서는 Stata OLS 명령어인 **reg**를 이용한다. 실행결과는 다음과 같다.

그림 6.1

```
. tsset state year
       panel variable:  state (strongly balanced)
        time variable:  year, 1982 to 1988
                delta:  1 unit

. reg fatal  perincK spircons

      Source |       SS       df       MS              Number of obs =     336
-------------+------------------------------           F(  2,   333) =   65.17
       Model |  30.6372951     2  15.3186476           Prob > F      =  0.0000
    Residual |  78.2782148   333  .235069714           R-squared     =  0.2813
-------------+------------------------------           Adj R-squared =  0.2770
```

```
       Total |   108.91551   335  .325120925           Root MSE      =  .48484

------------------------------------------------------------------------------
       fatal |      Coef.   Std. Err.      t    P>|t|     [95% Conf. Interval]
-------------+----------------------------------------------------------------
     perincK |  -.1493585   .0131816   -11.33   0.000    -.1752881   -.1234289
    spircons |   .1685464   .0434461     3.88   0.000     .0830829    .2540098
       _cons |   3.817989   .1654515    23.08   0.000     3.492527    4.143451
------------------------------------------------------------------------------
```

먼저 앞의 **tsset** 실행결과를 보면, 데이터세트가 균형패널임을 확인할 수 있다. OLS 결과, 소득이 높을수록 교통사고 사망률은 낮아지는 반면, 술 소비량이 높을수록 교통사고 사망률은 높아지는 경향이 있음을 알 수 있다. 추정계수가 모두 1% 수준에서 유의한 것으로 나타났다.

위에서 얻어진 OLS 추정량이 BLUE(best linear unbiased estimator; 최우수선형불편추정량)가 되기 위해서는 모든 시점 t에서 오차항 ϵ_{it}의 공분산 행렬이 다음 가정을 충족해야 한다.

$$\Omega_t = \begin{bmatrix} \sigma^2 & 0 & \cdots & 0 \\ 0 & \sigma^2 & \cdots & 0 \\ \vdots & \vdots & \ddots & \vdots \\ 0 & 0 & \cdots & \sigma^2 \end{bmatrix} \tag{6.2}$$

위 공분산 행렬의 의미는 시점 t에서 패널 그룹간 오차항의 상관관계가 존재하지 않아야 하고, 오차항의 분산은 σ^2로 모두 서로 같아야 한다는 것이다.

6.2 이분산성 가정

앞 절에서 언급하였듯이 패널데이터에서는 가정 2~4가 위배될 가능성이 있다. 본 절에서는 오차항에 이분산성(heteroskedasticity)이 존재하는 경우, 즉 식 6.2의 공분산 행렬 가정이 위배되는 경우에 효율적인 추정량을 구하는 GLS(generalized least squares) 방법에 대해 소개한다.* Beck and Katz(1995)에 따르면 패널 GLS 추정을 위해서는 패널그룹의 시점(T)가 패널그룹의 개체수(n)만큼 충분히 많아야 하는 조건이 있다.

먼저 앞 절과 동일한 예제 데이터파일 P_data6_1.dta에 대해 그림 6.1의 OLS 추정결과와 동일한 결과를 **xtgls** 명령어를 이용하여 구할 수 있는데, 그 명령문과 실행결과는 다음과 같다.

* 패널GLS에 대한 좀 더 자세한 설명은 민인식 · 최필선(2019c)의 7장을 참고하라.

그림 6.2

```
. xtgls fatal  perincK spircons
Cross-sectional time-series FGLS regression
Coefficients:  generalized least squares
Panels:        homoskedastic
Correlation:   no autocorrelation

Estimated covariances      =         1          Number of obs      =       336
Estimated autocorrelations =         0          Number of groups   =        48
Estimated coefficients     =         3          Time periods       =         7
                                                Wald chi2(2)       =    131.51
Log likelihood             = -232.0139          Prob > chi2        =    0.0000

------------------------------------------------------------------------------
       fatal |      Coef.   Std. Err.      z    P>|z|     [95% Conf. Interval]
-------------+----------------------------------------------------------------
     perincK |  -.1493585   .0131226   -11.38   0.000    -.1750783   -.1236387
    spircons |   .1685464   .0432517     3.90   0.000     .0837746    .2533182
       _cons |   3.817989   .1647112    23.18   0.000     3.495161    4.140817
------------------------------------------------------------------------------

. xtgls fatal  perincK spircons, nmk
Cross-sectional time-series FGLS regression
Coefficients:  generalized least squares
Panels:        homoskedastic
Correlation:   no autocorrelation

Estimated covariances      =         1          Number of obs      =       336
Estimated autocorrelations =         0          Number of groups   =        48
Estimated coefficients     =         3          Time periods       =         7
                                                Wald chi2(2)       =    130.33
Log likelihood             = -232.0139          Prob > chi2        =    0.0000

------------------------------------------------------------------------------
       fatal |      Coef.   Std. Err.      z    P>|z|     [95% Conf. Interval]
-------------+----------------------------------------------------------------
     perincK |  -.1493585   .0131816   -11.33   0.000    -.1751939   -.1235231
    spircons |   .1685464   .0434461     3.88   0.000     .0833936    .2536992
       _cons |   3.817989   .1654515    23.08   0.000      3.49371    4.142268
------------------------------------------------------------------------------
```

위 첫 번째 명령문과 같이 **xtgls** 명령어에 옵션을 전혀 사용하지 않으면, 그림 6.1의 합동 OLS 결과와 추정계수(Coef.) 값이 서로 일치하게 된다. 즉 합동 OLS와 마찬가지로 오차항 ϵ_{it}의 공분산 행렬을 식 6.2로 가정하고 추정한다. 단지 추정계수의 표준오차(Std. Err.) 값은 합동 OLS 결과보다 약간 작다는 것을 확인할 수 있다. 이는 표준오차를 구하는 공식이 약간 다르기 때문이다.

만약 그림 6.2의 두 번째 명령문처럼 **xtgls** 명령어에 **nmk** 옵션을 사용하면 추정계수뿐만 아니라 그 표준오차까지 합동 OLS와 동일한 결과를 얻는다. 즉, 이 옵션을 사용하면 σ^2 추정치를 계산할 때, 잔차제곱합(residual sum of squares)을 N(전체 표본의 수) 대신 N에서 k(추정해야 할 모수 개수)를 뺀 값을 사용한다. 이에 따라 추정계수의 표준오차가 달라진다. 위 결과에서 `Panels: homoskedastic` 표현에서 알 수 있듯이 동분산성(homoskedastic)을 가정하고 있고, 또한 `Correlation: no autocorrelation` 표현에서 알 수 있듯이 자기상관이 존재하지 않는 것을 가정하고 있다.

오차항 ϵ_{it}에서 패널 개체 간 이분산성을 가정하면, 시점 t의 공분산 행렬은 다음과 같다.

$$\Omega_t = \begin{bmatrix} \sigma_1^2 & 0 & \cdots & 0 \\ 0 & \sigma_2^2 & \cdots & 0 \\ \vdots & \vdots & \ddots & \vdots \\ 0 & 0 & \cdots & \sigma_n^2 \end{bmatrix} \tag{6.3}$$

위 공분산 행렬에서는 모든 시점 t에서 $var(\epsilon_{it}) = \sigma_i^2$라고 가정하고 있다. 이와 같은 가정을 위해서는 **xtgls** 명령문에 다음과 같이 **panel(hetero)** 옵션을 사용한다.

```
. xtgls fatal  perincK spircons, panel(hetero)
Cross-sectional time-series FGLS regression
Coefficients:  generalized least squares
Panels:        heteroskedastic
Correlation:   no autocorrelation

Estimated covariances      =        48          Number of obs      =       336
Estimated autocorrelations =         0          Number of groups   =        48
Estimated coefficients     =         3          Time periods       =         7
                                                Wald chi2(2)       =    234.36
                                                Prob > chi2        =    0.0000

------------------------------------------------------------------------------
       fatal |      Coef.   Std. Err.      z    P>|z|     [95% Conf. Interval]
-------------+----------------------------------------------------------------
     perincK |  -.1206468   .0086248   -13.99   0.000     -.137551   -.1037425
    spircons |   .0777905   .0341464     2.28   0.023     .0108648    .1447161
       _cons |   3.544183   .1024056    34.61   0.000     3.343472    3.744894
------------------------------------------------------------------------------
```

위 결과를 보면, 패널 개체간 이분산성(Panels: heteroskedastic)을 가정하고 있으며, 자기상관은 없는 것으로(Correlation: no autocorrelation) 가정하고 있다. 실행결과에서 Estimated covarainces = 48은 48개 패널 개체의 오차항 분산(σ_i^2)을 추정하였다는 의미이다. 앞에서 panel(hetero) 옵션을 사용하지 않았던 그림 6.2와 비교하면, 모든 추정계수의 표준오차가 작아졌음을 알 수 있다. 한편, spircons 변수의 경우에는 표준오차가 작아졌음에도 불구하고 추정계수 자체의 크기가 거의 절반으로 대폭 작아짐으로써 결과적으로 spircons 변수는 1% 수준에서 통계적으로 유의하지 않게 되었다.

xtgls 명령문 사용 후 ereturn list 결과는 다음과 같다.*

```
. ereturn list
scalars:
                  e(rc) =  0
                   e(N) =  336
                 e(N_g) =  48
                 e(N_t) =  7
               e(g_min) =  7
               e(g_avg) =  7
               e(g_max) =  7
                e(n_cf) =  3
                e(n_cv) =  48
                e(n_cr) =  0
             e(df_pear) =  285
              e(N_miss) =  0
                  e(df) =  2
                e(chi2) =  234.3610937610952

                             -----  중략 -----

matrices:
                   e(b) :  1 x 3
                   e(V) :  3 x 3
               e(Sigma) :  48 x 48

functions:
              e(sample)
```

* ereturn list는 모형 추정 후 e-class에 저장된 내용들을 확인하는 명령어로서 이에 대한 자세한 설명은 민인식·최필선(2019b) 9.3절을 참고하라.

위 결과에서 e(N)은 전체 표본수로서 위 예제에서는 48×7=336개이다. e(N_g)는 패널 개체의 수를 의미하며, e(N_t)는 각 패널 개체의 시계열 관측개체 개수 중 가장 큰 값을 저장한다. 위 예제에서는 48개 패널 개체가 모두 7개씩의 시계열 관측개체를 가지고 있기 때문에 e(N_t)가 7로 주어진다. 다음으로 matrices 결과를 보면, e(b)는 추정계수 벡터이고, e(V)는 추정계수의 공분산 행렬이다. 마지막으로 e(Sigma)는 오차항의 공분산 행렬 추정치이다. 즉 식 6.3에 대한 추정치이다. 행렬 크기가 48×48인 이유는 패널 개체 수가 48개이기 때문이다. 행렬의 구체적인 값을 확인하기 위해서는 mat list 명령어를 이용한다. 다음은 명령문과 실행결과의 일부분이다.

```
. mat list e(Sigma)

symmetric e(Sigma)[48,48]
            c1          c2          c3          c4          c5          c6
r1   .09190281
r2           0   .46693412
r3           0           0   .05563616
r4           0           0           0   .11937386
r5           0           0           0           0   .01913816
r6           0           0           0           0           0   .08890252
```

Tip 6.1 ● 공분산 행렬의 크기 한도

패널 개체의 수가 너무 많으면 xtgls 명령을 실행시킬 수 없다. 예제 데이터파일 P_data6_2.dta를 이용하여 이를 확인해 보자. xtgls 명령문을 실행하기 전에 먼저 tsset 및 xtdes 명령을 실행한 결과는 다음과 같다.

```
. tsset id year
. xtdes

  idcode:  1, 2, ..., 1500                                  n =       1354
    year:  68, 69, ..., 88                                  T =         15
           Delta(year) = 1 unit
           Span(year)  = 21 periods
           (idcode*year uniquely identifies each observation)

Distribution of T_i:   min      5%     25%      50%      75%     95%     max
                         1       1       3        5        9      13      15
---------------- 이하 생략 ----------------
```

앞의 결과에서 보듯이 패널 개체가 n=1,354개임을 알 수 있다. 이 데이터세트에 대해 다음과 같이 xtgls 명령문을 실행해 보자. Stata BE(예전 IC버전) 버전에서는 아래와 같이 실행에 문제가 있다.

```
. xtgls ln_wage ttl_exp  hours, panel(hetero)
matsize too small - should be at least 1354
r(908);
```

이처럼 에러 메시지를 얻게 된 이유는 시점 t에서 오차항의 공분산 행렬의 크기가 1,354×1,354나 되기 때문이다. 즉, STATA BE 버전에서 사용할 수 있는 행렬의 최대 한도인 800×800을 초과한 것이다. STATA SE 버전에서는 11,000× 11,000 행렬까지 계산할 수 있기 때문에 본 예제 데이터세트의 경우 Stata SE 버전에서는 **xtgls** 명령어의 실행이 가능하다.

식 6.1의 회귀모형에서 이분산성이 존재하는지 가설검정하기 위해 LR(likelihood ratio; 우도비) 검정을 이용할 수 있다. LR 검정통계량은 다음과 정의된다.

$$LR = -2(\ln L_R - \ln L_{UR}) \sim \chi^2_{df}$$

위 검정통계량에서 $\ln L_R$과 $\ln L_{UR}$은 각각 제약이 가해진(restricted) 모형과 제약이 없는(unrestricted) 모형의 로그우도함수(log-likelihood function) 값이다. 본 예제에서 비제약모형은 오차항의 분산이 패널 개체별로 서로 다르다고 가정하는 것이고, 제약모형은 오차항의 분산이 패널 그룹에 따라 다르지 않고 모두 같다고 가정하는 것이다. 각 모형을 추정한 후에 로그우도함수 값을 구하여 검정통계량을 계산할 수 있다. 검정통계량은 카이제곱 분포(χ^2_{df})를 따르며 분포의 자유도(df; degree of freedom)는 제약이 가해진 모수의 개수가 된다.

예제 데이터파일 P_data6_1.dta를 이용하여 이분산성 존재여부를 LR 검정해보자. 먼저 제약모형을 추정한 후, 추정결과를 **estimates store** 명령어를 이용하여 저장한다. 명령문과 실행결과는 다음과 같다.

```
. xtgls fatal  perincK spircons
Cross-sectional time-series FGLS regression
Coefficients:  generalized least squares
Panels:        homoskedastic
Correlation:   no autocorrelation

Estimated covariances     =       1          Number of obs      =       336
Estimated autocorrelations =      0          Number of groups   =        48
```

```
Estimated coefficients     =         3          Time periods        =          7
                                                Wald chi2(2)        =     131.51
Log likelihood             = -232.0139          Prob > chi2         =     0.0000

------------------------------------------------------------------------------
       fatal |      Coef.   Std. Err.      z    P>|z|     [95% Conf. Interval]
-------------+----------------------------------------------------------------
     perincK |  -.1493585   .0131226   -11.38   0.000    -.1750783   -.1236387
    spircons |   .1685464   .0432517     3.90   0.000     .0837746    .2533182
       _cons |   3.817989   .1647112    23.18   0.000     3.495161    4.140817
------------------------------------------------------------------------------

. estimates store R_model
```

LR 검정을 위해서는 위 제약모형의 로그우도함수 값($\ln L_R$)이 필요한데, 위 결과를 보면, Log likelihood = -232.0139임을 알 수 있다. 이번에는 panel(hetero) 옵션을 사용하여 비제약 모형을 추정하고, 마찬가지로 그 결과를 estimates store 명령어를 이용하여 저장한다.

```
. xtgls fatal  perincK spircons, panel(hetero) igls nolog
Cross-sectional time-series FGLS regression
Coefficients:  generalized least squares
Panels:        heteroskedastic
Correlation:   no autocorrelation

Estimated covariances      =        48          Number of obs       =        336
Estimated autocorrelations =         0          Number of groups    =         48
Estimated coefficients     =         3          Time periods        =          7
                                                Wald chi2(2)        =     230.25
Log likelihood             =  -125.482          Prob > chi2         =     0.0000


------------------------------------------------------------------------------
       fatal |      Coef.   Std. Err.      z    P>|z|     [95% Conf. Interval]
-------------+----------------------------------------------------------------
     perincK |  -.0866127   .0061437   -14.10   0.000    -.0986541   -.0745713
    spircons |   .0234903   .0155632     1.51   0.131     -.007013    .0539936
       _cons |    3.08938    .081089    38.10   0.000     2.930449    3.248312
------------------------------------------------------------------------------

. estimates store UR_model
```

위 명령문을 보면 igls 옵션이 있는데, 이는 반복(iterated) GLS의 의미이다.* 이 옵션을 사용하지 않으면 로그우도함수 값을 얻을 수 없다. 맨 마지막에 있는 nolog 옵션은 로그우도함

---

* igls 옵션은 2단계(two-step) 추정방법 대신 한 번에 추정계수와 공분산 행렬을 추정한다. 오차항에 자기상관을 가정하지 않은 경우, igls 옵션의 결과는 최우추정치(maximum likelihood estimates)와 동일하다.

수(log-likelihood function)를 최대화 하는 과정을 Result 창에 보일 필요 없이 최종 추정결과만을 제시하라는 것이다. 실행결과에서 비제약모형의 로그우도함수 값이 Log likelihood = -125.482임을 알 수 있다.

이 상태에서 LR 검정을 위한 명령어는 lrtest이다. 두 번의 xtgls 추정에서 결과를 저장할 때 설정해 놓은 이름을 사용하여 다음과 같이 lrtest 명령문을 작성한다.

```
. lrtest UR_model R_model , df(47)

Likelihood-ratio test                              LR chi2(47) =    213.06
(Assumption: R_model nested in UR_model)           Prob > chi2 =    0.0000
```

위 명령문에서 보듯이 lrtest 다음에 비제약모형의 이름을 입력하고, 그 다음에 제약모형을 입력한다. 마지막에는 df( ) 옵션의 괄호 안에 카이제곱 검정통계량의 자유도를 써주어야 한다. 비제약모형에서는 오차항 공분산 행렬의 대각선에 있는 48개 분산이 모두 다르다고 가정하는 반면, 제약모형에서는 이들이 모두 같다고 가정하기 때문에 $df=48-1=47$이 된다. 위 결과를 보면, 검정통계량의 p값이 0.01보다 작기 때문에 1% 유의수준에서 귀무가설(즉, 오차항의 동분산성)이 기각된다.

6.3 상관관계 가정

식 6.1의 선형회귀모형에서 오차항 ϵ_{it}에 자기상관이나 동시적 상관이 존재할 수 있다. 먼저 자기상관의 경우는 $cov(\epsilon_{it}, \epsilon_{is}) \neq 0$라고 쓸 수 있다. 앞에서와 동일한 예제 데이터파일 P_data6_1.dta를 이용하여 오차항의 자기상관의 존재를 가정하고 모형을 추정해보자. 이를 위해서는 xtgls 명령문에 다음과 같이 corr( ) 옵션을 추가해야 한다.

그림 6.3

```
. tsset state year
. xtgls fatal  perincK spircons, corr(ar1)
Cross-sectional time-series FGLS regression
Coefficients:  generalized least squares
Panels:        homoskedastic
Correlation:   common AR(1) coefficient for all panels  (0.8166)

Estimated covariances      =         1          Number of obs      =       336
Estimated autocorrelations =         1          Number of groups   =        48
Estimated coefficients     =         3          Time periods       =         7
```

```
                                                Wald chi2(2)      =      16.09
                                                Prob > chi2       =     0.0003

------------------------------------------------------------------------------
       fatal |      Coef.   Std. Err.      z    P>|z|     [95% Conf. Interval]
-------------+----------------------------------------------------------------
    perincK  |   -.068442   .0170604    -4.01   0.000    -.1018798   -.0350042
    spircons |   .0598057   .0622353     0.96   0.337    -.0621733    .1817847
       _cons |   2.909977   .2405364    12.10   0.000     2.438534    3.381419
------------------------------------------------------------------------------
```

위 명령문을 보면 오차항의 자기상관을 지정하기 위해 corr(ar1) 옵션을 추가하였다. 실행 결과에 나온 common AR(1) coefficient for all panels (0.8166)에서 알 수 있듯이 corr(ar1) 옵션의 의미는 오차항의 자기상관을 AR(1), 즉 1계 자기상관(first-order autocorrelation)으로 가정한 것이다. 이는 모든 패널 개체 i에 대해 다음과 같은 자기상관 구조를 가정한 것이다.

$$\epsilon_{it} = \rho\epsilon_{it-1} + v_{it}$$

앞의 결과에서 괄호 안에 든 숫자가 바로 추정된 자기상관 계수이다. 즉 $\hat{\rho} = 0.8166$이다. 앞의 결과에서 한 가지 흥미로운 것은 1계 자기상관을 가정한 경우에는 술 소비량 변수(즉 spircons)가 더 이상 유의하지 않게 되었다는 점이다.

앞의 예제에서는 모든 패널 개체에 대해 1계 자기상관 계수가 모두 ρ로 같다고 가정했다. 그러나 이 가정을 더욱 완화하여 각 패널 개체의 1계 자기상관 계수가 서로 다른 것으로 가정할 수도 있다. 즉 다음과 같이 패널 개체별로 서로 다른 1계 자기상관 계수(즉, ρ가 아니라 ρ_i)를 가정한다.

$$\epsilon_{it} = \rho_i\epsilon_{it-1} + v_{it}$$

이를 실행하기 위해서는 xtgls 명령문에 corr(psar1) 옵션을 사용한다. 옵션의 괄호안에 든 psar1은 panel-specific AR(1)의 의미이다. 명령문과 실행결과는 다음과 같다.

```
. xtgls fatal  perincK spircons, corr(psar1)
Cross-sectional time-series FGLS regression
Coefficients:  generalized least squares
Panels:        homoskedastic
Correlation:   panel-specific AR(1)

Estimated covariances      =         1          Number of obs      =       336
```

```
Estimated autocorrelations =          48          Number of groups     =         48
Estimated coefficients     =           3          Time periods         =          7
                                                  Wald chi2(2)         =      19.72
                                                  Prob > chi2          =     0.0001

------------------------------------------------------------------------------
       fatal |      Coef.   Std. Err.      z    P>|z|     [95% Conf. Interval]
-------------+----------------------------------------------------------------
     perincK |  -.0722611   .0170753    -4.23   0.000    -.1057281   -.0387942
    spircons |  -.0094098   .0535401    -0.18   0.860    -.1143466    .0955269
       _cons |    3.03828    .233805    12.99   0.000     2.580031    3.496529
------------------------------------------------------------------------------
```

위의 추정결과를 보면, Estimated correlations=48에서 알 수 있듯이 48개 패널 그룹별로 1계 자기상관 계수를 추정한다. 위의 결과에는 나와 있지 않지만 각 패널 그룹별로 추정된 $\hat{\rho}_i$은 e(rho) 매크로에 저장되어 있다.

앞 절의 예제에서 이분산성 여부를 검정하기 위해 LR 검정을 사용하였다. 그러나 자기상관 여부를 검정하는 데에는 이 검정방법을 사용할 수 없다. corr( ) 옵션이 포함된 경우에는 igls 옵션을 사용하더라도 로그우도함수 값이 주어지지 않는다. 다음은 이것을 확인한 것인데, igls 옵션을 사용한 결과가 앞에서 igls 옵션을 사용하지 않았던 그림 6.3의 추정결과와 동일한 것을 알 수 있다.

```
. xtgls fatal perinc spircons, corr(ar1) igls nolog
Cross-sectional time-series FGLS regression
Coefficients:  generalized least squares
Panels:        homoskedastic
Correlation:   common AR(1) coefficient for all panels  (0.8166)

Estimated covariances      =           1          Number of obs        =        336
Estimated autocorrelations =           1          Number of groups     =         48
Estimated coefficients     =           3          Time periods         =          7
                                                  Wald chi2(2)         =      16.09
                                                  Prob > chi2          =     0.0003

------------------------------------------------------------------------------
       fatal |      Coef.   Std. Err.      z    P>|z|     [95% Conf. Interval]
-------------+----------------------------------------------------------------
      perinc |  -.0000684   .0000171    -4.01   0.000    -.0001019    -.000035
    spircons |   .0598057   .0622353     0.96   0.337    -.0621733    .1817847
       _cons |   2.909977   .2405363    12.10   0.000     2.438534     3.38142
------------------------------------------------------------------------------
```

결국, 자기상관 검정을 위해서는 다른 방법이 필요한데, Wooldridge (2002)는 패널데이터에서 자기상관을 검정하는 방법을 제시하고 있다. 이를 실행하기 위해서는 먼저 다음을 통해 xtserial 명령어 프로그램을 인터넷에서 다운로드 받아야 한다.

. findit xtserial

xtserial 명령어를 이용해 Wooldridge 검정을 하기 위해서는 다음과 같이 명령어 다음에 종속변수와 독립변수를 나열하면 된다.

```
. xtserial fatal  perincK spircons

Wooldridge test for autocorrelation in panel data
H0: no first-order autocorrelation
    F(  1,       47) =      6.175
           Prob > F =      0.0166
```

위 실행결과에도 나와 있지만, 여기에서 귀무가설(H0)은 "1계 자기상관이 존재하지 않는다"는 것이다. p값이 0.05보다 작기 때문에 5% 유의수준에서 귀무가설을 기각할 수 있다. 즉 5% 유의수준에서 1계 자기상관이 존재한다고 말할 수 있다.

오차항에 자기상관이 아니라 동시적 상관(contemporaneous correlation)을 가정할 수도 있다. 이는 다음을 의미한다.

$$corr(\epsilon_{it}, \epsilon_{jt}) \neq 0, \quad \text{모든 } i \neq j\text{에 대해}$$

즉 시점 t에서 서로 다른 패널 개체의 오차항 사이에 상관관계가 존재하는 것이다. 공분산 행렬로 표현하면 다음과 같이 쓸 수 있다.

$$\Omega_t = \begin{bmatrix} \sigma_1^2 & \sigma_{21} & \cdots & \sigma_{n1} \\ \sigma_{12} & \sigma_2^2 & \cdots & \sigma_{n2} \\ \vdots & \vdots & \ddots & \vdots \\ \sigma_{1n} & \sigma_{2n} & \cdots & \sigma_n^2 \end{bmatrix} \tag{6.4}$$

식 6.4에서 보는 것처럼 우하향 대각선 이외의 원소들이 0이 아니다. 또한 여기에서는 동시적 상관뿐만 아니라 이분산성도 가정하고 있다. 즉 우하향 대각선 원소들이 서로 다르다. 다시 말하면 패널 개체별 오차항의 분산이 서로 다르다고 가정하고 있다. 이와 같은 가정을 적용하기 위해서는 xtgls 명령문에 panel(corr) 옵션을 사용하면 된다(앞 절에서 설명한 것처럼 이분산성만을 가정하기 위해서는 panel(hetero) 옵션을 사용한다). 다음은 명령문과 실행결과이다.

```
. xtgls fatal  perincK spircons, panel(corr)
Cross-sectional time-series FGLS regression
Coefficients:  generalized least squares
Panels:        heteroskedastic with cross-sectional correlation
Correlation:   no autocorrelation
Estimated covariances      =      1176          Number of obs      =       336
Estimated autocorrelations =         0          Number of groups   =        48
Estimated coefficients     =         3          Time periods       =         7
                                                Wald chi2(2)       =     22.85
                                                Prob > chi2        =    0.0000

------------------------------------------------------------------------------
       fatal |      Coef.   Std. Err.      z    P>|z|     [95% Conf. Interval]
-------------+----------------------------------------------------------------
     perincK |  -.1340037   .0282983    -4.74   0.000    -.1894673   -.0785401
    spircons |   .1456812   .0765297     1.90   0.057    -.0043144    .2956767
       _cons |   3.654852    .322744    11.32   0.000     3.022285    4.287418
------------------------------------------------------------------------------

Note: you estimated at least as many quantities as you have observations.
```

위 결과 중 Panels: heteroskedastic with cross-sectional correlation 표현에서 알 수 있듯이, 본 모형에서는 이분산성과 동시적 상관을 함께 가정하고 있다. 식 6.4의 공분산 행렬을 가정하는 경우 추정해야 할 모수의 개수가 공분산 행렬에서만 총 $n(n+1)/2$개가 된다. 본 예제에서는 (48×49)/2=1,176개이다. 이에 반해 표본 수는 336개로 추정해야 할 모수의 개수보다 오히려 작아 추정결과의 신뢰성에 심각한 문제가 있을 수 있다. 실제로 위 추정결과의 맨 아래에 Note: you estimated at least as many quantities as you have observations의 메시지가 있는 것을 알 수 있다. 추정하는 모수의 개수가 관측개체수보다 많다는 점을 지적하고 있다.

이분산성과 동시적 상관 대신, 이분산성과 자기상관을 함께 가정할 수도 있다. 이를 위해서는 다음과 같이 panel(hetero)와 corr(ar1) 옵션을 동시에 두면 된다.

```
. xtgls fatal  perincK spircons, corr(ar1) panel(hetero)
Cross-sectional time-series FGLS regression
Coefficients:  generalized least squares
Panels:        heteroskedastic
Correlation:   common AR(1) coefficient for all panels  (0.8166)

Estimated covariances      =        48          Number of obs      =       336
Estimated autocorrelations =         1          Number of groups   =        48
Estimated coefficients     =         3          Time periods       =         7
```

```
                                                Wald chi2(2)      =     27.48
                                                Prob > chi2       =    0.0000
------------------------------------------------------------------------------
       fatal |      Coef.   Std. Err.      z    P>|z|     [95% Conf. Interval]
-------------+----------------------------------------------------------------
     perincK |  -.0563742   .0119293    -4.73   0.000    -.0797552   -.0329933
    spircons |  -.0416077   .0480484    -0.87   0.387    -.1357808    .0525655
       _cons |   2.821765   .1703268    16.57   0.000      2.48793    3.155599
------------------------------------------------------------------------------
```

위 결과 중 Panels: heteroskedastic에서 확인할 수 있듯이 패널 개체간 이분산성을 가정하고 있고, Correlation: common AR(1) coefficient for all panels (0.8166)에서 확인할 수 있듯이, 1계 자기상관 오차항을 가정하고 있다. 추정결과에서 spircons 변수가 유의하지 않음을 알 수 있다. 추정해야 할 모수는 패널 개체별 오차항 분산 48개, 1계 자기상관 계수 1개, 그리고 독립변수의 계수 3개로 총 52개이다.

Tip 6.2 ● force 옵션의 사용

패널데이터에 시간갭이 있으면 1계 자기상관 가정에 문제가 발생한다. 즉 앞에서 사용했던 명령문으로는 에러 메시지를 얻게 된다. 예제 데이터파일 P_data6_3.dta를 이용하여 이를 확인해보자.

```
. tsset id year
       panel variable:  idcode (unbalanced)
        time variable:  year, 68 to 88, but with gaps
                delta:  1 unit

. xtgls  ln_wage hours ttl_exp , corr(ar1)
year is not regularly spaced or does not have intervals of delta -- use
the force option to treat the intervals as though they were regular
r(459);
```

tsset 명령어 실행 결과, 시간갭이 있는 패널데이터임을 알 수 있다. xtgls 명령문에 corr(ar1) 옵션을 둔 결과, 에러 메시지가 나타난 것을 알 수 있다. 이런 경우 다음과 같이 force 옵션을 사용하면, 시간갭을 무시하고 자기상관 모형을 추정하게 된다.

```
. xtgls  ln_wage hours ttl_exp , corr(ar1) force
Cross-sectional time-series FGLS regression
Coefficients:  generalized least squares
Panels:        homoskedastic
```

```
Correlation:   common AR(1) coefficient for all panels  (0.6887)

Estimated covariances      =         1          Number of obs      =       164
Estimated autocorrelations =         1          Number of groups   =        17
Estimated coefficients     =         3          Obs per group: min =         2
                                                               avg =  9.647059
                                                               max =        15
                                                Wald chi2(2)       =     21.51
                                                Prob > chi2        =    0.0000

------------------------------------------------------------------------------
     ln_wage |      Coef.   Std. Err.      z    P>|z|     [95% Conf. Interval]
-------------+----------------------------------------------------------------
       hours |  -.0041008   .0031257    -1.31   0.190     -.010227    .0020253
     ttl_exp |   .0422052    .009512     4.44   0.000     .0235621    .0608483
       _cons |   1.781351   .1458282    12.22   0.000     1.495533    2.067169
------------------------------------------------------------------------------
```

6.4 사후 분석

xtgls 명령어를 실행한 다음 여러 가지 사후 분석을 행할 수 있다. 예제 데이터파일 P_data6_1.dta를 이용하여 이를 실행해보자. 우선 test 명령어를 이용하면 추정계수의 유의성을 검정할 수 있다. 명령문과 실행결과는 다음과 같다.

```
. qui xtgls  fatal unrate perincK beertax spircons , panel(hetero) igls

. test unrate

 ( 1)  unrate = 0

           chi2(  1) =   88.95
         Prob > chi2 =    0.0000

. test unrate perincK

 ( 1)  unrate = 0
 ( 2)  perincK = 0

           chi2(  2) =  165.52
         Prob > chi2 =    0.0000
```

위의 첫 번째 명령문은 이분산성을 가정하고 패널 선형회귀모형을 추정한 것이다. 그 다음에 test 명령문이 있는데 test 명령어 다음에 변수이름을 하나만 지정하면 해당 변수에 대해 유의성 검정을 실시한다. 또한 test 명령어 다음에 2개 이상의 변수를 나열하면 두 변수의 계수가 동시에 0이라는 귀무가설에 대한 Wald 검정 결과를 제시한다. 위 검정결과를 보면 unrate 변수의 계수가 0이라는 귀무가설과 unrate와 perincK 변수의 계수가 동시에 0이라는 귀무가설 모두 1% 유의수준에서 기각되는 것으로 나타났다.

Wald 검정보다 유사한 역할을 하는 LR 검정을 실시할 수 있다. 이를 위해서는 먼저 비제약(unrestricted) 모형을 추정한 후, estimates store 명령어를 이용하여 그 결과를 저장한다. 이 장의 2절에서 설명한대로 LR 검정을 위해서는 반드시 igls 옵션을 사용해야 함에 주의해야 한다. 다음은 그 명령문이다.

```
. qui xtgls  fatal unrate perincK beertax spircons, panel(hetero) igls
. estimates store full
```

이번에는 unrate와 perincK 변수의 계수가 모두 0이라는 제약 하에서 다시 모형을 추정한 후 같은 방식으로 그 결과를 저장한다. 다음은 그 명령문이다.

```
. qui xtgls  fatal  beertax spircons, panel(hetero) igls
. estimates store restricted
```

이제 LR 검정을 하기 위해 다음과 같이 lrtest 명령어를 이용한다.

```
. lrtest full restricted
Likelihood-ratio test                          LR chi2(2)  =     53.62
(Assumption: restricted nested in full)        Prob > chi2 =    0.0000
```

위 LR 검정 결과를 보면, 앞의 Wald 검정과 마찬가지로 unrate 및 perincK 변수의 계수가 동시에 0이라는 귀무가설이 기각되었다.

이번에는 다음과 같은 형태의 귀무가설을 검정해보자.

$$H_0 : \beta_{unrate} + \beta_{perincK} = 0$$

먼저 관련 모형을 추정한 다음, test 명령어를 이용하여 다음과 같이 명령문을 작성하여 실행하였다.

```
. xtgls  fatal unrate perincK beertax spircons, panel(hetero)
Cross-sectional time-series FGLS regression
Coefficients:  generalized least squares
Panels:        heteroskedastic
Correlation:   no autocorrelation
Estimated covariances      =        48          Number of obs      =       336
Estimated autocorrelations =         0          Number of groups   =        48
Estimated coefficients     =         5          Time periods       =         7
                                                Wald chi2(4)       =    372.87
                                                Prob > chi2        =    0.0000

------------------------------------------------------------------------------
       fatal |      Coef.   Std. Err.      z    P>|z|     [95% Conf. Interval]
-------------+----------------------------------------------------------------
      unrate |  -.0433334   .0071048    -6.10   0.000    -.0572586   -.0294083
     perincK |  -.1403503   .0111863   -12.55   0.000    -.1622751   -.1184255
     beertax |    .166986   .0411172     4.06   0.000     .0863978    .2475742
    spircons |   .0375892   .0350675     1.07   0.284    -.0311418    .1063203
       _cons |   4.131726   .1908945    21.64   0.000     3.757579    4.505872
------------------------------------------------------------------------------

. test unrate+perincK=0

 ( 1)  unrate + perincK = 0

           chi2(  1) =  123.45
         Prob > chi2 =    0.0000
```

위와 같이 test 명령어를 사용할 경우 Wald 검정을 실시한다. 위 결과를 보면 두 계수의 합이 0이라는 귀무가설이 1% 유의수준에서 기각되는 것으로 나타났다.

동일한 검정을 다음과 같이 lincom 명령어를 사용해서도 실행할 수 있다.

그림 6.4

```
. lincom unrate+perincK=0
"=" not allowed in expression
r(198);

. lincom unrate+perincK

 ( 1)  unrate + perincK = 0

------------------------------------------------------------------------------
       fatal |      Coef.   Std. Err.      z    P>|z|     [95% Conf. Interval]
-------------+----------------------------------------------------------------
         (1) |  -.1836837   .0165318   -11.11   0.000    -.2160855   -.1512819
------------------------------------------------------------------------------
```

앞의 첫 번째 명령문은 에러가 발생한 것을 알 수 있다. 이처럼 lincom 명령문에서는 test 명령문과 달리 "=" 기호를 사용할 수 없다. 따라서 위의 두 번째 명령문과 같은 식으로 작성해야 한다. 검정결과는 앞의 test 명령어를 이용한 것과 동일하다. 즉 1% 유의수준에서 귀무가설이 기각되었다.

사실 양자는 밀접한 관련이 있는데, lincom 실행결과를 보면 검정통계량(z) 값이 -11.11로서 그것을 제곱하면 앞의 test 명령문의 카이제곱 검정통계량 값(123.45)과 사실상 일치하는 것을 확인할 수 있다. lincom 명령어를 사용하면 test 명령어에 비해 한 가지 장점이 있는데, 앞의 결과에서 보는 것처럼 $\beta_{unrate}+\beta_{perincK}$에 대한 95% 신뢰구간이라는 추가적인 정보를 얻을 수 있다.

앞의 그림 6.4의 결과에 $(\hat{\beta}_{unrate}+\hat{\beta}_{perincK})$의 표준오차(0.0165)가 나와 있다. 이 표준오차는 정의상 $var(\hat{\beta}_{unrate}+\hat{\beta}_{perincK})$ 추정치에 제곱근을 취하면 된다. 그런데 여기에서 다음의 관계가 성립한다.

$$var(\hat{\beta}_{unrate}+\hat{\beta}_{perincK})$$
$$= var(\hat{\beta}_{unrate})+var(\hat{\beta}_{perincK})+2cov(\hat{\beta}_{unrate},\hat{\beta}_{perincK})$$

이 관계를 이용하면 xtgls 추정결과를 이용하여 $(\hat{\beta}_{unrate}+\hat{\beta}_{perincK})$의 표준오차를 다음과 같이 직접 구해볼 수 있다.

```
. qui xtgls  fatal unrate perincK beertax spircons, panel(hetero)

. scalar var1=_se[unrate]^2+_se[perincK]^2

. mat def aa=e(V)

. scalar cov=aa[2,1]

. di "Std.Err=" sqrt(var1+2*cov)
Std.Err=.01653183
```

앞의 결과에서 마지막에 계산된 표준오차(Std.Err)는 그림 6.4의 lincom 명령문 실행결과에 제시된 표준오차와 일치함을 알 수 있다.

6.5 Stata do file

```
use P_data6_1,clear
tsset state year
reg fatal  perincK spircons

xtgls fatal perincK spircons
xtgls fatal  perincK spircons, nmk
xtgls fatal  perincK spircons, panel(hetero)
ereturn list
mat list e(Sigma)

use P_data6_2,clear
tsset id year
xtdes
xtgls ln_wage ttl_exp  hours, panel(hetero)

use P_data6_1,clear
xtgls fatal  perincK spircons
estimates store R_model

xtgls fatal  perincK spircons, panel(hetero) igls nolog
estimates store UR_model
lrtest UR_model R_model , df(47)

tsset state year
xtgls fatal  perincK spircons, corr(ar1)
xtgls fatal  perincK spircons, corr(psar1)

xtgls fatal perinc spircons, corr(ar1) igls nolog
findit xtserial
xtserial fatal  perincK spircons
xtgls fatal  perincK spircons, panel(corr)
xtgls fatal  perincK spircons, corr(ar1) panel(hetero)

use P_data6_3,clear
tsset id year
* xtgls  ln_wage hours ttl_exp , corr(ar1) // error message
xtgls  ln_wage hours ttl_exp , corr(ar1) force

use P_data6_1,clear
qui xtgls fatal unrate perincK beertax spircons, ///
panel(hetero) igls
test unrate
test unrate perincK
```

```
qui xtgls  fatal unrate perincK beertax spircons, ///
panel(hetero) igls
estimates store full
qui xtgls  fatal  beertax spircons, panel(hetero) igls
estimates store restricted
lrtest full restricted
xtgls  fatal unrate perincK beertax spircons, panel(hetero)
test unrate+perincK=0
* lincom unrate+perincK=0  // error message
lincom unrate+perincK

qui xtgls  fatal unrate perincK beertax spircons, panel(hetero)
scalar var1=_se[unrate]^2+_se[perincK]^2
mat def aa=e(V)
scalar cov=aa[2,1]
di "Std.Err=" sqrt(var1+2*cov)
```

CHAPTER 07 Between Effects 모형

7.1 모형설정 및 추정방법

다음과 같은 선형회귀모형을 가정해 보자.

$$y_{it} = \alpha + \beta x_{it} + \epsilon_{it}, \quad i = 1,2,\cdots,n \text{ 및 } t = 1,2,\cdots,T \tag{7.1}$$

논의를 단순화하기 위해 모든 패널 개체 i에 대해 데이터 포괄기간이 동일한 균형패널을 가정하였다. 위와 같은 모형이 있을 때 6장에서 다루었던 합동 OLS와 패널 GLS 추정에서는 계수 α와 β가 모든 패널 개체에 대해 동일하다고 가정하고 추정한다. 따라서 합동 OLS나 패널 GLS 추정모형을 고정계수(constant coefficient) 모형이라고도 부른다. 그러나 이번 장부터는 각 패널 개체의 특성을 고려하는 모형을 살펴보기로 한다. 우선 위의 모형을 다음과 같이 두 개의 오차항을 가진 모형으로 변형해 보자.

$$y_{it} = \alpha + \beta x_{it} + u_i + e_{it} \tag{7.2}$$

위 식에서는 식 7.1의 오차항 ϵ_{it}를 다음에서 설명한 특징에 따라 u_i와 e_{it}라는 2개의 오차항으로 분리하였다.

오차항 u_i	패널 개체에 따라 변하는 이질성(heterogeneity)을 나타내지만, 하나의 패널 개체 내에서는 시간에 따라 변하지 않는 영속적(permanent) 특성
오차항 e_{it}	패널 개체와 시간에 따라 변하는 순수한 오차항(idiosyncratic error term)

각 오차항에 대해서 평균이 0이고, 동분산성(homoskedasticity)을 만족하도록 $u_i \sim (0, \sigma_u^2)$, $e_{it} \sim (0, \sigma_e^2)$, $cov(u_i, e_{it}) = 0$으로 가정한다. 또한 오차항 e_{it}에 대해서는 $cov(e_{it}, e_{is}) = 0$, 즉 자기상관이 없다고 가정한다.

식 7.2를 다음과 같은 형태로 쓸 수도 있다.

$$y_{it} = (\alpha + u_i) + \beta x_{it} + e_{it} \tag{7.3}$$

위 모형설정에 대해서는 기울기 모수인 β는 모든 패널 개체에게 서로 동일하지만 상수항 $(\alpha + u_i)$은 패널 개체에 따라 달라지는 형태로 해석할 수 있다. 이 점에서 식 7.2 혹은 7.3을 변동상수항(varying intercept) 모형이라고도 부른다. 이 모형은 α와 β도 모든 개체에 대해 동일하다고 가정하는 합동 OLS 혹은 패널 GLS에 비해 패널 개체의 이질성을 명시적으로 고려한다는 점에서 패널데이터의 특징을 잘 반영하는 모형이라고 말할 수 있다.

식 7.2 또는 7.3을 추정하는 첫 번째 방법으로 이번 장에서는 between effects 모형을 살펴보자. 패널데이터는 횡단면과 시계열의 특성을 동시에 가지고 있다. 따라서 하나의 패널 개체 내에서의 시계열 변동(within variation)과 패널 개체간의 변동(between variation)을 동시에 관찰할 수 있다. 이제부터 설명할 between effects 모형은 개체 간 변동만을 고려하는 것이다. 이러한 맥락에서 각 개체의 시계열 관측치 그룹의 평균값을 이용하여 계수를 추정한다. 즉 식 7.2를 다음과 같이 변환하는 것이다.

$$\overline{y}_i = \alpha + \beta \overline{x}_i + u_i + \overline{e}_i \tag{7.4}$$

위 식에서 $\overline{y}_i = \Sigma_{t=1}^{T} y_{it}$, $\overline{x}_i = \Sigma_{t=1}^{T} x_{it}$, $\overline{e}_i = \Sigma_{t=1}^{T} e_{it}$로 각 패널 그룹별 평균이다. α와 u_i는 각 패널 그룹 내에서 모두 같은 값이기 때문에 평균을 계산해도 역시 같은 값이 된다. 결국 식 7.4는 사실상 패널데이터를 횡단면데이터로 변환한 셈이 된다. 따라서 위 식에서 β의 의미는 패널 '개체 간' 한계효과(marginal effect)를 의미한다. 가령, (다른 조건이 동일할 때) 개체 A가 B보다 독립변수의 값이 1단위 더 클 때 개체 A는 B보다 종속변수의 값이 평균적으로 β만큼 증가하게 된다.

식 7.4의 모형을 추정하는 방법은 매우 간단하다. 종속변수로 $\overline{y}_i$를 두고, 설명변수로 상수항과 $\overline{x}_i$를 설정하여 OLS를 실행하면 된다. 위 모형에서 오차항은 $(u_i + \overline{e}_i)$이기 때문에 OLS 추정량이 일치추정량(consistent estimator)이 되기 위해서는 $cov(\overline{x}_i, u_i) = 0$이어야 하며, 이를 위해서는 $cov(x_{it}, u_i) = 0$가 성립해야 한다. 따라서 $cov(x_{it}, u_i) \neq 0$인 경우 between effects 모형에서 구한 추정량은 문제가 있게 된다. 또한 위 모형에서는 패널데이터의 시계열 특성을 무시하고 횡단면데이터의 특성만 사용하고 있기 때문에 효율적 추정량(efficient estimator)을 얻지 못하는 단점이 있다. 패널분석에서 between 모형이 많이 사용되는 편은 아니지만, 패널 모형의 첫 단계로서 설명을 하고자 한다. 또한 10장에서 설명할 확률효과(random effects) 모형과 between 모형이 서로 관련이 있어서 이에 대한 사전적 이해가 필요하다.

예제 데이터파일 P_data7_1.dta를 이용하여 between 모형을 추정해보자. 이를 위해서는 xtreg 명령어에 be 옵션을 사용한다. 아래에서는 비교를 위해 먼저 합동 OLS 모형을 추정하고, 그 다음에 between 모형을 추정했다.

그림 7.1

```
. tsset id year
. reg ln_wage ttl_exp  tenure black

      Source |       SS       df       MS              Number of obs =    1251
-------------+------------------------------           F(  3,  1247) =   57.98
       Model |  20.0204514     3  6.67348381           Prob > F      =  0.0000
    Residual |  143.528557  1247  .115099084           R-squared     =  0.1224
-------------+------------------------------           Adj R-squared =  0.1203
       Total |  163.549009  1250  .130839207           Root MSE      =  .33926

------------------------------------------------------------------------------
     ln_wage |      Coef.   Std. Err.      t    P>|t|     [95% Conf. Interval]
-------------+----------------------------------------------------------------
     ttl_exp |   .0379981   .0079441     4.78   0.000     .0224128    .0535835
      tenure |   .0207316   .0082092     2.53   0.012     .0046261     .036837
       black |   -.146449   .0220408    -6.64   0.000     -.18969    -.1032079
       _cons |   1.535136   .0204658    75.01   0.000     1.494985    1.575287
------------------------------------------------------------------------------

. xtreg ln_wage ttl_exp  tenure black, be

Between regression (regression on group means)  Number of obs      =      1251
Group variable: idcode                          Number of groups   =       213

R-sq:  within  = 0.1608                         Obs per group: min =         3
       between = 0.1005                                        avg =       5.9
       overall = 0.1200                                        max =         6

                                                F(3,209)           =      7.78
sd(u_i + avg(e_i.))=  .2904677                  Prob > F           =    0.0001

------------------------------------------------------------------------------
     ln_wage |      Coef.   Std. Err.      t    P>|t|     [95% Conf. Interval]
-------------+----------------------------------------------------------------
     ttl_exp |   .0258706   .0308187     0.84   0.402    -.0348847     .086626
      tenure |   .0364367   .0264689     1.38   0.170    -.0157435    .0886169
       black |  -.1424734   .0457008    -3.12   0.002    -.2325671   -.0523797
       _cons |   1.541204   .0721162    21.37   0.000     1.399036    1.683373
------------------------------------------------------------------------------
```

먼저 앞의 **tsset** 명령문 실행결과를 보면, 데이터세트가 균형패널임을 확인할 수 있다. 합동 OLS 추정결과와 between 모형 추정결과를 비교하면, 두 결과에 많은 차이가 있음을 알 수 있다. 위의 between 모형 추정결과 중 Between regression (regression on group means)의 표현에서 알 수 있듯이 각 패널 그룹의 평균값을 이용하여 추정한 것이다. between 모형 추정결과에서 sd(u_i + avg(e_i.))=0.290은 식 7.4에서 새로운 오차항인 $(u_i + \bar{e}_i)$의 표준편차 추정치이다. between 모형 추정결과에서 ttl_exp(총직업연차) 변수의 기울기 계수인 0.0258은 (다른 조건이 동일할 때) 개인 A가 B보다 ttl_exp 값이 1단위 더 많으면 A가 B보다 평균적으로 임금을 2.58% 더 받는다고 해석할 수 있다.* 즉 기울기 계수는 변수의 변화에 대한 패널 개체 간 한계효과로 해석된다.

위의 **xtreg** 명령문 실행결과를 보면 3가지 결정계수(R^2; coefficient of determination)가 제시되어 있다. 이 중 within R^2에 대해서는 본서 8장에서 설명하기로 한다. 다른 2개 중 between R^2는 식 7.4의 추정 모형에서 구해지는 결정계수 값이며, overall R^2는 추정된 계수를 식 7.2의 원래 회귀모형에 대입하여 얻은 $(\hat{\alpha}_{BE} + \hat{\beta}_{BE} x_{it})$에 대해 y_{it}와의 상관계수를 계산한 후 그 제곱값으로 계산한다. 즉 overall R^2 공식은 다음과 같다.

$$\text{overall } R^2 = \left[corr(y_{it}, \hat{\alpha}_{BE} + \hat{\beta}_{BE} x_{it})\right]^2$$

다음 절차를 통해 overall R^2값을 직접 확인해 볼 수 있다. 우선 between 모형을 추정한 후 **predict** 명령어로 종속변수의 적합값(fitted value)을 변수로 생성한다. 그런 다음 상관계수를 계산하였다. 다음은 명령문과 실행결과이다.

```
. predict yhat
(option xb assumed; fitted values)
(27 missing values generated)

. corr yhat ln_wage
(obs=1251)

             |     yhat  ln_wage
-------------+------------------
        yhat |   1.0000
     ln_wage |   0.3464   1.0000
```

* 종속변수인 ln_wage가 임금에 로그를 취한 값이기 때문에 임금 증가폭이 아니라 증가율로 해석해야 한다.

```
. di 0.3464^2
0.11999296
```

위 결과에서 마지막에 계산된 상관계수의 제곱값이 앞의 그림 7.1의 overall R^2와 동일한 것을 확인할 수 있다.

그림 7.1에 주어진 between 모형 추정결과를 xtreg, be 명령문 대신 직접 변수를 변환하여 OLS 추정을 통해 구해보기로 한다. 다음에 그 과정이 나와 있다.

그림 7.2

```
. qui xtreg ln_wage ttl_exp  tenure black, be
. by id, sort: egen wage_mean = mean(ln_wage) if e(sample)==1
. by id: egen  ttlexp_mean = mean(ttl_exp) if e(sample)==1
. by id: egen  tenure_mean = mean(tenure) if e(sample)==1
. by id: egen black_mean = mean(black) if e(sample)==1
. egen tag1 = tag(id) if e(sample)==1
. reg  wage_mean ttlexp_mean tenure_mean black_mean if tag1==1

      Source |       SS       df       MS              Number of obs =     213
-------------+------------------------------           F(  3,   209) =    7.78
       Model |  1.96951835     3  .656506117           Prob > F      =  0.0001
    Residual |  17.6336399   209  .084371483           R-squared     =  0.1005
-------------+------------------------------           Adj R-squared =  0.0876
       Total |  19.6031583   212  .092467728           Root MSE      =  .29047

------------------------------------------------------------------------------
   wage_mean |      Coef.   Std. Err.      t    P>|t|     [95% Conf. Interval]
-------------+----------------------------------------------------------------
 ttlexp_mean |   .0258706   .0308187     0.84   0.402    -.0348847     .086626
 tenure_mean |   .0364367   .0264689     1.38   0.170    -.0157435    .0886169
  black_mean |  -.1424734   .0457008    -3.12   0.002    -.2325671   -.0523797
       _cons |   1.541204   .0721162    21.37   0.000     1.399036    1.683373
------------------------------------------------------------------------------
```

앞의 그림 7.2의 첫 번째 명령문은 일단 어떤 관측치들이 between 모형 추정에 사용되었는지를 알기 위해 xtreg를 실행하였다. 그런 후 각 패널 그룹별로 추정에 사용된 관측치만을 이용하여 종속변수와 3개의 설명변수의 평균을 계산하여 새로운 변수로 만들었다.* 추정에

* black 변수는 하나의 패널 그룹 내에서는 변하지 않기 때문에 굳이 평균 변수를 새로 만들지 않아도 된다. 즉 reg 명령문에서 black_mean 대신 black 변수를 그대로 사용해도 같은 결과를 얻는다.

사용된 관측치만을 선택하라는 제약이 e(sample)==1 조건문이다.* 새로 만든 평균변수들은 하나의 패널 개체의 모든 시계열 관측시점에서 동일한 값을 갖게 된다. 따라서 실제로 OLS 추정을 할 때는 각 패널 그룹에서 하나씩의 관측치만 선택하여 사용해야 한다. 각 패널 그룹에서 첫 번째 관측시점의 값을 표시해 주기 위해 egen의 tag( ) 함수를 사용하였다. 새로 만든 tag1 변수는 1과 0의 값으로 구성되어 있고, 각 패널 그룹에서 관측시점이 첫 번째이면 1의 값이고, 그 외의 시점에서는 0의 값을 갖는다. 마지막으로 각 패널 그룹에서 tag1 변수 값이 1인 경우만을 선택하여 reg 명령문으로 OLS 추정을 실행하였다. 추정된 결과는 그림 7.1의 between 모형 추정결과와 정확히 일치함을 확인할 수 있다. 또한 그림 7.2의 OLS 추정결과에서 R-squared=0.1005는 정확히 그림 7.1의 between R^2값과 일치한다.

between 모형은 주어진 패널데이터가 불균형 패널데이터 또는 시간갭이 있더라도 추정이 가능하다. 각 패널 개체의 모든 관측시점에 대해서 변수들의 평균값을 구해 OLS 추정을 하기 때문이다. 다만 불균형패널인 경우에는 평균변수를 만드는데 사용되는 관측개체수가 서로 다를 수 있기 때문에 일반적인 OLS 대신 가중치를 이용하는 WLS(weighted least squares) 추정방법을 사용하기도 한다. WLS 추정을 위해서는 xtreg, be 명령문에 wls 옵션을 추가하면 된다.

7.2 사후 분석

이번 절에서는 between effects 모형을 추정한 후 사용할 수 있는 사후분석 관련 명령어에 대해 알아보자. 먼저 predict 명령어를 사용하면 적합값(fitted value)과 잔차(residuals)를 계산할 수 있다. 예제 데이터파일 P_data7_1.dta를 이용하여 between 모형을 추정한 다음 predict 명령어를 실행한 결과가 아래에 나와 있다.

```
. qui xtreg ln_wage ttl_exp  tenure black, be

. predict yhat, xb
(27 missing values generated)

. predict xb1, xbu
(27 missing values generated)

. predict res1, ue
(27 missing values generated)
```

* e(sample)의 자세한 내용에 대해서는 민인식·최필선(2019b)의 Tip 8.3을 참고하라.

```
. predict res2, u
(27 missing values generated)

. predict res3, e
(27 missing values generated)
```

위 실행 결과에서 보는 것처럼 predict 명령어를 다양한 옵션과 결합하여 원하는 값을 계산할 수 있다. 우선 옵션 xb는 다음과 같은 적합값을 얻는데 사용한다.

$$\hat{y}_{it} = \hat{\alpha}_{BE} + \hat{\beta}_{BE} x_{it}$$

옵션 u는 패널의 개체특성 오차항인 u_i에 해당하는 잔차(residual)를 생성하는 옵션이다. 즉 다음과 같은 잔차를 얻는데 사용한다(따라서 하나의 패널 그룹 내에서는 모두 같은 값을 갖는다).

$$\hat{u}_i = \bar{y}_i - \hat{\alpha}_{BE} - \hat{\beta}_{BE} \bar{x}_i$$

옵션 xbu는 앞의 두 옵션(xb와 u)을 합친 성격으로서, 회귀모형에 의해 설명되는 부분($\hat{y}_{it}$)과 개체특성 오차항이 설명하는 부분($\hat{u}_i$)의 합이다. 다음과 같이 계산한다.

$$\hat{y}_{it} + \hat{u}_i = \hat{\alpha}_{BE} + \hat{\beta}_{BE} x_{it} + \hat{u}_i$$

옵션 e는 오차항 e_{it}에 해당하는 잔차로서 다음과 같이 계산한다.

$$\hat{e}_{it} = y_{it} - \hat{y}_{it} - \hat{u}_i$$

마지막으로 ue 옵션은 u와 e를 합친 성격으로서, 오차항 $(u_i + e_{it})$에 대한 잔차를 생성한다. 다음과 같이 계산된다.

$$\hat{u}_i + \hat{e}_{it} = y_{it} - \hat{y}_{it}$$

위 결과에서 생성된 변수들의 일부분은 다음과 같다.

```
. list ln_wage yhat xb1 res1 res2 res3 in 1/10

     +-----------------------------------------------------------------------+
     |  ln_wage       yhat        xb1         res1        res2         res3  |
     |-----------------------------------------------------------------------|
  1. | 1.493561   1.422611   1.463736     .0709499    .0411249      .029825  |
  2. | 1.702528   1.449682   1.490807      .252846    .0411249     .2117211  |
  3. | 1.451214   1.479636   1.520761    -.0284218    .0411249    -.0695467  |
  4. |  1.54742   1.539404   1.580529     .0080155    .0411249    -.0331094  |
  5. | 1.607294   1.601711   1.642836     .0055828    .0411249    -.0355422  |
     |-----------------------------------------------------------------------|
  6. | 1.597267    1.65949   1.700615    -.0622229    .0411249    -.1033478  |
  7. | 1.627093   1.567075   1.729891     .0600179    .1628158    -.1027978  |
  8. | 1.787686   1.623309   1.786125     .1643762    .1628158     .0015604  |
  9. | 1.820858   1.690643   1.853459     .1302147    .1628158    -.0326011  |
 10. | 1.858522   1.751955   1.914771      .106567    .1628158    -.0562488  |
     +-----------------------------------------------------------------------+
```

앞의 결과를 보면, u 옵션에 의해 만들어진 res2 변수는 하나의 패널 그룹 내에서는 모두 같은 값을 가지고 있다. 또한 xbu 옵션에 의해 만들어진 xb1은 yhat와 res2의 합과 같다. ue 옵션에 의해 만들어진 res1은 res2와 res3의 합과 같다는 것도 확인할 수 있다.

Tip 7.1 ● estimates 명령어 활용

Stata는 추정한 회귀분석 결과를 메모리에 잠시 저장하고 있다. 저장되어 있는 추정결과를 불러오기 위해서는 estimates 명령어를 활용할 수 있다. 예제 데이터파일 P_data7_1.dta를 이용하여 이를 실행해보자.

```
. qui xtreg ln_wage ttl_exp  tenure black, be

. estimates

---------------------------------------------------------------------------
active results
---------------------------------------------------------------------------
Between regression (regression on group means)  Number of obs      =      1251
Group variable: idcode                          Number of groups   =       213

R-sq:  within  = 0.1608                         Obs per group: min =         3
       between = 0.1005                                        avg =       5.9
       overall = 0.1200                                        max =         6

                                                F(3,209)           =      7.78
sd(u_i + avg(e_i.))=  .2904677                  Prob > F           =    0.0001
```

```
------------------------------------------------------------------------------
     ln_wage |      Coef.   Std. Err.      t    P>|t|     [95% Conf. Interval]
-------------+----------------------------------------------------------------
     ttl_exp |   .0258706   .0308187     0.84   0.402    -.0348847     .086626
      tenure |   .0364367   .0264689     1.38   0.170    -.0157435    .0886169
       black |  -.1424734   .0457008    -3.12   0.002    -.2325671   -.0523797
       _cons |   1.541204   .0721162    21.37   0.000     1.399036    1.683373
------------------------------------------------------------------------------
```

첫 번째 명령문에 있는 qui 명령어는 quietly의 줄임말로서 이를 사용하면 Result 창에 추정결과가 제시되지 않는다. 하지만 그 다음에 estimates 명령어를 실행하면 그 결과가 Result 창에 나타나는 것을 알 수 있다. 이처럼 estimates 명령어는 가장 최근에 실행된 reg 명령의 추정결과를 제시한다. 또한 estimates store 명령어를 이용하면 추정결과를 저장할 수도 있다. 다음은 실행 예이다.

```
. qui xtreg ln_wage ttl_exp  tenure black, be
. estimates store BE_model

. qui reg ln_wage ttl_exp  tenure black
. estimates store OLS_model
```

위에서는 between 모형과 OLS 모형의 추정결과를 estimates store 명령어를 이용하여 각각 BE_model과 OLS_model의 이름으로 저장했다. 이제 between 모형의 추정결과를 불러오기 위해서는 다음과 같이 estimates restore 명령문을 사용한 후 estimates 명령어를 입력하면 된다.

```
. estimates restore BE_model
(results BE_model are active now)

. estimates

---------------------------------------------------------------------------------
Model BE_model
---------------------------------------------------------------------------------

Between regression (regression on group means)  Number of obs      =      1251
Group variable: idcode                          Number of groups   =       213

R-sq:  within  = 0.1608                         Obs per group: min =         3
       between = 0.1005                                        avg =       5.9
       overall = 0.1200                                        max =         6

                                                F(3,209)           =      7.78
```

```
sd(u_i + avg(e_i.))=  .2904677                    Prob > F          =    0.0001

------------------------------------------------------------------------------
     ln_wage |      Coef.   Std. Err.      t    P>|t|     [95% Conf. Interval]
-------------+----------------------------------------------------------------
     ttl_exp |   .0258706   .0308187     0.84   0.402    -.0348847     .086626
      tenure |   .0364367   .0264689     1.38   0.170    -.0157435    .0886169
       black |  -.1424734   .0457008    -3.12   0.002    -.2325671   -.0523797
       _cons |   1.541204   .0721162    21.37   0.000     1.399036    1.683373
------------------------------------------------------------------------------
```

7.3 Stata do file

```
use P_data7_1,clear
tsset id year
reg ln_wage ttl_exp  tenure black
xtreg ln_wage ttl_exp  tenure black, be
predict yhat
corr yhat ln_wage
di 0.3464^2

qui xtreg ln_wage ttl_exp  tenure black, be
by id, sort: egen wage_mean = mean(ln_wage) if e(sample)==1
by id: egen  ttlexp_mean = mean(ttl_exp) if e(sample)==1
by id: egen  tenure_mean = mean(tenure) if e(sample)==1
by id: egen black_mean = mean(black) if e(sample)==1
egen tag1 = tag(id) if e(sample)==1
reg  wage_mean ttlexp_mean tenure_mean black_mean if tag1==1

qui xtreg ln_wage ttl_exp  tenure black, be
predict yhat, xb
predict xb1, xbu
predict res1, ue
predict res2, u
predict res3, e
list ln_wage yhat xb1 res1 res2 res3 in 1/10

qui xtreg ln_wage ttl_exp  tenure black, be
estimates
qui xtreg ln_wage ttl_exp  tenure black, be
estimates store BE_model
qui reg ln_wage ttl_exp  tenure black
estimates store OLS_model

estimates restore BE_model
estimates
```

CHAPTER 08 고정효과 모형

8.1 기본 모형 및 추정방법

다음과 같은 패널 선형회귀모형을 가정하자.

$$y_{it} = \alpha + \beta x_{it} + u_i + e_{it}, \quad i = 1,2,\cdots,n \text{ 및 } t = 1,2,\cdots,T \tag{8.1}$$

위 모형은 앞 장에서 본 between effects 모형과 같이 오차항이 2개로 구성되어 있다. 즉 시간에 따라 변하지 않는 패널의 개체특성을 나타내는 u_i와 시간과 패널 개체에 따라 변하는 순수한 오차항인 e_{it}로 구성되어 있다. 본 장에서는 오차항 u_i를 확률변수(random variable)가 아니라 추정해야 할 모수(parameter)로 간주하는 고정효과(fixed effects) 모형에 대해 소개한다. 위 식 8.1은 다음과 같이 표현할 수도 있다.

$$y_{it} = (\alpha + u_i) + \beta x_{it} + e_{it} \tag{8.2}$$

고정효과 모형은 상수항(intercept term)이 패널 개체별로 서로 다르면서 고정되어(fixed) 있다고 가정한다. 즉 기울기 모수인 β는 모든 패널 개체에 대해 서로 동일하지만, 상수항 $(\alpha + u_i)$는 패널 개체별로 달라진다.

패널 고정효과 모형을 추정하는 두 가지 아이디어는 다음과 같다. 첫째, u_i를 모형에서 제외하는 변환(transformation)을 사용한다. 둘째, u_i를 직접 추정하는 방법을 사용한다. 식 8.2를 추정하는 첫 번째 방법은 각 변수들에 대해 within 변환을 하는 것이다. 이를 위해 먼저 다음과 같이 패널 그룹별 평균으로 이루어진 between 모형을 생각해보자.

$$\bar{y}_i = \alpha + \beta \bar{x}_i + u_i + \bar{e}_i \tag{8.3}$$

이제 식 8.2에서 식 8.3을 빼주면 within 변환을 적용한 추정모형이 된다.

$$(y_{it} - \bar{y}_i) = \beta(x_{it} - \bar{x}_i) + (e_{it} - \bar{e}_i) \tag{8.4}$$

식 8.4에는 오차항 u_i가 사라진 것을 알 수 있다. 따라서 상관이질성(correlated heterogeneity)

$cov(x_{it}, u_i) \neq 0$이더라도 OLS 추정을 통해 β에 대한 일치추정량을 구할 수 있는 장점이 있다. 일단 식 8.4를 추정하면 그 결과를 이용하여 각 패널 개체별 특성인 u_i를 사후적으로 계산할 수 있다.

고정효과 모형을 추정하는 두 번째 방법은 within 변환 대신 패널 개체별 더미변수를 이용하는 것이다. 이 방식을 적용하여 식 8.2를 다시 쓰면 다음과 같다.

$$y_{it} = \sum_{i=1}^{n} \alpha_i + \beta x_{it} + e_{it} \tag{8.5}$$

위 식에서 α_i는 식 8.2의 $\alpha + u_i$와 같다고 볼 수 있다. 위 식으로 추정한 β는 이론적으로 식 8.4로 추정한 β와 일치한다. 위 식 8.5에 의해 얻어진 추정량을 최소제곱더미변수(LSDV; least squares dummy variable) 추정량이라고 부른다. 그러나 식 8.5에 의해 α_i에 대한 양질의 추정량을 얻기 위해서는 패널 개체수(n)가 많지 않고, 패널 그룹내의 T가 충분해야 하는 한계가 있다(Baltagi, 2008).

8.2 Within 추정

예제 데이터파일 P_data8_1.dta를 이용하여 고정효과 모형을 within 변환 방식을 적용하여 추정해보자. 우선 주어진 예제 데이터에 대해 tsset 명령어를 실행한다.

```
. tsset company year
       panel variable:  company (strongly balanced)
        time variable:  year, 1935 to 1954
                delta:  1 unit
```

데이터세트가 균형패널임을 알 수 있다. within 추정량을 구하기 위해서는 xtreg 명령어에 fe 옵션을 사용한다. 여기에서 fe는 fixed effects를 의미한다. 다음은 명령문과 실행결과이다.

그림 8.1

```
. xtreg invest  mvalue kstock, fe

Fixed-effects (within) regression               Number of obs      =       200
Group variable: company                         Number of groups   =        10

R-sq:  within  = 0.7668                         Obs per group: min =        20
       between = 0.8194                                        avg =      20.0
       overall = 0.8060                                        max =        20

                                                F(2,188)           =    309.01
corr(u_i, Xb)  = -0.1517                        Prob > F           =    0.0000

------------------------------------------------------------------------------
      invest |      Coef.   Std. Err.      t    P>|t|     [95% Conf. Interval]
-------------+----------------------------------------------------------------
      mvalue |   .1101238   .0118567     9.29   0.000     .0867345    .1335131
      kstock |   .3100653   .0173545    17.87   0.000     .2758308    .3442999
       _cons |  -58.74393   12.45369    -4.72   0.000    -83.31086    -34.177
-------------+----------------------------------------------------------------
     sigma_u |  85.732501
     sigma_e |  52.767964
         rho |  .72525012   (fraction of variance due to u_i)
------------------------------------------------------------------------------
F test that all u_i=0:     F(9, 188) =    49.18              Prob > F = 0.0000
```

위의 결과에 나온 추정계수의 의미를 생각해보자. 예를 들어 mvalue에 대한 추정계수 0.11은 (다른 조건이 동일할 때) mvalue가 1단위 증가하면 종속변수인 invest가 평균적으로 0.11단위 증가한다는 의미이다. 즉 어떤 패널 개체(본 예제에서는 회사)의 mvalue 값이 1단위 증가하면 그 회사의 invest는 평균적으로 0.11만큼 증가한다는 것이다. 이러한 mvalue 변수의 한계효과는 모든 패널 개체(회사)에 동일하게 적용된다. 또한 이들 추정계수는 각 회사의 시간불변 이질성(heterogeneity)을 통제한 상태에서 추정한 한계효과(marginal effect)라고 볼 수 있다.

식 8.4에는 상수항이 없지만, 위 추정결과에서는 상수항(_cons) 추정치가 제시되어 있다. 이는 Stata에서 within 추정량을 구할 때 식 8.4를 이용하는 것이 아니고, 약간 변형된 형태를 추정하기 때문이다. 이를 설명하기 위해 각 변수의 전체 평균을 변수로 하는 다음 식을 설정한다.

$$\bar{y} = \alpha + \beta\bar{x} + \bar{u} + \bar{e} \tag{8.6}$$

위 식에서 $\bar{y}$는 전체 평균값이다. 즉 $\bar{y} = \Sigma_{i=1}^{n} \bar{y}_i / n$이다. $\bar{x}$, $\bar{u}$, $\bar{e}$ 등도 같은 방식으로 만

들어진 변수들이다. 이들 변수는 모든 관측시점에서 동일한 값을 갖는 상수가 된다. 상수항 α는 모든 패널 개체와 시점에 대해 이미 동일한 값을 갖고 있기 때문에 이를 그대로 사용하면 된다. 이제 식 8.4에 식 8.6을 더해주면 다음이 된다.

$$(y_{it}-\overline{y}_i+\overline{y})=\alpha+\beta(x_{it}-\overline{x}_i+\overline{x})+\overline{u}+(e_{it}-\overline{e}_i+\overline{e}) \tag{8.7}$$

그림 8.1에 나온 결과는 바로 위 식을 OLS로 추정한 것이다.

이제 식 8.7의 추정결과가 앞에서 xtreg, fe 명령문을 이용한 within 추정결과(그림 8.1)와 같다는 것을 확인해보자. 또한 식 8.4의 모형(상수항 α가 없는 모형)을 직접 추정하여 그 결과가 within 추정결과와 같은지도 확인해보자. 먼저 식 8.4 모형을 다음과 같은 절차를 거쳐 추정하였다.

그림 8.2

```
. by company, sort: egen  m_invest=mean(invest) if e(sample)==1
. by company, sort: egen  m_mvalue=mean(mvalue) if e(sample)==1
. by company, sort: egen  m_kstock=mean(kstock) if e(sample)==1

. gen invest1=invest-m_invest
. gen mvalue1=mvalue-m_mvalue
. gen kstock1=kstock-m_kstock

. reg  invest1 mvalue1 kstock1, nocons

      Source |       SS       df       MS              Number of obs =     200
-------------+------------------------------           F(  2,   198) =  325.45
       Model |  1720874.1     2  860437.05           Prob > F      =  0.0000
    Residual | 523478.127   198  2643.82892           R-squared     =  0.7668
-------------+------------------------------           Adj R-squared =  0.7644
       Total | 2244352.23   200  11221.7611           Root MSE      =  51.418

------------------------------------------------------------------------------
     invest1 |      Coef.   Std. Err.      t    P>|t|     [95% Conf. Interval]
-------------+----------------------------------------------------------------
     mvalue1 |   .1101238   .0115534     9.53   0.000     .0873403    .1329073
     kstock1 |   .3100653   .0169106    18.34   0.000     .2767174    .3434133
------------------------------------------------------------------------------
```

우선 상수항 α가 없는 식 8.4를 직접 추정하여 그 결과가 앞에서 본 within 추정결과와 동일한지 확인하기 위해 다음과 같은 절차를 거쳐 식 8.4를 추정하였다. 일단 어떤 관측치들이 그림 8.1의 within 추정에 사용되었는지를 알기 위해 xtreg, fe 명령을 실행하였다. 그런 후 각 패널 그룹별로 추정에 사용된 관측치만을 이용하여 종속변수(invest)와 2개의 설명변수 (mvalue 및 kstock)의 평균을 계산하여 새로운 변수로 만들었다. 추정에 사용된 관측치만을 선택하라는 규정이 e(sample)==1 조건문이다. 마지막 reg 명령문에서 상수항 없이 추정하는 nocons 옵션을 사용하였음에 주의하여야 한다. 위의 실행결과를 앞의 그림 8.1 혹은 그림 8.2의 결과와 비교해보면, mvalue1과 kstock1 변수의 추정계수는 정확히 일치하지만 표준오차(Std.Err)는 자유도 수정 때문에 정확히 일치하지는 않는다. 또한 위 그림 8.2의 추정결과에는 상수항 추정치가 주어지지 않는 것도 다른 점이다.

다음으로 그림 8.3은 식 8.7 모형 추정절차로서 바로 위의 식 8.4 추정절차와 거의 동일하다. 단지 $\bar{y}$와 $\bar{x}$를 구하기 위해 egen 명령어를 다시 사용하였다. 아래 추정결과를 보면 모든 변수의 계수와 상수항까지 그림 8.1의 xtreg, fe 실행결과와 정확히 일치하는 것을 확인할 수 있다.

그림 8.3

```
. qui xtreg invest mvalue kstock, fe

. egen all_invest = mean(invest) if e(sample)==1
. egen all_mvalue = mean(mvalue) if e(sample)==1
. egen all_kstock= mean(kstock) if e(sample)==1

. gen invest2=invest1+all_invest
. gen mvalue2=mvalue1+all_mvalue
. gen kstock2=kstock1+all_kstock

. reg invest2 mvalue2 kstock2

      Source |       SS       df       MS              Number of obs =     200
-------------+------------------------------           F(  2,   197) =  323.81
       Model |  1720874.08     2  860437.041           Prob > F      =  0.0000
    Residual |  523478.145   197  2657.24947           R-squared     =  0.7668
-------------+------------------------------           Adj R-squared =  0.7644
       Total |  2244352.23   199  11278.1519           Root MSE      =  51.549


------------------------------------------------------------------------------
     invest2 |      Coef.   Std. Err.      t    P>|t|     [95% Conf. Interval]
```

```
-------------+----------------------------------------------------------------
     mvalue2 |   .1101238   .0115827     9.51   0.000     .0872818    .1329658
     kstock2 |   .3100653   .0169534    18.29   0.000     .2766318    .3434989
       _cons |  -58.74394   12.16589    -4.83   0.000    -82.73604   -34.75184
------------------------------------------------------------------------------
```

그림 8.1의 **xtreg, fe** 실행결과를 보면, 적합도를 측정하는 R^2값이 3개 제시되어 있다. 그 중에서 within R^2(0.7668)는 그림 8.2와 8.3에서 주어진 R^2와 같다. 다른 2개인 between R^2와 overall R^2는 추정 계수를 이용하여 다음과 같이 계산한다.

$$\text{between } R^2 = \left[corr(\hat{\alpha}_{FE} + \hat{\beta}_{FE}\,\overline{x}_i,\ \overline{y}_i)\right]^2$$

$$\text{overall } R^2 = \left[corr(\hat{\alpha}_{FE} + \hat{\beta}_{FE}\,x_{it},\ y_{it})\right]^2$$

위의 공식을 이용하여 between R^2와 overall R^2값을 직접 구해보자. 다음에서 보는 것처럼 고정효과 모형의 추정계수를 이용하여 식 8.1과 8.3의 모형에서 적합값(fitted value)을 만든 후 상관계수의 제곱을 계산하면 그림 8.1에서 제시된 between R^2와 overall R^2값과 정확히 일치함을 확인할 수 있다.

```
. qui xtreg invest mvalue kstock, fe

. gen y_bar=_b[_cons]+_b[mvalue]*m_mvalue+_b[kstock]*m_kstock
  if e(sample)==1

. corr y_bar m_invest
(obs=200)

             |    y_bar m_invest
-------------+------------------
       y_bar |   1.0000
    m_invest |   0.9052   1.0000

. di "Between R-sq=" 0.9052^2
Between R-sq=.81938704

. qui xtreg invest mvalue kstock, fe

. predict y_overall, xb
. corr y_overall invest
(obs=200)
```

```
             | y_over~l    invest
-------------+------------------
   y_overall |   1.0000
      invest |   0.8978   1.0000

. di "Overall R-sq=" 0.8978^2
Overall R-sq=.80604484
```

그림 8.1에서 corr(u_i, Xb) = -0.1517은 패널의 개체특성을 나타내는 오차항 u_i와 종속변수 y_{it} 와의 상관계수 추정치이다. 고정효과 모형에서는 오차항 u_i가 없는 모형을 추정하기 때문에 오차항 u_i와 설명변수 간에 상관관계가 존재하더라도 추정계수의 일치성(consistency)을 담보할 수 있는 장점이 있다. 추정된 상관계수 -0.1517로 판단해 볼 때, 약한 상관관계를 가지고 있다고 말할 수 있다. corr(u_i, Xb)를 직접 계산해보자. 즉, $\hat{u}_i = \bar{y}_i - \hat{\alpha}_{FE} - \hat{\beta}_{FE}\bar{x}_i$와 $\hat{y}_{it} = \hat{\alpha}_{FE} + \hat{\beta}_{FE}x_{it}$의 상관계수를 구해보자. 이를 위해서는 predict 명령어를 이용하여 u_i와 Xb 추정치를 생성한 후, 그 상관계수를 계산하면 된다. 다음은 실행결과이다.

```
. qui xtreg invest mvalue kstock, fe
. predict y_hat, xb
. predict u_hat, u
. corr y_hat u_hat
(obs=200)

             |    y_hat     u_hat
-------------+------------------
       y_hat |   1.0000
       u_hat |  -0.1517   1.0000
```

위 결과는 정확히 그림 8.1의 corr(u_i, Xb) = -0.1517과 일치하는 것을 확인할 수 있다.

그림 8.1의 결과에서 몇 가지를 더 살펴보자. 우선 sigma_u(=85.7)와 sigma_e(=52.7)은 각각 식 8.1의 오차항 u_i와 e_{it}의 표준편차 추정치이다. 다음으로 rho = 0.72525012 (fraction of variance due to u_i)가 나와 있는데, 이는 오차항의 총 분산에서 패널 개체특성(heterogeneity)을 의미하는 오차항(u_i)의 분산이 차지하는 비율로 계산된다.*

* 고정효과 모형에서는 u_i는 확률변수가 아니기 때문에 이론적으로 분산을 가질 수 없다. 따라서 추정된

$$\hat{\rho}=\frac{\hat{\sigma}_u^2}{\hat{\sigma}_u^2+\hat{\sigma}_e^2}=\frac{1}{1+\hat{\sigma}_e^2/\hat{\sigma}_u^2}$$

위 공식에서 알 수 있듯이 $\hat{\rho}$값은 0에서 1 사이의 값을 갖는다. 이 값이 1에 가깝다는 것은 $\hat{\sigma}_e^2/\hat{\sigma}_u^2$이 0에 가깝다는 것이며, $\hat{\sigma}_e^2$에 비해 $\hat{\sigma}_u^2$이 훨씬 크다는 의미이다. 다시 말하면 독립변수에 의해 설명되지 않는 종속변수 변동(variation)의 대부분은 패널의 개체특성을 나타내는 u_i의 분산이 차지한다는 의미이다. 즉 이 값이 1에 가까울수록 시간에 따라 변하지 않는 패널 개체의 특성을 감안하는 것이 중요하다는 것이다. 본 예제에서 u_i와 e_{it}의 표준편차 추정치가 각각 85.7과 52.7로 나와 있기 때문에 다음과 같이 $\hat{\rho}$을 계산할 수 있다.

```
. di "rho="(85.7^2)/(85.7^2+52.7^2)
rho=.72561249
```

그림 8.1의 결과에서 마지막 줄에 나와 있는 F검정은 다음과 같은 귀무가설을 검정한다.

$$H_0: \text{ 모든 } i\text{에 대해 } u_i = 0$$

만약 위 귀무가설을 받아들인다면, 식 8.2에서 상수항이 모든 패널 개체에 대해 α로 같아지게 된다. 이 경우 패널 개체의 이질성을 고려할 필요가 없게 된다. 따라서 회귀모형을 그냥 OLS로 추정하면 모수에 대한 일치추정량을 얻을 수 있다. 결국 귀무가설이 맞다면, 모형은 다음과 같이 된다.

$$y_{it} = \alpha + \beta x_{it} + e_{it}$$

F검정 결과, 귀무가설을 받아들인다면 합동 OLS 추정을 선택하고, 귀무가설이 기각되면 고정효과 모형을 선택하는 결과로 귀결된다. 위 예제에서는 검정통계량의 p값이 0.01보다 작아 위의 귀무가설이 1% 유의수준에서 기각되므로 고정효과 모형이 더 적절하다고 판단할 수 있다. F검정통계량의 도출은 이어지는 8.3절에서 자세히 설명한다.

다음과 같이 어떤 하나의 패널 그룹내에서 시간에 따라 변하지 않는 설명변수(z_i)가 포함된 모형을 가정해 보자.

$\hat{u}_i$의 변화(variation) 또는 변동(variability)이라고 해석해야 한다.

$$y_{it} = (\alpha + u_i) + \beta x_{it} + \gamma z_i + e_{it}$$

위 식에 대해 within 변환을 실행하면 z_i 변수는 u_i와 마찬가지로 모형에서 제외되어 γ가 추정되지 않는 단점이 있다. 예제 데이터파일 P_data8_2.dta에 있는 black(흑인 여부) 변수가 이런 종류에 속한다. 즉 흑인이든 백인이든 시간이 변하더라도 black 변수의 값이 바뀌지 않는다. 이 black 변수를 고정효과 모형의 설명변수로 사용하여 추정을 실행해 보자. 다음은 그 결과이다.

```
. tsset id year
       panel variable:  idcode (unbalanced)
        time variable:  year, 68 to 88, but with gaps
                delta:  1 unit

. xtreg  ln_wage ttl_exp tenure black, fe
Fixed-effects (within) regression               Number of obs      =     28101
Group variable: idcode                          Number of groups   =      4699

R-sq:  within  = 0.1438                         Obs per group: min =         1
       between = 0.2743                                        avg =       6.0
       overall = 0.1905                                        max =        15

                                                F(2,23400)         =   1965.74
corr(u_i, Xb)  = 0.1736                         Prob > F           =    0.0000

------------------------------------------------------------------------------
     ln_wage |      Coef.   Std. Err.      t    P>|t|     [95% Conf. Interval]
-------------+----------------------------------------------------------------
     ttl_exp |   .0245398   .0006875    35.70   0.000     .0231923    .0258873
      tenure |   .0123934   .0009012    13.75   0.000     .0106269    .0141599
       black |  (dropped)
       _cons |    1.48521   .0036176   410.55   0.000     1.478119    1.492301
-------------+----------------------------------------------------------------
     sigma_u |  .37652594
     sigma_e |  .29564006
         rho |  .61861848   (fraction of variance due to u_i)
------------------------------------------------------------------------------
F test that all u_i=0:     F(4698, 23400) =     7.40          Prob > F = 0.0000
```

위 결과에서 알 수 있듯이 패널데이터가 불균형이고 시간갭이 있더라도 고정효과 모형을 추정할 수 있다. 그런데 black 변수의 추정계수를 보면 (dropped)로 표현되어 있다. 그 이유는 각 패널 그룹(위 예에서는 개인) 내에서는 그 사람이 흑인인지 흑인이 아닌지 여부는 시간에 따라 변하지 않는 변수이기 때문이다. 그러나 black 변수의 추정계수가 주어지지 않는다고 해서, black 변수가 설명변수로서 사용되지 않는 것은 아니다. black 변수는 패널 개체의 이질성(heterogeneity)에 해당하는 오차항 u_i에 포함되어 있기 때문이다. 따라서 흑인 여부는 통제된 상태에서 ttl_exp와 tenure의 추정계수를 해석해야 한다.

8.3 LSDV 추정

오차항 u_i를 고정효과로 가정했을 때 각 패널 그룹에 대해 더미변수를 두어 상수항을 서로 다르게 추정하면 within 추정량과 동일한 결과를 얻을 수 있다. 이러한 LSDV(최소제곱더미변수) 추정량을 얻기 위한 모형은 다음과 같이 쓸 수 있다.

$$y_{it} = \sum_{i=1}^{n} \alpha_i + \beta x_{it} + e_{it} \tag{8.8}$$

패널 그룹 i에 따라 서로 다른 상수항 α_i를 추정하는 것과 같다. 따라서 식 8.8을 OLS로 추정하면 고정효과 모형을 가정한 LSDV 추정량을 구할 수 있다.

예제 데이터파일 P_data8_1.dta를 이용하여 within 추정과 LSDV 추정의 결과를 비교해 보자.

그림 8.4

〈within 추정〉

```
. xtreg invest mvalue kstock, fe

Fixed-effects (within) regression               Number of obs      =       200
Group variable: company                         Number of groups   =        10

R-sq:  within  = 0.7668                         Obs per group: min =        20
       between = 0.8194                                        avg =      20.0
       overall = 0.8060                                        max =        20

                                                F(2,188)           =    309.01
corr(u_i, Xb)  = -0.1517                        Prob > F           =    0.0000

------------------------------------------------------------------------------
      invest |      Coef.   Std. Err.      t    P>|t|     [95% Conf. Interval]
-------------+----------------------------------------------------------------
      mvalue |   .1101238   .0118567     9.29   0.000     .0867345    .1335131
      kstock |   .3100653   .0173545    17.87   0.000     .2758308    .3442999
       _cons |  -58.74393   12.45369    -4.72   0.000    -83.31086     -34.177
-------------+----------------------------------------------------------------
     sigma_u |  85.732501
```

```
     sigma_e |  52.767964
         rho |  .72525012   (fraction of variance due to u_i)
------------------------------------------------------------------------------
F test that all u_i=0:     F(9, 188) =    49.18              Prob > F = 0.0000
```

〈LSDV 추정〉

```
. reg invest mvalue kstock ibn.company
      Source |       SS           df       MS      Number of obs   =       200
-------------+----------------------------------   F(12, 188)      =    391.97
       Model |    13097228        12  1091435.66   Prob > F        =    0.0000
    Residual |  523478.114       188  2784.45805   R-squared       =    0.9616
-------------+----------------------------------   Adj R-squared   =    0.9591
       Total |  13620706.1       200  68103.5304   Root MSE        =    52.768

------------------------------------------------------------------------------
      invest | Coefficient  Std. err.      t    P>|t|     [95% conf. interval]
-------------+----------------------------------------------------------------
      mvalue |   .1101238   .0118567     9.29   0.000     .0867345    .1335131
      kstock |   .3100653   .0173545    17.87   0.000     .2758308    .3442999
             |
     company |
           1 |  -70.29669   49.70796    -1.41   0.159    -168.3537    27.76035
           2 |   101.9058   24.93832     4.09   0.000     52.71093    151.1007
           3 |  -235.5718   24.43162    -9.64   0.000    -283.7672   -187.3765
           4 |  -27.80929   14.07775    -1.98   0.050    -55.57995   -.0386303
           5 |  -114.6168   14.16543    -8.09   0.000    -142.5604   -86.67319
           6 |  -23.16129   12.66874    -1.83   0.069    -48.15244    1.829856
           7 |  -66.55347   12.84297    -5.18   0.000    -91.88833   -41.21862
           8 |  -57.54565   13.99315    -4.11   0.000    -85.14941    -29.9419
           9 |  -87.22227   12.89189    -6.77   0.000    -112.6536   -61.79091
          10 |  -6.567843   11.82689    -0.56   0.579    -29.89831    16.76262
------------------------------------------------------------------------------
```

앞의 LSDV 추정을 보면, 10개 패널 개체(회사)에 해당하는 더미변수(ibn.company)를 포함하고 다중공선성 문제를 고려하여 **nocons** 옵션을 추가한다. 앞의 결과에서 더미변수를 이용한 LSDV 추정결과와 **xtreg, fe** 명령문을 이용한 within 추정결과를 비교해보면 mvalue와 kstock의 추정계수와 표준오차에 있어서 두 방법론의 추정결과가 정확히 일치한다는 것을 알 수 있다. 앞에서 within 변환을 실행한 후 OLS로 추정했던 그림 8.2의 경우에는 **xtreg, fe** 명령문을 이용한 결과와 표준오차에서 서로 차이가 있었지만, 더미변수를 이용한 LSDV 추정의 경우에는 표준오차까지 정확히 **xtreg, fe** 결과와 일치한다.

LSDV 추정을 실행할 때 설명변수 간 완전 선형관계를 발생시키지 않기 위해 앞에서는 10개의 더미변수를 모두 포함시키는 대신 상수항을 제외시켰다. 그런데 상수항을 포함시키고, 그 대신 더미변수를 하나 제외시켜도 동일한 결과를 얻을 수 있다. 다음은 명령문과 실행결과이다.

```
. reg invest mvalue kstock i.company

      Source |       SS           df       MS      Number of obs   =       200
-------------+----------------------------------   F(11, 188)      =    288.50
       Model |   8836465.8        11  803315.073   Prob > F        =    0.0000
    Residual |  523478.114       188  2784.45805   R-squared       =    0.9441
-------------+----------------------------------   Adj R-squared   =    0.9408
       Total |  9359943.92       199  47034.8941   Root MSE        =    52.768

------------------------------------------------------------------------------
      invest |      Coef.   Std. Err.      t    P>|t|     [95% Conf. Interval]
-------------+----------------------------------------------------------------
      mvalue |   .1101238   .0118567     9.29   0.000     .0867345    .1335131
      kstock |   .3100653   .0173545    17.87   0.000     .2758308    .3442999
             |
     company |
          2  |   172.2025   31.16126     5.53   0.000     110.7319    233.6732
          3  |  -165.2751   31.77556    -5.20   0.000    -227.9576   -102.5927
          4  |    42.4874   43.90987     0.97   0.334    -44.13197    129.1068
          5  |  -44.32013   50.49225    -0.88   0.381    -143.9243    55.28406
          6  |   47.13539   46.81068     1.01   0.315    -45.20629    139.4771
          7  |   3.743212   50.56493     0.07   0.941    -96.00433    103.4908
          8  |   12.75103   44.05263     0.29   0.773    -74.14994      99.652
          9  |  -16.92558   48.45326    -0.35   0.727    -112.5075    78.65636
         10  |   63.72884   50.33023     1.27   0.207    -35.55572    163.0134
             |
       _cons |  -70.29669   49.70796    -1.41   0.159    -168.3537    27.76035
------------------------------------------------------------------------------

. test 2.company 3.company 4.company 5.company 6.company 7.company
8.company 9.company 10.company
 ( 1)  2.company = 0
 ( 2)  3.company = 0
 ( 3)  4.company = 0
 ( 4)  5.company = 0
 ( 5)  6.company = 0
 ( 6)  7.company = 0
 ( 7)  8.company = 0
 ( 8)  9.company = 0
 ( 9)  10.company = 0

       F(  9,   188) =   49.18
            Prob > F =    0.0000
```

위의 추정결과를 보면 mvalue와 kstock 변수의 추정계수와 표준오차가 정확히 그림 8.4의 결과와 일치한다. Stata에서 자동적으로 1번 회사의 더미변수를 제외시켰음을 알 수 있다.

위 결과의 두 번째 내용은 **test** 명령어를 이용하여 9개의 더미변수의 추정계수가 0인지 *F*검정을 실시한 것이다.* 검정결과는 추정계수가 모두 0이라는 귀무가설을 매우 낮은 유의수준에서도 기각하는 것으로 나타났다. 이 *F*검정 결과는 앞의 **xtreg, fe** 명령문 결과(그림 8.4)의 제일 마지막에 나오는 *F*검정의 결과와 정확히 일치함을 확인할 수 있다.

패널 그룹의 수가 많은 경우, LSDV 추정량은 Stata 결과물이 매우 많아지거나 실행에 시간이 많이 걸리는 단점이 있다. 이때에는 **reg** 명령문 대신 **areg** 명령어를 사용할 수 있다. 예제 데이터파일 P_data8_2.dta의 경우 패널 개체 수가 4,699개에 달한다. 이 패널데이터를 이용하여 within 추정과 LSDV 추정을 실행한 결과가 아래 나와 있다.

```
. tsset id year

                                〈within 추정〉
. xtreg  ln_wage ttl_exp tenure black, fe

Fixed-effects (within) regression               Number of obs      =     28101
Group variable: idcode                          Number of groups   =      4699

R-sq:  within  = 0.1438                         Obs per group: min =         1
       between = 0.2743                                        avg =       6.0
       overall = 0.1905                                        max =        15

                                                F(2,23400)         =   1965.74
corr(u_i, Xb)  = 0.1736                         Prob > F           =    0.0000

------------------------------------------------------------------------------
     ln_wage |      Coef.   Std. Err.      t    P>|t|     [95% Conf. Interval]
-------------+----------------------------------------------------------------
     ttl_exp |   .0245398   .0006875    35.70   0.000     .0231923    .0258873
      tenure |   .0123934   .0009012    13.75   0.000     .0106269    .0141599
       black |  (dropped)
       _cons |    1.48521   .0036176   410.55   0.000     1.478119    1.492301
-------------+----------------------------------------------------------------
     sigma_u |  .37652594
     sigma_e |  .29564006
         rho |  .61861848   (fraction of variance due to u_i)
------------------------------------------------------------------------------
F test that all u_i=0:     F(4698, 23400) =     7.40         Prob > F = 0.0000
```

* test 명령어 대신 testparm 명령어를 사용할 수도 있다. testparm과 test의 차이점은 민인식·최필선(2019b)의 8.4절을 참고하라.

〈LSDV 추정〉

```
. areg ln_wage ttl_exp tenure black, absorb(id)

Linear regression, absorbing indicators              Number of obs =    28101
                                                     F(  2, 23400) =  1965.74
                                                     Prob > F      =   0.0000
                                                     R-squared     =   0.6812
                                                     Adj R-squared =   0.6171
                                                     Root MSE      =   .29564

------------------------------------------------------------------------------
     ln_wage |      Coef.   Std. Err.      t    P>|t|     [95% Conf. Interval]
-------------+----------------------------------------------------------------
     ttl_exp |   .0245398   .0006875    35.70   0.000     .0231923    .0258873
      tenure |   .0123934   .0009012    13.75   0.000     .0106269    .0141599
       black |  (dropped)
       _cons |    1.48521   .0036176   410.55   0.000     1.478119    1.492301
-------------+----------------------------------------------------------------
      idcode |   F(4698, 23400) =      7.396   0.000          (4699 categories)
```

위의 LSDV 추정에서 areg 명령문에는 absorb( ) 옵션이 사용된 것을 알 수 있다. 옵션의 괄호 안에는 패널 개체를 지정하는 변수가 들어가야 한다. ttl_exp와 tenure 변수의 추정계수 및 표준오차를 보면 areg, absorb 명령어를 이용한 LSDV 추정과 xtreg, fe 명령어를 이용한 within 추정의 결과가 서로 동일한 것을 알 수 있다. 또한 두 추정결과의 맨 마지막 줄에 나와 있는 F검정의 결과 역시 서로 동일함을 알 수 있다.

식 8.1은 시간에 따라 변하지 않는 패널 개체의 이질성을 고려하는 모형이다. 패널데이터에서 고려할 수 있는 또 하나의 이질성은 각 시점이 가진 특성이다. 기존의 모형에 다음과 같이 v_t를 추가하면, 개체와 시간의 이질성을 동시에 고려하는 모형이 된다.

$$y_{it} = \alpha + \beta x_{it} + u_i + v_t + e_{it} \tag{8.9}$$

여기에서 v_t를 또 하나의 고정효과로 가정하면 식 8.9는 이원고정효과(two-way fixed effects) 모형이 된다. 이를 추정하는 방법은 xtreg, fe 명령문에 연도에 대한 더미변수를 모형에 포함시키면 된다. 예제 데이터파일 P_data8_3.dta를 이용하여 식 8.9의 고정효과 모형을 추정한 결과는 다음과 같다.

```
. tsset company year

. xtreg  invest mvalue kstock i.year, fe
Fixed-effects (within) regression               Number of obs      =        50
Group variable: company                         Number of groups   =        10

R-sq:                                           Obs per group:
     within  = 0.6380                                         min =          5
     between = 0.5577                                         avg =        5.0
     overall = 0.5628                                         max =          5

                                                F(6,34)            =      9.99
corr(u_i, Xb)  = 0.1638                         Prob > F           =    0.0000

------------------------------------------------------------------------------
      invest |      Coef.   Std. Err.      t    P>|t|     [95% Conf. Interval]
-------------+----------------------------------------------------------------
      mvalue |   .0599551   .0117349     5.11   0.000      .036107    .0838032
      kstock |  -.3416076   .1099002    -3.11   0.004    -.5649518   -.1182634
             |
        year |
        1936 |   10.61359   12.52288     0.85   0.403    -14.83597    36.06315
        1937 |   24.93282   14.52805     1.72   0.095    -4.591731    54.45737
        1938 |    22.7716   14.48812     1.57   0.125    -6.671813      52.215
        1939 |   17.27716   16.03763     1.08   0.289    -15.31523    49.86954
             |
       _cons |   51.61509   13.40755     3.85   0.000     24.36768    78.86251
-------------+----------------------------------------------------------------
     sigma_u |  83.765483
     sigma_e |  26.122686
         rho |  .91136638   (fraction of variance due to u_i)
------------------------------------------------------------------------------
F test that all u_i=0: F(9, 34) = 31.22                      Prob > F = 0.0000
```

위의 명령문을 보면 i.year를 설명변수 리스트에 추가하였다. 즉 기본적인 within 추정 모형에 v_t를 반영시키기 위해서 연도에 대한 더미변수를 포함시킨 것이다. 이렇게 함으로써 개체특성과 시간특성을 모두 모형에 반영시켰다.

연도 더미변수가 유의한지 F검정하기 위해서는 다음과 같이 test 명령어를 이용한다.

```
. test 1936.year 1937.year 1938.year 1939.year
 ( 1)  1936.year = 0
 ( 2)  1937.year = 0
 ( 3)  1938.year = 0
 ( 4)  1939.year = 0

       F(  4,    34) =    0.95
            Prob > F =    0.4467
```

위 결과를 보면 F검정의 p값이 0.05보다 크기 때문에 5% 수준에서 유의하지 않다. 즉 시간 특성 효과가 존재하지 않는다고 판단할 수 있다.

8.4 사후 분석

예제 데이터파일 P_data8_1.dta를 이용하여 고정효과 모형에 대한 within 추정을 실행해보자. 그런 다음 predict 명령어를 이용하면 적합값(fitted value)과 오차항에 대한 잔차 변수 등을 만들 수 있다. 아래에 실행 예가 나와 있다.

```
. tsset company year
. qui xtreg invest mvalue kstock, fe
. predict invest_hat, xb
. predict uhat, u
. predict ehat, e
```

앞의 실행결과에서 보는 것처럼 predict 명령어를 다양한 옵션과 결합하여 원하는 값을 계산할 수 있다. 우선 옵션 xb는 적합값(fitted value)을 얻는데 사용한다. 고정효과 모형은 식 8.2의 $y_{it} = (\alpha + u_i) + \beta x_{it} + e_{it}$이고, 이에 대한 적합값은 다음과 같이 표현된다.

$$\hat{y}_{it} = \hat{\alpha}_{FE} + \hat{\beta}_{FE} x_{it}$$

옵션 u는 패널의 개체특성 오차항인 u_i에 해당하는 잔차(residual)를 생성하는 옵션이다. 즉 다음과 같은 잔차를 얻는데 사용한다.

$$\hat{u}_i = \overline{y}_i - \hat{\alpha}_{FE} - \hat{\beta}_{FE} \overline{x}_i$$

마지막으로 옵션 e는 순수한 오차항 e_{it}에 해당하는 잔차 추정치로서 다음과 같이 계산한다.

$$\hat{e}_{it} = y_{it} - \hat{y}_{it} - \hat{u}_i$$

지금까지 본 것처럼 xtreg, fe 명령문을 이용하여 within 추정을 행하는 경우 각 패널의 개체특성을 나타내는 상수항 $\alpha + u_i$에 대한 추정치가 제공되지 않는다. 그러나 8.1절에서 언급한대로 이를 사후적으로 구할 수 있다. 이를 위해서는 within 추정 후, predict uhat, u 명령문으로 $\hat{u}_i$을 계산한다. 그런 다음, 아래의 명령문을 실행하면 된다.

```
. gen cons1=_b[_cons]+uhat
```

위 명령문에서 _b[_cons]는 xtreg, fe 추정결과에서 상수항의 추정치인 -58.74393이다.

위 계산 결과가 맞는지 확인해보자. 즉 LSDV 추정방법을 사용하는 경우 각 패널 개체별 상수항을 추정할 수 있다는 것을 앞의 8.3절에서 보았기 때문에 위 계산 결과가 LSDV 결과와 동일한지 비교해 보았다. 다음의 LSDV 추정결과에서 1.company~10.company의 계수 추정치가 각 패널 개체별 상수항 추정치이다.

좀 더 일목요연한 비교를 위해 다음과 같이 간단한 do 파일을 이용하여 LSDV 추정에서 얻은 패널 개체별 상수항을 변수로 만들어 보자.*

```
qui reg invest mvalue kstock ibn.company, nocons

gen cons2=.

forvalues i=1/10 {
     replace cons2=_b[`i'.company_`i'] if company==`i'
}
```

list 명령어를 이용하여 두 방법으로 구한 상수항 추정치를 비교한 것이 다음에 나와 있다. 두 결과가 서로 일치하는 것을 확인할 수 있다.

---

* do 파일에 대해서는 민인식·최필선(2019a)의 9.1절과 9.4절을 참고하라.

```
. egen tag1 = tag(company)
. list company cons1 cons2 if tag1==1

     +--------------------------------+
     | company      cons1       cons2 |
     |--------------------------------|
  1. |       1  -70.29668   -70.29668 |
 21. |       2   101.9058    101.9058 |
 41. |       3  -235.5718   -235.5718 |
 61. |       4  -27.80929   -27.80929 |
 81. |       5  -114.6168   -114.6168 |
     |--------------------------------|
101. |       6  -23.16129   -23.16129 |
121. |       7  -66.55347   -66.55347 |
141. |       8  -57.54565   -57.54565 |
161. |       9  -87.22227   -87.22227 |
181. |      10  -6.567841   -6.567843 |
     +--------------------------------+
```

8.5 Stata do file

```
use P_data8_1,clear
tsset com year
xtreg invest  mvalue kstock, fe

by company, sort: egen  m_invest=mean(invest) if e(sample)==1
by company, sort: egen  m_mvalue=mean(mvalue) if e(sample)==1
by company, sort: egen  m_kstock=mean(kstock) if e(sample)==1

gen invest1=invest-m_invest
gen mvalue1=mvalue-m_mvalue
gen kstock1=kstock-m_kstock

reg  invest1 mvalue1 kstock1, nocons

qui xtreg invest mvalue kstock, fe
egen all_invest = mean(invest) if e(sample)==1
egen all_mvalue = mean(mvalue) if e(sample)==1
egen all_kstock= mean(kstock) if e(sample)==1

gen invest2=invest1+all_invest
gen mvalue2=mvalue1+all_mvalue
gen kstock2=kstock1+all_kstock

reg invest2 mvalue2 kstock2
```

```
qui xtreg invest mvalue kstock, fe
gen y_bar=_b[_cons]+_b[mvalue]*m_mvalue+_b[kstock]*m_kstock ///
 if e(sample)==1

corr y_bar m_invest
di "Between R-sq=" 0.9052^2
qui xtreg invest mvalue kstock, fe
predict y_overall, xb
corr y_overall invest
di "Overall R-sq=" 0.8978^2

qui xtreg invest mvalue kstock, fe
predict y_hat, xb
predict u_hat, u
corr y_hat u_hat
di "rho="(85.7^2)/(85.7^2+52.7^2)

use P_data8_2,clear
tsset id year
xtreg  ln_wage ttl_exp tenure black, fe

use P_data8_1,clear
xtreg invest mvalue kstock, fe
reg invest mvalue kstock ibn.company, nocons
reg invest mvalue kstock i.company

test  2.company 3.company 4.company  ///
5.company 6.company 7.company 8.company ///
9.company 10.company

use P_data8_2,clear
tsset id year
xtreg  ln_wage ttl_exp tenure black, fe
areg ln_wage ttl_exp tenure black, absorb(id)

use P_data8_3,clear
tsset com year
xtreg  invest mvalue kstock i.year, fe
test 1936.year 1937.year 1938.year 1939.year

use P_data8_1,clear
tsset company year
qui xtreg invest mvalue kstock, fe
predict invest_hat, xb
predict uhat, u
predict ehat, e
```

```
gen cons1=_b[_cons]+uhat

qui reg invest mvalue kstock ibn.company, nocons
gen cons2=.
forvalues i=1/10 {
      replace cons2=_b[`i'.company] if company==`i'
}

egen tag1 = tag(company)
list company cons1 cons2 if tag1==1
```

CHAPTER 09 1차 차분 모형

9.1 1차 차분 추정 : ($T=2$)

다음과 같은 패널 선형회귀모형을 가정하자.

$$y_{it} = \alpha + \beta x_{it} + u_i + e_{it}, \quad i = 1,2,\cdots,n \text{ 및 } t = 1,2,\cdots,T \tag{9.1}$$

8장에서는 위와 같이 두 개의 오차항을 포함한 선형회귀모형에서 within 변환을 이용해 오차항 u_i를 없애주고 일치추정량을 구하는 방법을 소개하였다. 본 장에서는 u_i를 제거하는 또 다른 방법인 1차 차분(first difference) 모형에 대해서 설명한다. 먼저 가장 간단한 예로서 $T=2$이고 균형패널인 경우를 살펴보자.

$$y_{i1} = \alpha + \beta x_{i1} + u_i + e_{i1}, \quad t = 1\text{일 때} \tag{9.2}$$

$$y_{i2} = \alpha + \beta x_{i2} + u_i + e_{i2}, \quad t = 2\text{일 때} \tag{9.3}$$

식 9.3에서 식 9.2를 빼주면 다음과 같이 상수항이 없는 횡단면 데이터로 바뀌게 된다.

$$\Delta y_i = \beta \Delta x_i + \Delta e_i \tag{9.4}$$

식 9.4에서는 오차항 u_i가 모형에서 제외되었기 때문에 패널 개체의 이질성을 의미하는 u_i가 설명변수인 x_{it}와 상관관계가 있더라도 β에 대한 일치추정량(consistent estimator)을 얻을 수 있다. 식 9.4에서 오차항인 $\Delta e_i = e_{it} - e_{it-1}$은 평균이 0이고 분산이 $2\sigma_\epsilon^2$임을 쉽게 보일 수 있다. 또한 $T=2$이면 새로운 오차항 Δe_i에는 시간 개념이 사라지기 때문에 자기상관이 존재하지 않는다. 결과적으로 식 9.4를 OLS로 추정하면 효율적이면서 일치추정량을 얻을 수 있다.

Tip 9.1 ● 패널변수 만들기

예제 데이터파일 P_data9_1.dta에는 시간변수로 year 변수가 존재하지만 패널변수에 해당하는 변수가 만들어져 있지 않다. 패널데이터 분석을 위해서는 패널변수와 시간변수가 필요하기 때문에 본 예제 데이터에서는 group( ) 함수를 이용하여 임의로 패널변수를 만들어 주어야 한다.

예제 데이터는 82년과 87년의 2개 연도가 반복되는 형태로 총 92개의 관측개체가 있는 균형패널이기 때문에 패널변수의 개체를 1~46번까지 만들어야 한다. 다음은 그 명령문과 데이터의 일부이다.

```
. gen state=group(46)
. list state year in 1/6

     +--------------+
     | state   year |
     |--------------|
  1. |     1     82 |
  2. |     1     87 |
  3. |     2     82 |
  4. |     2     87 |
  5. |     3     82 |
     |--------------|
  6. |     3     87 |
     +--------------+
```

위의 첫 번째 명령문에서 보는 것처럼 group( ) 함수의 괄호 안에는 패널변수의 개체수를 적으면 된다. 이를 실행하면 Stata는 총 관측개체 수(즉 92개), 그리고 지정된 패널변수 개체 수(즉 46개)를 감안하여 1을 시작으로 1, 1, 2, 2, ... 식으로 동일 번호가 2개씩(즉 92/46=2) 반복되게 만들어 그것을 지정한 이름(state)으로 생성한다. 위에서 보는 것처럼 state 변수는 각 패널 개체가 2개씩(82, 87년)의 시계열 관측개체를 가지고 있음을 확인할 수 있다.

예제 데이터파일 P_data9_1.dta를 이용하여 실업률(unem 변수)과 범죄율(crmrt 변수)의 관계를 규정하는 다음의 선형회귀모형을 1차 차분 방식으로 추정해 보자.

$$crmrte_{it} = \alpha + \beta unem_{it} + u_i + e_{it}, \qquad t = 82, 87 \tag{9.5}$$

각 패널 개체별로 82년과 87년 2개 연도의 관측개체만 존재하는 패널데이터이다. 우선 Tip

9.1을 활용하여 패널변수를 만든 후 다음과 같이 tsset 명령어를 실행한다.

```
. tsset state year
       panel variable:  state (strongly balanced)
        time variable:  year, 82 to 87, but with gaps
                delta:  1 unit
```

위 실행결과에서 알 수 있듯이 균형패널이지만 시간변수에 시간갭이 있다. 82년과 87년에만 조사되었기 때문에 실제로는 시간갭이 없지만, Stata에서는 이를 시간갭으로 인식한다. 이 경우 2.4절에서 설명한 대로 시계열 연산자 사용에 문제가 있을 수 있다. 따라서 다음과 같이 새로운 시간변수를 만들어 사용하자.

```
. by state, sort: gen time=_n
. list state time year in 1/6

     +----------------------+
     | state   time   year  |
     |----------------------|
  1. |     1      1     82  |
  2. |     1      2     87  |
  3. |     2      1     82  |
  4. |     2      2     87  |
  5. |     3      1     82  |
     |----------------------|
  6. |     3      2     87  |
     +----------------------+
```

이제 새로운 시간변수인 time을 이용하여 tsset 명령어를 다시 실행하자.

```
. tsset state time
       panel variable:  state (strongly balanced)
        time variable:  time, 1 to 2
                delta:  1 unit
```

이제 시간갭이 있다는 메시지가 나타나지 않음을 확인할 수 있다. 식 9.5에 대한 1차 차분 모형은 다음과 같다.

$$\Delta crmrte_i = \beta \Delta unem_i + \Delta e_i$$

아래에서는 비교를 위해 앞에서 다루었던 within 추정을 먼저 실행한 후 위 식으로 표현된 1차 차분 모형을 추정했다.

그림 9.1

〈within 추정〉

```
. xtreg  crmrte unem, fe

Fixed-effects (within) regression               Number of obs      =        92
Group variable: state                           Number of groups   =        46

R-sq:  within  = 0.0000                         Obs per group: min =         2
       between = 0.0036                                        avg =       2.0
       overall = 0.0012                                        max =         2

                                                F(1,45)            =      0.00
corr(u_i, Xb)  = 0.0352                         Prob > F           =    0.9764

------------------------------------------------------------------------------
      crmrte |      Coef.   Std. Err.      t    P>|t|     [95% Conf. Interval]
-------------+----------------------------------------------------------------
        unem |  -.0180957   .6086844    -0.03   0.976    -1.244049    1.207858
       _cons |    100.935   5.118783    19.72   0.000     90.62527    111.2448
-------------+----------------------------------------------------------------
     sigma_u |  27.895185
     sigma_e |  15.635845
         rho |  .7609284   (fraction of variance due to u_i)
------------------------------------------------------------------------------
F test that all u_i=0:     F(45, 45) =      6.36            Prob > F = 0.0000
```

〈1차 차분 추정〉

```
. reg D.crmrte D.unem, nocons

      Source |       SS       df       MS              Number of obs =      46
-------------+------------------------------           F(  1,    45) =    0.00
       Model |  .432155873     1  .432155873           Prob > F      =  0.9764
    Residual |   22003.168    45   488.95929           R-squared     =  0.0000
-------------+------------------------------           Adj R-squared = -0.0222
       Total |  22003.6002    46  478.339135           Root MSE      =  22.112

------------------------------------------------------------------------------
    D.crmrte |      Coef.   Std. Err.      t    P>|t|     [95% Conf. Interval]
-------------+----------------------------------------------------------------
        unem |
         D1. |  -.0180957   .6086844    -0.03   0.976    -1.244049    1.207858
------------------------------------------------------------------------------
```

위에서 1차 차분 추정의 명령문을 보면, 2.4절에서 설명한 시계열 연산자인 D를 이용하여 종속변수와 설명변수를 1차 차분변수로 변환하여 **reg** 명령어를 실행하였다. 상수항이 없는 모형을 추정하기 위해 **nocons** 옵션을 사용하였음에 주의해야 한다. within 추정과 1차 차분 추정 결과를 비교해보면, unem 변수의 기울기 모수(β)에 대한 추정치(-0.018)와 표준오차(0.608)가 서로 동일한 것을 알 수 있다.

이번에는 패널의 개체특성 효과뿐만 아니라 시간특성 효과도 동시에 고려하는 이원고정효과(two-way fixed effects) 모형을 가정해 보자. 모형은 다음과 같다.

$$crmrte_{it} = \alpha + \beta unem_{it} + u_i + v_t + e_{it} \qquad t = 82, 87 \tag{9.6}$$

식 9.6은 시간 더미변수를 사용하여 추정할 수 있음을 이미 8.3절에서 설명하였다. 예제 데이터에서는 82년과 87년 2개 연도만 존재하기 때문에 다음과 같이 87년 더미변수를 모형에 포함시키기로 하자.

$$crmrte_{it} = \alpha + \beta unem_{it} + \delta D_{87} + u_i + e_{it} \tag{9.7}$$

식 9.7에서 D_{87}변수는 87년 관측치이면 1의 값이고, 82년 관측치이면 0의 값을 갖는 더미변수이다. 이 모형을 추정하는 명령문에 대해서는 이미 8.3절에서 설명하였듯이 i.time를 설명변수 리스트에 추가하면 된다. 여기에서는 이와 같은 이원고정효과 모형을 1차 차분 방식으로 추정해보자. 먼저 식 9.7을 다음과 같이 연도별로 나누어 표기한다.

$$\begin{aligned} crmrte_{i,82} &= \alpha + \beta unem_{i,82} + u_i + e_{i,82}, && t = 82 \\ crmrte_{i,87} &= \alpha + \beta unem_{i,87} + \delta + u_i + e_{i,87}, && t = 87 \end{aligned}$$

이제 87년 식에서 82년 식을 빼주면 다음이 된다.

$$\Delta crmrte_i = \delta + \beta \Delta unem_i + \Delta e_i \tag{9.8}$$

식 9.8은 차분 변수를 이용하고 있으며, 상수항이 있는 선형회귀모형이 된다. 이 상수항 δ는 식 9.7에서 보듯이 시간 더미변수에 대한 계수이다.

이원고정효과 모형을 xtreg, fe 명령문 방식과 1차 차분 방식의 두 가지로 추정한 결과가 아래에 나와 있다.

그림 9.2

〈xtreg, fe 추정〉

```
. xtreg  crmrte unem i.time, fe

Fixed-effects (within) regression               Number of obs      =        92
Group variable: state                           Number of groups   =        46
R-sq:                                           Obs per group:
     within  = 0.1961                                          min =         2
     between = 0.0036                                          avg =       2.0
     overall = 0.0067                                          max =         2

                                                F(2,44)            =      5.37
corr(u_i, Xb)  = -0.1477                        Prob > F           =    0.0082

------------------------------------------------------------------------------
      crmrte |      Coef.   Std. Err.      t    P>|t|     [95% Conf. Interval]
-------------+----------------------------------------------------------------
        unem |   2.217997   .8778657     2.53   0.015     .4487745    3.987219
      2.time |   15.40219   4.702116     3.28   0.002     5.925702    24.87869
       _cons |   75.40839    9.07054     8.31   0.000     57.12792    93.68886
-------------+----------------------------------------------------------------
     sigma_u |  28.529801
     sigma_e |  14.178065
         rho |  .80194675   (fraction of variance due to u_i)
------------------------------------------------------------------------------
F test that all u_i=0: F(45, 44) = 7.87                      Prob > F = 0.0000
```

〈1차 차분 추정〉

```
. reg D.crmrte D.unem

      Source |       SS       df       MS              Number of obs =      46
-------------+------------------------------           F(  1,    44) =    6.38
       Model |  2566.43056     1  2566.43056           Prob > F      =  0.0152
    Residual |  17689.5426    44  402.035059           R-squared     =  0.1267
-------------+------------------------------           Adj R-squared =  0.1069
       Total |  20255.9732    45  450.132737           Root MSE      =  20.051

------------------------------------------------------------------------------
    D.crmrte |      Coef.   Std. Err.      t    P>|t|     [95% Conf. Interval]
-------------+----------------------------------------------------------------
        unem |
         D1. |   2.217996   .8778657     2.53   0.015     .4487745    3.987218
       _cons |   15.40219   4.702116     3.28   0.002     5.925702    24.87869
------------------------------------------------------------------------------
```

위의 1차 차분 추정 명령문을 보면, 상수항이 있는 모형을 추정하기 위해 nocons 옵션을 사용하지 않았음에 주의해야 한다. β와 δ가 **xtreg, fe** 추정에서는 unem 및 2.time 변수의 계수로 표기되어 있고, 1차 차분 추정에서는 D1.unem 및 _cons의 계수로 표기되어 있다. 위 결과에서 보듯이 이들 β와 δ에 대한 추정치와 표준오차가 두 추정결과에서 정확히 서로 일치함을 알 수 있다.

앞에서 개체특성 효과만을 고려한 모형에서 $\hat{\beta}=-0.018$로 나타났다(그림 9.1). 이는 실업률이 1% 포인트 높아지면 평균적으로 범죄율이 0.018 포인트만큼 줄어든다는 의미이다.* 이는 각 패널 개체(미국의 각 주)의 (시간에 따라 변하지 않는) 개체특성을 고려한 모형에서 추정된 결과이다. 그러나 이러한 개체특성 뿐만 아니라 만약 82년과 87년의 시점 간에 범죄율에 영향을 미칠 수 있는 상황이 있었다면 시간 더미변수를 모형에 포함시켜 시간특성 효과까지 고려할 수 있다. 시간특성 효과까지 감안한 모형에 대한 추정결과(즉, 그림 9.2)에서 $\hat{\beta}=2.21$이다.** 실업률이 1% 포인트 높아질 때 범죄율 수준이 평균적으로 2.21 포인트만큼 증가한다는 것이다. 이 결과는 시간에 따른 자연스러운 범죄율 증가 또는 감소의 효과를 통제한 상태에서 순수하게 실업률이 범죄율 수준에 미치는 효과라 볼 수 있다. 직관적으로 범죄율과 실업률은 양의 관계가 있다고 볼 수 있기 때문에 그림 9.2의 이원고정효과 모형이 더 적절한 것으로 판단된다.

한편 그림 9.2의 $\hat{\delta}=15.402$는 시간 더미변수에 대한 추정치이다. 실업률이 일정할 때, 82년에 비해 87년에 범죄율 수준이 평균적으로 15.402 포인트만큼 증가했다는 의미로 해석할 수 있다. $\hat{\delta}$의 p값이 0.01보다 작기 때문에 1% 수준에서 유의하다. 이는 시간특성 효과를 모형에서 고려할 필요가 있다는 것을 암시한다.

9.2 1차 차분 추정: ($T \geq 3$)

본 절에서는 식 9.1의 선형회귀모형에서 각 패널 개체별 시계열 관측개체가 2개가 아니라 3개 이상이면 어떻게 1차 차분 추정치를 구하는지에 대해 설명한다. 단순화를 위해서 다음과 같이 $T=3$인 경우를 가정해 보자.

$$y_{i1} = \alpha + \beta x_{i1} + u_i + e_{i1}, \quad t=1$$

$$y_{i2} = \alpha + \beta x_{i2} + u_i + e_{i2}, \quad t=2$$

---

* 사실 추정결과를 보면 β에 대한 95% 신뢰구간이 [-1.244, 1.207]로 0을 포함하기 때문에 $\hat{\beta}=-0.018$에 별다른 의미를 부여하기 힘들다.

** 추정계수의 p값이 0.015로서 5% 수준에서 유의한 것을 알 수 있다.

$$y_{i3} = \alpha + \beta x_{i3} + u_i + e_{i3}, \quad t = 3$$

1차 차분을 실행하면 각 패널 개체별로 2개씩의 관측개체를 가진 패널데이터가 된다. 즉, 다음이 된다.

$$\Delta y_{i2} = \beta \Delta x_{i2} + \Delta e_{i2}, \quad t = 2$$

$$\Delta y_{i3} = \beta \Delta x_{i3} + \Delta e_{i3}, \quad t = 3$$

앞 절에서 $T = 2$ 경우에는 1차 차분을 실행하면 패널데이터가 횡단면데이터로 전환되었다. 이에 비해, $T \geq 3$이면 1차 차분을 해도 여전히 패널데이터 구조를 유지하게 된다. 주어진 데이터에서는 시간에 따라 변하지 않는 패널 개체특성인 u_i가 제거되어 있기 때문에 OLS로 일치추정량을 구할 수 있다. 그러나 식 9.1의 오차항(e_{it})에 자기상관이 존재하지 않더라도 1차 차분 모형의 오차항인 Δe_{it}에는 1계 자기상관이 존재함을 다음과 같이 보일 수 있다.*

$$cov(\Delta e_{it}, \Delta e_{it-1}) = cov(e_{it} - e_{it-1}, e_{it-1} - e_{it-2}) = -\sigma_e^2$$

오히려 e_{it}에 다음과 같은 1계 자기상관이 있을 때에는 Δe_{it}에 자기상관이 존재하지 않게 된다.

$$e_{it} = e_{it-1} + v_{it}$$

위 가정에서 오차항 v_{it}은 순수한 오차항의 기본 가정을 모두 만족시킨다. 따라서 $\Delta e_{it} = v_{it}$가 되고, $cov(\Delta e_{it}, \Delta e_{it-1}) = 0$임을 쉽게 보일 수 있다. 결국 $T \geq 3$인 경우에 1차 차분 모형은 원래 모형 오차항 e_{it}의 자기상관 여부가 OLS 추정결과에 영향을 미치게 된다. 즉, e_{it}에 1계 자기상관이 있더라도 오히려 1차 차분모형에서 효율적 추정량을 얻을 수 있다.

예제 데이터파일 P_data9_2.dta를 이용하여 within 추정량과 1차 차분 추정량을 구해 보자. 데이터에 대해 **tsset** 명령어를 실행해 보면, 각 패널 개체에 대해 $T = 3$인 균형패널 데이터 구조임을 확인할 수 있다. 먼저 패널 선형회귀모형인 식 9.1에서 오차항 e_{it}에 자기상관이 없다고 가정하고 within 추정량과 1차 차분 추정량을 구해 보자.

---

* e_{it}에 대해 자기상관이 존재하지 않는다고 가정해야만 $cov(\Delta e_{it}, \Delta e_{it-1}) = -\sigma_e^2$가 된다.

〈within 추정〉

```
. xtreg  crmrte prbarr  polpc , fe

Fixed-effects (within) regression               Number of obs      =       270
Group variable: county                          Number of groups   =        90

R-sq:  within  = 0.3971                         Obs per group: min =         3
       between = 0.0001                                        avg =       3.0
       overall = 0.0022                                        max =         3

                                                F(2,178)           =     58.61
corr(u_i, Xb)  = -0.3664                        Prob > F           =    0.0000

------------------------------------------------------------------------------
      crmrte |      Coef.   Std. Err.      t    P>|t|     [95% Conf. Interval]
-------------+----------------------------------------------------------------
      prbarr |  -.0070823   .0021163    -3.35   0.001    -.0112587    -.002906
       polpc |   4.449262   .4121224    10.80   0.000     3.635988    5.262537
       _cons |    .026403   .0008944    29.52   0.000     .0246379     .028168
-------------+----------------------------------------------------------------
     sigma_u |  .01803008
     sigma_e |  .00404295
         rho |  .95212642   (fraction of variance due to u_i)
------------------------------------------------------------------------------
F test that all u_i=0:     F(89, 178) =    43.31             Prob > F = 0.0000
```

〈1차 차분 추정〉

```
. reg D.crmrte D.prbarr D.polpc, nocons

      Source |       SS       df       MS              Number of obs =     180
-------------+------------------------------           F(  2,   178) =   52.74
       Model |  .002772694     2  .001386347           Prob > F      =  0.0000
    Residual |  .004678992   178  .000026286           R-squared     =  0.3721
-------------+------------------------------           Adj R-squared =  0.3650
       Total |  .007451686   180  .000041398           Root MSE      =  .00513

------------------------------------------------------------------------------
    D.crmrte |      Coef.   Std. Err.      t    P>|t|     [95% Conf. Interval]
-------------+----------------------------------------------------------------
      prbarr |
         D1. |  -.0050902   .0024095    -2.11   0.036     -.009845   -.0003354
       polpc |
         D1. |    4.28461   .4182015    10.25   0.000      3.45934    5.109881
------------------------------------------------------------------------------
```

앞의 결과에서 보듯이 prbarr와 polpc 변수의 추정계수와 표준오차는 두 추정의 결과에 서로 차이가 있음을 알 수 있다. e_{it}에 자기상관이 없다는 가정 하에서 **xtreg, fe** 명령문을 이용한 추정, 즉 within 추정은 적절하다. 하지만 1차 차분 모형의 경우에는 오차항 Δe_{it}에 자기상관이 존재하기 때문에 효율적인 추정량을 얻지 못한다. 비록 효율성에서는 차이가 있지만 within 추정량과 1차 차분 추정량 모두 일치추정량이라는 점에서는 동일하다.*

이처럼 1차 차분 모형의 오차항 Δe_{it}에 1계 자기상관이 존재하는 경우 Clustered Sandwich 방법을 이용하여 표준오차를 수정할 수 있다. 패널 그룹 내에서 오차항끼리 서로 독립이라는 가정을 완화하여 표준오차를 계산한다. 이 추정방법을 위해서는 vce(cluster id) 옵션을 이용한다. 여기에서 id는 해당 패널변수(본 예제에서는 county 변수)가 된다. 이 옵션을 사용하면 패널 그룹 내에 오차항의 자기상관이 존재할 때 강건한(robust) 표준오차를 구할 수 있다. 다음은 명령문과 실행결과이다.

그림 9.3

```
. regress D.crmrte D.prbarr D.polpc, nocons vce(cluster county)

Linear regression                               Number of obs =      180
                                                F(  2,     89) =     4.32
                                                Prob > F      =   0.0162
                                                R-squared     =   0.3721
                                                Root MSE      =   .00513

                              (Std. Err. adjusted for 90 clusters in county)
------------------------------------------------------------------------------
             |               Robust
    D.crmrte |      Coef.   Std. Err.      t    P>|t|     [95% Conf. Interval]
-------------+----------------------------------------------------------------
      prbarr |
         D1. |  -.0050902   .0017463    -2.91   0.005    -.0085602   -.0016203
       polpc |
         D1. |    4.28461   1.747356     2.45   0.016     .8126523    7.756569
------------------------------------------------------------------------------
```

위 결과를 vce 옵션을 사용하지 않은 앞의 결과와 비교해보면, 추정계수에는 변화가 없지만 표준오차가 달라진 것을 알 수 있다.

$T=3$일 때 1차 차분 모형을 다시 쓰면 다음과 같다.

---

* 만약 오차항 e_{it}에 자기상관이 존재한다고 가정하면, 이번에는 xtreg, fe 명령문의 결과에 문제가 있게 된다. 이 경우 앞서 설명하였듯이 1차 차분 모형에서는 자기상관이 존재하지 않기 때문에 OLS 추정량이 적절하다.

$$\Delta y_{it} = \beta \Delta x_{it} + \Delta e_{it}, \quad t = 2, 3 \tag{9.9}$$

앞서 설명하였듯이 1차 차분모형을 쓰는 경우, 원래 모형 오차항 e_{it}에 자기상관이 존재하는지 여부가 식 9.9에서 좋은 추정량을 구할 수 있는지를 결정한다. 따라서 자기상관 검정을 실시할 필요가 있다. 패널데이터 구조에서 1계 자기상관을 검정하기 위해 xtserial 명령어를 활용할 수 있다. 이를 위해서는 다음과 같이 먼저 인터넷에서 xtserial 프로그램을 다운로드 받아 설치해야 한다.

```
. findit xtserial
```

xtserial 명령문은 패널 선형회귀모형의 오차항 e_{it}에 자기상관이 있는지 검정하기 위해 식 9.9의 1차 차분 모형 추정결과를 이용한다. 귀무가설은 다음과 같다.

H_0 : 오차항 e_{it}에 1계 자기상관이 없다.

H_0가 맞다면 식 9.9의 1차 차분모형에서 오차항 Δe_{it}에 대해 다음 관계가 성립한다.

$$corr(\Delta e_{it}, \Delta e_{it-1}) = \frac{cov(\Delta e_{it}, \Delta e_{it-1})}{\sqrt{var(\Delta e_{it})}\sqrt{var(\Delta e_{it-1})}} = \frac{-\sigma_e^2}{2\sigma_e^2} = -0.5$$

따라서 xtserial 명령어는 1차 차분 모형 오차항의 1계 자기상관계수가 -0.5인지를 검정하는 아이디어이다.

xtserial 명령어를 사용할 때 D.crmrte와 같이 1차 차분 변수를 사용해서는 안 되고, 차분 전의 원래 변수를 입력해야 함에 주의해야 한다. 본 예제에 대한 xtserial 명령문과 실행결과는 다음과 같다.

```
. xtserial crmrte prbarr polpc, output

Linear regression                               Number of obs =       180
                                                F(  2,     89) =      4.32
                                                Prob > F      =    0.0162
                                                R-squared     =    0.3721
                                                Root MSE      =    .00513

                                 (Std. Err. adjusted for 90 clusters in county)

------------------------------------------------------------------------------
             |               Robust
```

```
    D.crmrte |      Coef.   Std. Err.      t    P>|t|     [95% Conf. Interval]
-------------+----------------------------------------------------------------
      prbarr |
         D1. |  -.0050902   .0017463    -2.91   0.005    -.0085602   -.0016203
       polpc |
         D1. |    4.28461   1.747356     2.45   0.016     .8126523    7.756569
------------------------------------------------------------------------------

Wooldridge test for autocorrelation in panel data
H0: no first-order autocorrelation
    F(  1,      89) =     10.988
           Prob > F =      0.0013
```

위 명령문에서 보는 것처럼 **xtserial** 명령어에 **output** 옵션을 사용하면 검정결과에 앞서 추정결과까지 보여준다. 위에서 추정결과를 보면 정확히 (vce 옵션을 추가한) 그림 9.3의 추정결과와 일치하는 것을 알 수 있다. 마지막에 나와 있는 1계 자기상관 검정결과는 p값이 0.01보다 작기 때문에 1% 유의수준에서 귀무가설(1계 자기상관이 없음)이 기각된다. 결과적으로 원래 모형의 오차항 e_{it}에 1계 자기상관이 존재한다고 말할 수 있다. 따라서 Δe_{it}에는 자기상관이 존재하지 않는다. T≥3인 위 예제에서 1차 차분 모형을 사용하는 경우, Δe_{it}의 1계 자기상관을 고려할 필요가 없고 따라서 Clustered Sandwich 추정량 옵션이 불필요하다.

9.3 DID 추정

의학 분야에서 자주 사용하는 실험군(treatment group)과 대조군(control group) 개념을 사회과학 이슈에 적용하여 특정 정책프로그램의 처리효과를 분석해볼 수 있다. 특정 정책 프로그램(독립변수)이 종속변수에 어떤 영향을 미치는지 추정하기 위해 다음과 같이 $T=2$인 패널 선형회귀모형을 가정해 보자.

$$y_{it} = \alpha + \beta prog_{it} + u_i + v_t + e_{it}, \quad t = 1, 2 \tag{9.10}$$

여기에서 $prog_{it}$ 변수는 정책프로그램을 적용받으면 1, 그렇지 않으면 0의 값을 갖는 더미변수이다. 위 식은 패널의 개체특성 u_i와 시간특성 v_t를 모두 포함하고 있다. v_t 대신 시간더미변수를 사용하여 다음과 같이 써도 된다.

$$y_{it} = \alpha + \beta prog_{it} + \delta D_{2t} + u_i + e_{it}, \quad t = 1, 2 \tag{9.11}$$

위 식에서 D_{2t}는 관측개체의 시점이 $t=2$이면 1이고, $t=1$이면 0의 값을 갖는 더미변수이다. 식

9.11에 대해 1차 차분을 적용한 모형은 다음과 같이 상수항이 있는 횡단면 모형이 된다.

$$\Delta y_i = \beta \Delta prog_i + \delta + \Delta e_i \tag{9.12}$$

이제 $t=1$에서는 대조군과 실험군 모두 정책 프로그램의 적용을 받지 않다가, $t=2$에서 실험군만 정책 프로그램의 적용을 받는다고 가정하자. 이 경우 실험군은 $\Delta prog_i = 1$이 되고, 대조군은 $\Delta prog_i = 0$의 값을 갖게 된다. 즉 $\Delta prog_i$는 실험군과 대조군을 구분하는 더미변수가 된다. 간단한 연산을 통해 보면, β의 추정치는 실험군과 대조군의 두 시점 간 차이를 각각 계산한 후 다시 그 둘의 차이를 계산한 것과 같다.* 즉 다음과 같이 구한 β에 대한 추정량을 DID(difference-in-differences) 추정량이라고 부른다.

$$\hat{\beta}^{DID} = \overline{\Delta y_{i\,(실험군)}} - \overline{\Delta y_{i\,(대조군)}} \tag{9.13}$$

예제 데이터파일 P_data9_3.dta에서 종속변수로 scrap(제품생산 불량률), 정책 프로그램 변수로 grant(보조금 지급여부)를 선택하자. 이 경우 식 9.12의 1차 차분 모형의 추정 명령문과 결과는 다음과 같다.

그림 9.4

```
. tsset fcode year
. reg D.scrap D.grant

      Source |       SS       df       MS              Number of obs =      54
-------------+------------------------------           F(  1,    52) =    1.17
       Model |  6.73345587     1  6.73345587           Prob > F      =  0.2837
    Residual |  298.400031    52  5.73846213           R-squared     =  0.0221
-------------+------------------------------           Adj R-squared =  0.0033
       Total |  305.133487    53   5.7572356           Root MSE      =  2.3955

------------------------------------------------------------------------------
     D.scrap |      Coef.   Std. Err.      t    P>|t|     [95% Conf. Interval]
-------------+----------------------------------------------------------------
       grant |
         D1. |  -.7394436   .6826276    -1.08   0.284    -2.109236    .6303488
       _cons |  -.5637143   .4049149    -1.39   0.170    -1.376235    .2488069
------------------------------------------------------------------------------
```

위 결과에서 얻어진 $\hat{\beta} = -0.739$는 기업특성과 시간특성을 모두 통제한 모형에서 보조금을 지급받은 기업이 보조금을 받지 않은 기업보다 scrap이 0.739만큼 낮다는 것으로 해석할 수 있다.

* 식 9.12에서 β는 각 패널의 개체특성과 시간특성까지 통제한 상태에서 구한 정책 프로그램 변수의 순수한 한계효과라고 해석할 수 있다.

이제 $\hat{\beta}=-0.739$를 식 9.13을 이용하여 구해보자. 명령문과 실행결과는 다음과 같다.

```
. by fcode, sort : egen treat = total(grant)

. gen dscrap=D.scrap
(260 missing values generated)

. by treat, sort: su dscrap

----------------------------------------------------------------------
-> treat = 0

    Variable |       Obs        Mean    Std. Dev.       Min        Max
-------------+--------------------------------------------------------
      dscrap |        35   -.5637143    2.408926        -10          5

----------------------------------------------------------------------
-> treat = 1

    Variable |       Obs        Mean    Std. Dev.       Min        Max
-------------+--------------------------------------------------------
      dscrap |        19   -1.303158    2.369958      -7.51          1

. di -1.303+0.563
-0.74
```

먼저 앞의 첫 번째 명령문에서는 egen 명령어를 이용하여 보조금 프로그램을 적용받은 기업(실험군)과 그렇지 않은 기업(대조군)을 구분하는 treat 변수를 생성하였다. 1982년($t=1$)에는 모든 기업의 grant 변수 값이 0이고, 1987년($t=2$)에는 보조금 프로그램의 적용을 받은 기업은 1, 그렇지 않은 기업은 0이다. 따라서 각 기업 코드별로 grant 변수 값을 합해서 1이면 실험군, 0이면 대조군 기업으로 분류하는 방식으로 treat 변수를 생성했다. 두 번째 명령문에서는 각 기업에 대해 두 시점 간 scrap 변수의 차이를 구해 하나의 변수(dscrap 변수)로 만들었다. 세 번째 명령문에서는 실험군(treat=1)과 대조군(treat=0)의 요약통계량을 구했으며, 마지막 명령문에서는 두 그룹 dscrap 변수의 평균 차이를 계산하였다. 그 결과는 그림 9.4의 $\hat{\beta}=-0.739$와 일치함을 확인할 수 있다.

1차 차분을 이용하지 않고 데이터를 합동시킨(pooling) 상태에서도 DID 추정량을 구할 수 있다. 식 9.11의 패널 회귀모형 대신 다음과 같은 pooling 모형을 설정해 보자.

$$y_i = \alpha + \beta treat_i + \delta_1 D_{2i} + \delta_2 (treat_i \times D_2) + e_i \qquad (9.14)$$

위 식에서 $treat_i$ 변수는 개체가 실험군에 속하면 1이고, 대조군에 속하면 0의 값을 갖는 더미변수이다. 또한 D_{2i}는 시간 더미변수로서 87년에 속하면 1이고, 82년에 속하면 0의 값을 갖는다. 식 9.14의 모형에 근거하여 다음과 같이 4가지 경우로 나누어 y 변수의 (기대)값을 구해보자.

- 실험군이고 82년에 속하는 경우 종속변수 값: $\alpha+\beta$ (결과 1)
- 실험군이고 87년에 속하는 경우 종속변수 값: $\alpha+\beta+\delta_1+\delta_2$ (결과 2)
- 대조군이고 82년에 속하는 경우 종속변수 값: α (결과 3)
- 대조군이고 87년에 속하는 경우 종속변수 값: $\alpha+\delta_1$ (결과 4)

따라서 식 9.12의 DID 추정량은 다음과 같이 쓸 수 있다.

$$\text{DID 추정량} = \{(\text{결과 } 2) - (\text{결과 } 1)\} - \{(\text{결과 } 4) - (\text{결과 } 3)\}$$
$$= (\delta_1 + \delta_2) - \delta_1 = \delta_2$$

결국 식 9.11의 grant 변수의 처리효과(treatment effect)인 β는 식 9.14의 δ_2와 정확히 같다는 것을 알 수 있다. 식 9.14에 대한 아래의 추정결과를 통해서도 이를 확인할 수 있다.

```
. reg scrap  i.year##i.treat

      Source |       SS           df       MS      Number of obs   =       108
-------------+----------------------------------   F(3, 104)       =      0.31
       Model |  36.6138737         3  12.2046246   Prob > F        =    0.8162
    Residual |  4060.68502       104  39.0450483   R-squared       =    0.0089
-------------+----------------------------------   Adj R-squared   =   -0.0197
       Total |   4097.2989       107   38.292513   Root MSE        =    6.2486

------------------------------------------------------------------------------
       scrap |      Coef.   Std. Err.      t    P>|t|     [95% Conf. Interval]
-------------+----------------------------------------------------------------
        year |
        1988 |  -.5637143   1.493702    -0.38   0.707    -3.525781    2.398353
             |
     1.treat |  -.4085865   1.780611    -0.23   0.819    -3.939605    3.122432
             |
  year#treat |
      1988 1 |  -.7394436   2.518164    -0.29   0.770    -5.733058     4.25417
             |
       _cons |   4.755429   1.056207     4.50   0.000     2.660931    6.849926
------------------------------------------------------------------------------
```

앞의 결과에서 treat 더미변수와 year 더미변수의 상호작용 변수인 1998.year#1.treat 변수의 계수 추정치가 $\hat{\delta}_2 = -0.739$로서, 이는 그림 9.4에 나온 $\hat{\beta} = -0.739$와 동일하다.

Stata에서는 diff 명령어를 이용해도 1차 차분 추정량을 얻을 수 있다. findit diff 실행하여 해당 명령어를 먼저 다운로드 받아 설치한다. diff 명령어 다음에 종속변수를 지정한다. period( ) 옵션에서는 시간변수를 입력하고 treated( ) 옵션에서는 실험군과 대조군을 지정하는 treat 변수를 입력한다. 실행결과를 살펴보면 DIFF-IN-DIFF 아래에 제시된 값이 DID 추정치인 $\hat{\beta}$이 된다.

```
. diff scrap , period(year) treated(treat)
Number of observations: 108
            Baseline        Follow-up
   Control: 0               0            0
   Treated: 0               0            0
            0               0

R-square:   0.00894

                   DIFFERENCE IN DIFFERENCES ESTIMATION
------------- BASE LINE --------- -------- FOLLOW UP ---------- -------------
 Outcome Variable(s) | Control |  treated  | Diff(BL) | Control |  treated  | Diff(FU) | DIFF-IN-DIFF
---------+-----------+----------+----------+-----------+----------+--------------
scrap     |1124.856| 2593.722  | 1468.866 | 1124.292| 2592.418  | 1468.126 | -0.739
Std.Error |2968.733| 4029.288  | 5004.851 | 2967.239| 4027.261  | 5002.333 | 2.518
t         | 0.38   | 1125.22   | 0.29     | 1124.86 | 2593.16   | 1468.87  | -0.29
P>|t|     | 0.706  | 0.521     | 0.770    | 0.706   | 0.521     | 0.770    | 0.770
------------------------------------------------------------------------------
* Means and Standard Errors are estimated by linear regression
**Inference: *** p<0.01; ** p<0.05; * p<0.1
```

diff 명령문에서 주의할 점은 period( ) 옵션에 포함되는 시간변수이다. 해당 시간변수는 반드시 시간갭이 없고 연속적이여야 한다. 위 예제에서는 t=1987년과 1988년으로 연속적이다. 특정 패널데이터에서는 두 시점이 연속적이지 않을 수 있다. 이런 경우에는 다음과 같이 연속적인 시간변수를 새로 만든 후 period( ) 옵션에서 time 변수를 지정한다.

```
. by fcode , sort: gen time=_n
```

Stata 17 버전에서는 DID 추정량을 얻기 위해서 didregress 명령어를 활용할 수 있다. 주의해야 할 점은 식 9.11 모형에 기초하여 추정결과를 얻게 된다. 즉 $prog_{it}$는 각 시점에서 프로그램 적용 여부에 해당한다.

```
. didregress (scrap) (grant), group(fcode) time(year)

=========================== 중략 ============================================

Difference-in-differences regression                     Number of obs = 108
Data type: Repeated cross-sectional

                              (Std. err. adjusted for 54 clusters in fcode)
------------------------------------------------------------------------------
             |               Robust
       scrap | Coefficient  std. err.      t    P>|t|     [95% conf. interval]
-------------+----------------------------------------------------------------
ATET         |
       grant |
   (1 vs 0)  |  -.7394436   .9616709    -0.77   0.445    -2.668311    1.189424
------------------------------------------------------------------------------
Note: ATET estimate adjusted for group effects and time effects.
```

첫 번째 괄호에는 성과변수를 입력하고 두 번째 괄호에는 시간가변 처리여부 변수를 지정한다. group( ) 옵션에서는 패널그룹 id에 해당하는 변수이고 time( ) 옵션에서는 시점 변수를 지정한다. grant 변수의 추정계수 -0.739는 정확히 diff 명령문 실행결과와 일치한다.

9.4 Stata do file

```
use P_data9_1,clear
gen state=group(46)
list state year in 1/6
tsset state year

by state, sort: gen time=_n
list state time year in 1/6

tsset state time
xtreg  crmrte unem, fe
reg D.crmrte D.unem, nocons

xtreg  crmrte unem i.time, fe
reg D.crmrte D.unem

use P_data9_2,clear
xtreg  crmrte prbarr  polpc , fe
reg D.crmrte D.prbarr D.polpc, nocons
```

```
regress D.crmrte D.prbarr D.polpc, nocons vce(cluster county)
xtserial crmrte prbarr polpc, output

use P_data9_3,clear
tsset fcode year
reg D.scrap D.grant

by fcode, sort : egen treat = total(grant)
gen dscrap=D.scrap
by treat, sort: su dscrap
di -1.303+0.563

reg scrap  i.year##i.treat
findit diff
diff scrap , period(year) treated(treat)

didregress (scrap) (grant), group(fcode) time(year)
```

CHAPTER 10 확률효과 모형

10.1 모형 설정

다음은 패널 개체의 특성(heterogeneity)을 고려한 선형회귀모형이다.

$$y_{it} = \alpha + \beta x_{it} + u_i + e_{it} \tag{10.1}$$

앞의 8장과 9장에서 살펴 본 대로 고정효과(fixed effects) 모형에서는 위 식의 오차항 u_i를 추정해야 할 모수(parameter)로 간주한다. 이에 반해, u_i를 확률변수(random variable)로 가정하는 것을 확률효과(random effects) 모형이라 한다. 확률효과 모형에서 오차항 u_i 분포는 일반적으로 $u_i \sim N(0, \sigma_u^2)$, $e_{it} \sim N(0, \sigma_e^2)$으로 가정된다. 식 10.1을 다음과 같이 쓸 수도 있다.

$$y_{it} = (\alpha + u_i) + \beta x_{it} + e_{it} \tag{10.2}$$

고정효과 모형에서는 위 식의 $(\alpha + u_i)$를 패널 개체별 상수항으로서 고정된 모수(fixed parameter)로 간주하지만, 확률효과 모형에서는 $(\alpha + u_i)$를 확률변수로 간주한다. 확률변수 $(\alpha + u_i)$의 기댓값은 다음과 같다.

$$E(\alpha + u_i) = \alpha + E(u_i) = \alpha$$

따라서 $\hat{\alpha}$은 패널 개체별 상수항의 평균을 추정한 값이 된다.

만약 식 10.1의 확률효과 모형을 OLS로 추정하면 오차항의 1계 자기상관(first-order autocorrelation) 문제가 발생한다.* 이는 다음과 같이 확인된다.

$$\begin{aligned} & cov(u_i + e_{it}, u_i + e_{it-1}) \\ & = cov(u_i, u_i) + cov(u_i, e_{it-1}) + cov(e_{it}, u_i) + cov(e_{it}, e_{it-1}) \\ & = \sigma_u^2 \neq 0 \end{aligned}$$

* 이 결과를 다르게 해석하면 확률효과를 모형에 포함하면 오차항 1계 자기상관을 통해 패널그룹의 이질성(heterogeneity)을 반영하게 된다.

이러한 문제 때문에 확률효과 모형을 OLS로 추정하면 효율적인 추정량을 얻을 수 없다. 따라서 확률효과 모형을 가정했을 때 효율적인 추정량(efficient estimator)을 얻기 위해서는 자기상관 문제를 해결하면서 추정해야 하는 과제가 있다.

또 하나의 문제는 일치추정량을 얻기 위해서는 설명변수와 개체특성 오차항 간에 상관관계가 없어야 한다. 즉 $cov(x_{it}, u_i) = 0$을 가정해야 한다. 그런데 만약 이 가정이 성립한다면 다음과 같이 변형된 모형을 OLS로 추정함으로써 일치추정량이면서 효율적인 추정량을 얻을 수 있다고 알려져 있다.*

$$(y_{it} - \theta_i \bar{y}_i) \tag{10.3}$$
$$= \alpha(1-\theta_i) + \beta(x_{it} - \theta_i \bar{x}_i) + \left[u_i(1-\theta_i) + (e_{it} - \theta_i \bar{e}_i)\right]$$

여기에서 θ_i는 오차항의 분산인 σ_u^2와 σ_e^2의 함수로서 다음과 같이 정의된다.

$$\theta_i = 1 - \sqrt{\frac{\sigma_e^2}{T_i \sigma_u^2 + \sigma_e^2}} \tag{10.4}$$

만약 데이터가 균형패널이면 위 식에서 모든 패널 개체에 대해 $T_i = T$로 같게 되고, 이에 따라 $\theta_i = \theta$가 된다. 식 10.3을 추정하기 위해서는 먼저 $\hat{\sigma}_u^2$와 $\hat{\sigma}_e^2$를 추정한 다음, 식 10.4에 의해 θ_i의 추정치인 $\hat{\theta}_i$을 구한 후, 그것을 식 10.3에 대입하여 OLS로 추정하는 단계를 거치게 된다.

식 10.4의 θ_i는 between effects 모형 및 고정효과 모형에서의 오차항 분산과 일정한 관련이 있다. 식 10.4 우변 제곱근 안의 분자인 σ_e^2는 고정효과 모형에서의 오차항 분산이고,** 분모인 $T_i \sigma_u^2 + \sigma_e^2$은 between 모형의 오차항 분산임을 쉽게 보일 수 있다.*** 따라서 식 10.4는 다음과 같이 쓸 수 있다.

---

* 새로운 오차항 $\left[u_i(1-\theta_i) + (e_{it} - \theta_i \bar{e}_i)\right]$은 1계 자기상관이 존재하지 않다는 것을 증명할 수 있다. (Swamy and Arora, 1972)

** 고정효과 모형 중 LSDV 모형의 오차항 분산으로 생각할 수 있다.

*** between 모형의 오차항 분산은 $\sigma_{BE}^2 = var(u_i + \bar{e}_i) = \sigma_u^2 + var(\bar{e}_i) = \sigma_u^2 + \sigma_e^2 / T_i$이다. 따라서 $T_i \sigma_{BE}^2 = T_i \sigma_u^2 + \sigma_e^2$이 된다.

$$\theta_i = 1 - \sqrt{\frac{\sigma_{FE}^2}{T_i \sigma_{BE}^2}} \tag{10.5}$$

식 10.3과 10.5를 종합적으로 볼 때, 확률효과 모형 추정량은 결국 between 모형의 추정량과 고정효과 모형의 추정량의 가중평균이라고 말할 수 있다.

식 10.3에서 $\theta_i = 0$(즉 $\sigma_u^2 = 0$)이면 합동 OLS로 추정하는 것과 같고, $\theta_i = 1$(즉 $\sigma_e^2 = 0$)이면 within 회귀모형과 같은 형태가 된다. $\sigma_u^2 = 0$이라는 의미는 패널 개체별 이질성 즉 변동(variation)이 존재하지 않는다. 따라서 오차항 u_i에 대한 분포 가정이 의미가 없게 된다. 이와 달리 $\sigma_e^2 = 0$이면 전체 오차항의 분산($\sigma_u^2 + \sigma_e^2$)이 σ_u^2와 같게 되므로 패널 개체별 이질성을 반영하는 오차항 u_i가 중요하게 된다는 의미이다.

확률효과 모형에서 얻은 추정량은 between 모형 추정량보다 효율적이다. 그 이유는 between 모형에서는 그룹별 평균만을 변수로 사용하여 추정하는데 반해, 확률효과 모형은 그룹간(between) 정보와 그룹내(within) 정보를 모두 사용하는 장점이 있다. 또한 $cov(x_{it}, u_i) = 0$가정이 성립한다면 고정효과 추정량에 비해 확률효과 모형의 추정량의 더 효율적인 추정량으로 알려져 있다.* 또한 식 10.3에서 $\theta_i \neq 1$이라면 시간불변 설명변수(time-invariant variable)에 대한 β 추정치도 얻을 수 있는 장점이 있다. 그러나 설명변수의 외생성(exogeneity)을 의미하는 $cov(x_{it}, u_i) = 0$이 성립하지 않는다면 확률효과 모형 추정량은 일치추정량이 되지 못하는 단점이 있다.

10.2 모형 추정

예제 데이터파일 P_data10_1.dta를 이용하여 확률효과 모형을 추정해보자. 먼저 다음과 같이 tsset 명령어를 실행하면, 데이터세트가 균형패널임을 알 수 있다.

```
. tsset company year
       panel variable:  company (strongly balanced)
        time variable:  year, 1935 to 1954
                delta:  1 unit
```

확률효과 모형을 추정하기 위해서는 **xtreg** 명령어와 **re** 옵션을 사용한다. 아래 예제에서는

* 고정효과 모형에서는 패널 개체 더미변수를 포함하여 추정하기 때문에 패널 개체 수만큼 자유도 손실(loss of degrees of freedom)이 발생하여 추정량의 효율성에 영향을 미칠 수 있다.

추가적으로 theta 옵션을 두어 식 10.4의 θ_i에 대한 추정치도 함께 구했다. 명령문과 실행결과는 다음과 같다.

그림 10.1

```
. xtreg invest mvalue kstock, re theta

Random-effects GLS regression                   Number of obs      =       200
Group variable: company                         Number of groups   =        10

R-sq:  within  = 0.7668                         Obs per group: min =        20
       between = 0.8196                                        avg =      20.0
       overall = 0.8061                                        max =        20

Random effects u_i ~ Gaussian                   Wald chi2(2)       =    657.67
corr(u_i, X)       = 0 (assumed)                Prob > chi2        =    0.0000
theta              = .86122362

------------------------------------------------------------------------------
      invest |      Coef.   Std. Err.      z    P>|z|     [95% Conf. Interval]
-------------+----------------------------------------------------------------
      mvalue |   .1097811   .0104927    10.46   0.000     .0892159    .1303464
      kstock |    .308113   .0171805    17.93   0.000     .2744399    .3417861
       _cons |  -57.83441   28.89893    -2.00   0.045    -114.4753   -1.193537
-------------+----------------------------------------------------------------
     sigma_u |  84.20095
     sigma_e |  52.767964
         rho |  .71800838   (fraction of variance due to u_i)
------------------------------------------------------------------------------
```

추정결과 중 맨 위의 Random-effects GLS regression라는 표현에서 알 수 있듯이 확률효과 모형을 GLS(generalized least squares)로 추정하고 있음을 알 수 있다. 식 10.1의 선형회귀모형에서 오차항의 자기상관 문제를 고려하여 공분산 행렬 가중치(covariance matrix weight)를 이용하여 추정하게 된다. 또한 Random effects u_i ~ Gaussian은 오차항 u_i의 확률분포를 정규분포로 가정하여 추정했다는 의미이다. 앞에서 확률효과 모형의 추정량이 일치추정량이 되기 위해서는 $cov(x_{it}, u_i) = 0$ 가정이 필요함을 이미 설명했는데, 위 결과 중 corr(u_i, X) = 0 (assumed)이 그러한 가정을 의미한다. 또한 theta = .8612는 식 10.4(또는 식 10.5)에 나와 있는 θ_i의 추정치이다. 균형패널이므로 모든 패널 개체에 대해 동일한 θ값이 적용된다.

앞의 결과에 나와 있는 θ값을 다음과 같이 between 모형과 고정효과 모형을 각각 추정한 후 e-class scalar를 이용하여 계산해볼 수 있다.

```
. qui xtreg invest mvalue kstock, be

. scalar sig2_be=e(rss)/e(df_r)

. scalar sig2_be1=20*sig2_be

. qui xtreg invest mvalue kstock , fe

. scalar sig2_fe=e(rss)/e(df_r)

. scalar theta1=1-sqrt(sig2_fe/sig2_be1)

. di "theta_hat=" theta1
theta_hat=.86122362
```

위의 1~3번째 명령문은 between 모형을 추정한 후 잔차제곱합 e(rss)을 자유도 e(df_r)로 나누어 $\hat{\sigma}^2_{BE}$를 계산한 다음, 그 값에 다시 $T=20$을 곱하여 식 10.4의 분모 값을 계산한 것이다. 이어 4~5번째 명령문은 고정효과 모형을 추정한 후 마찬가지로 잔차제곱합을 자유도로 나누어 $\hat{\sigma}^2_e$를 계산한 것이다. 위의 6번째 명령문은 식 10.4의 공식에 따라 $\hat{\theta}$을 계산한 것으로 맨 마지막에 나온 값(0.8612)이 정확히 그림 10.1에 나온 $\hat{\theta}$값과 일치함을 확인할 수 있다. 추정된 θ값이 1에 가까운 것으로 보아 추정계수가 고정효과 모형의 결과와 비슷할 것으로 예상할 수 있다.

한편, 그림 10.1의 맨 아래에 제시되어 있는 rho=0.718은 전체 오차항의 분산에서 패널 그룹 오차항인 u_i의 분산이 차지하는 비중으로 다음과 같이 계산된다.

$$\hat{\rho} = \frac{\hat{\sigma}^2_u}{\hat{\sigma}^2_u + \hat{\sigma}^2_e}$$

위 공식을 이용하여 $\hat{\rho}$을 직접 계산해볼 수 있다. 다음은 명령문과 실행결과이다.

```
. qui xtreg invest mvalue kstock , re

. di "rho=" e(sigma_u)^2/(e(sigma_u)^2+e(sigma_e)^2)
rho=.71800838
```

위에서 계산된 $\hat{\rho}$값은 정확히 그림 10.1에 나온 값과 일치하는 것을 알 수 있다. $\hat{\rho}$값이 1에 가까울수록 전체 오차항의 분산에서 개체특성 오차항의 분산이 큰 비중을 차지한다는 것을 의미하기 때문에 개체특성을 고려한 선형회귀모형이 필요함을 암시한다고 할 수 있다.

계산한 $\hat{\theta}$값을 이용하여 식 10.3의 모형을 구축한 후 그것을 OLS로 추정하면 정확히 그림 10.1의 추정결과를 얻을 수 있다. 다음은 명령문과 실행결과이다.

```
. by company, sort : egen m_invest = mean(invest)
. by company : egen m_mvalue = mean(mvalue)
. by company : egen m_kstock = mean(kstock)

. scalar theta1=.86122362

. gen cons1=1-theta1

. gen invest1=invest-theta1*m_invest

. gen mvalue1=mvalue-theta1*m_mvalue

. gen kstock1=kstock-theta1*m_kstock

. reg  invest1 mvalue1 kstock1 cons1, nocons

      Source |       SS       df       MS              Number of obs =     200
-------------+------------------------------           F(  3,   197) =  229.04
       Model |  1914544.13     3  638181.377           Prob > F      =  0.0000
    Residual |  548904.014   197  2786.31479           R-squared     =  0.7772
-------------+------------------------------           Adj R-squared =  0.7738
       Total |  2463448.14   200  12317.2407           Root MSE      =  52.786

------------------------------------------------------------------------------
     invest1 |      Coef.   Std. Err.      t    P>|t|     [95% Conf. Interval]
-------------+----------------------------------------------------------------
     mvalue1 |   .1097811   .0104927    10.46   0.000     .0890888    .1304735
     kstock1 |    .308113   .0171805    17.93   0.000     .2742317    .3419942
       cons1 |  -57.83441   28.89893    -2.00   0.047    -114.8254   -.8434261
------------------------------------------------------------------------------
```

위 일련의 명령문을 설명하면, 우선 식 10.3의 모형 구축을 위해서 각 변수의 패널 그룹별 평균을 egen 명령어를 이용하여 변수로 생성하였다. 또한 그림 10.1에 있는 $\hat{\theta}$의 추정치를 스케일러 theta1로 정의하였다. 그런 다음, 새로운 종속변수 $(y_{it} - \hat{\theta}\, y_{it})$, 새로운 상수항 $(1 - \hat{\theta})$, 새로운 설명변수 $(x_{it} - \hat{\theta}\, x_{it})$를 만들고, 마지막으로 reg 명령문을 이용하여 OLS

추정을 실행하였다. reg 명령문에 상수항을 제외하라는 nocons 옵션을 사용한 이유는 새로운 상수항 cons1이 이미 설명변수로 들어가 있기 때문이다. 위에 나온 OLS 결과는 정확히 그림 10.1의 xtreg, re 명령문을 이용한 추정결과와 일치함을 확인할 수 있다.

그림 10.1의 결과를 보면, 확률효과 모형에서도 다음과 같이 3가지 종류의 결정계수 R^2값이 제시되어 있다.

```
within  = 0.7668
between = 0.8196
overall = 0.8061
```

앞의 3개 R^2는 확률효과 모형 추정계수인 $\hat{\beta}_{RE}$를 이용하여 종속변수의 적합값(fitted value)과 실제값 사이의 상관계수를 제곱함으로써 얻을 수 있다. between R^2는 확률모형 적합값을 패널 그룹별로 평균을 구하고, 종속변수 역시 패널 그룹별 평균을 구하여 그 둘 사이의 상관계수를 계산한다. within R^2는 식 10.1에 대한 within 변환 모형에서 계산한다. overall R^2는 식 10.1 자체를 이용하여 계산한다.

$$\text{between } R^2 = \left[corr(\overline{\hat{\beta}_{RE}\, x_{it}}, \bar{y}_i)\right]^2$$

$$\text{within } R^2 = \left[corr\left(\hat{\beta}_{RE}(x_{it} - \bar{x}_i), y_{it} - \bar{y}_i\right)\right]^2$$

$$\text{overall } R^2 = \left[corr(\hat{\beta}_{RE}\, x_{it}, y_{it})\right]^2$$

Stata의 명령문을 이용하여 직접 R^2값을 계산해볼 수 있다. 다음에서 계산된 R^2는 그림 10.1에 제시된 3개의 결정계수 값과 정확히 일치함을 확인할 수 있다.

〈overall R^2〉

```
. qui xtreg  invest mvalue kstock, re
. predict yhat_re, xb
. corr yhat_re invest
(obs=200)
             |  yhat_re   invest
-------------+------------------
     yhat_re |   1.0000
      invest |   0.8978   1.0000

. di "overall R-sq=" r(rho)^2
overall R-sq=.80610423
```

⟨between R^2⟩

```
. by company, sort : egen yhat_be = mean(yhat_re)

. egen tag1 = tag(company)

. corr yhat_be m_invest if tag1==1
(obs=10)

             |  yhat_be m_invest
-------------+------------------
     yhat_be |   1.0000
    m_invest |   0.9053   1.0000

. di "between R-sq=" r(rho)^2
between R-sq=.81963259
```

⟨within R^2⟩

```
. gen invest1=invest-m_invest
. gen mvalue1=mvalue-m_mvalue
. gen kstock1=kstock-m_kstock
. gen yhat_fe= _b[_cons]+_b[mvalue]*mvalue1+_b[kstock]*kstock1
. corr yhat_fe invest1

(obs=200)
             |  yhat_fe  invest1
-------------+------------------
     yhat_fe |   1.0000
     invest1 |   0.8756   1.0000

. di "within R-sq=" r(rho)^2
within R-sq=.76675692
```

10.3 추정계수의 해석

7장에서 between effects(BE) 모형, 8장에서 고정효과(FE) 모형, 그리고 본 장에서 확률효과(RE) 모형을 설명하고 있다. 세 모형에서 얻어진 추정치는 서로 다르다는 것을 확인할 수 있다. 본 절에서는 각 모형에서 구한 추정계수의 해석에 대해 생각해보기로 한다. 이를 위해 예제 데이터파일 P_data10_2.dta를 이용하여 3가지 방법으로 추정을 실행하였다. 먼저 **tsset** 명령어를 실행하면 데이터세트가 불균형패널임을 알 수 있다. 불균형패널인 경우에도 이미 소개한 방법에 따라 BE, FE, RE 모형의 추정이 가능하다. 다음은 3가지 모형을 추정하는 명령문과 추정결과 얻은 추정계수를 표로 정리한 것이다.

```
. tsset id year
       panel variable:  idcode (unbalanced)
        time variable:  year, 68 to 88, but with gaps
                delta:  1 unit

. qui xtreg ln_wage ttl_exp tenure black , be
. estimates store BE_model

. qui xtreg ln_wage ttl_exp tenure black , fe
. estimates store FE_model

. qui xtreg ln_wage ttl_exp tenure black , re
. estimates store RE_model

. estimates table BE_model FE_model RE_model, b(%9.3f) star(0.01 0.05 0.1)
-------------------------------------------------------
    Variable |  BE_model      FE_model      RE_model
-------------+-----------------------------------------
     ttl_exp |    0.042***      0.025***      0.027***
      tenure |    0.029***      0.012***      0.014***
       black |   -0.115***      0.000        -0.124***
       _cons |    1.371***      1.485***      1.503***
-------------------------------------------------------
                      legend: * p<.1; ** p<.05; *** p<.01
```

앞에서는 각 모형을 추정한 후 estimates store 명령어를 이용하여 추정결과를 저장하였다. 추정결과를 비교하기 위해 estimates table 명령어를 이용하여 추정계수를 표로 만들었다.* 표에 나와 있는 계수 추정치를 비교해보면, between 모형(BE_model)의 경우, ttl_exp(총 직업연차)가 1년 늘어날수록 임금이 평균적으로 4.2% 증가하는 것으로 나타났다. between 모형은 횡단면 데이터를 이용한 추정이므로 (다른 조건이 동일할 때) 개인 A가 개인 B보다 경력이 1년 더 많으면 평균적으로 임금이 4.2% 더 높다는 것을 의미한다. 즉 패널 개체간 효과를 추정한 것으로 볼 수 있다.

다음으로 고정효과 모형(FE_model) 추정결과에 따르면 (다른 조건이 동일할 때) 직업경력이 1년 증가하면 임금이 평균적으로 2.5% 증가하는 것으로 나타났다. 어떤 개인 A의 임금이 여러 해 동안 관측되었는데, 직업경력이 1년 증가하면 평균적으로 임금이 2.5% 증가한 것이다. 패널 그룹 A 내에서 직업경력 변수가 미치는 효과는 모든 패널 그룹(개인)에게 똑같이 적용된다. 고정효과 모형은 패널 그룹 내에서 설명변수의 효과를 추정하는 것이다.

* estimates store와 estimates table 명령어에 대한 자세한 설명은 민인식·최필선(2019b)의 8.6절을 참고하라.

마지막으로 확률효과 모형(RE_model)의 추정결과에 따르면 (다른 조건이 동일할 때) 직업경력이 1년 증가하면 임금이 평균적으로 2.7% 증가하는 것으로 나타났다. 10.1절에서 언급하였듯이 확률효과 모형 추정량은 between 추정결과와 고정효과 추정결과의 가중된 결과라고 할 수 있다. 확률효과 모형의 경우, 설명변수의 효과가 패널 그룹 간, 그리고 패널 그룹 내에 똑같이 적용되는 것으로 해석된다. 즉 개인 A가 개인 B보다 직업경력이 1년 많으면 임금이 2.7% 증가하고, 또한 개인 A 내에서 경력이 1년 증가하면 임금이 2.7% 증가한다고 해석한다.

black 변수의 경우, 하나의 패널 그룹 내에서는 시간에 따라 변하지 않는 변수이다. 따라서 고정효과 모형에서는 추정되지 않는다. 이처럼 black 변수가 추정되지 않는 논리도 앞의 설명을 적용하면 쉽게 이해할 수 있다. 고정효과 모형에서는 하나의 패널 그룹 내에서 시간의 흐름에 따른 설명변수의 효과를 추정한다. 그러나 black 변수는 시간에 따라 변하지 않기 때문에 패널 그룹 내에서 발생하는 효과를 추정할 수 없게 된다. 반면 확률효과 모형에서 black 변수의 추정계수는 -0.124이다. 이는 (다른 조건이 동일할 때) A가 흑인이고 B가 흑인이 아니면 A가 B에 비해 임금을 평균적으로 12.4% 덜 받는 것으로 해석한다.

여기에서 12.4%라는 숫자에 대해서는 보충설명이 필요하다. 즉 종속변수가 로그 값이고 설명변수가 더미변수일 때 추정계수의 해석방법에 대해 생각해 보자. 다음과 같은 단순 선형회귀모형을 가정해 보자.

$$\ln y_i = \alpha + \beta D_i + e_i$$

여기에서 D_i가 1이면 $E(\ln y_i) = \alpha + \beta$이고, D_i가 0이면 $E(\ln y_i) = \alpha$이다. 따라서 $D_i = 0$인 경우에 비해 $D_i = 1$일 때 임금(y_i)의 증가율은 다음이 된다.

$$\frac{y_i^{D=1} - y_i^{D=0}}{y_i^{D=0}} = \frac{e^{\alpha+\beta} - e^{\alpha}}{e^{\alpha}} = e^{\beta} - 1$$

위 공식에 따르면 흑인과 흑인 이외의 임금 차이는 $e^{-0.124} - 1 = -0.116$이다. 즉 $D = 0$(흑인 아닌 사람)인 경우에 비해 $D = 1$(흑인)일 때 임금이 11.6% 줄어드는 것이다. 앞에서 로그 증가율을 그대로 해석하는 경우(즉, 12.4% 감소)와 약간 차이가 있는 것을 알 수 있다.

Tip 10.1 ● 추정결과 표로 만들기: xml_tab 명령어

Stata에서 추정결과를 표로 만드는 명령어는 민인식·최필선(2019b)의 8.6절에서 소개한 estimates table과 estout이 있다. 이것 외에도 추정결과를 엑셀 파일에서 바로 편집이 가능하도록 xml 파일형식으로 만들어 주는 xml_tab 명령어가 있다. 이를 이용하기 위해서는, 먼저 다음 명령문을 실행하여 인터넷에서 xml_tab 프로그램을 다운로드 받아 설치해야 한다.

```
. findit xml_tab
```

예제 데이터파일 P_data10_2.dta를 이용하여 xml_tab 명령어의 활용법을 익혀보자. 먼저 패널회귀모형을 다음과 같이 추정하여 estimates store로 저장한다.

```
. qui xtreg  ln_wage ttl_exp tenure black, be
. estimates store BE

. qui xtreg  ln_wage ttl_exp tenure black, fe
. estimates store FE

. qui xtreg  ln_wage ttl_exp tenure black, re
. estimates store RE
```

그런 다음, xml_tab 명령어 다음에 위에서 저장한 추정결과의 이름을 나열한다.

```
. xml_tab BE FE RE, save(panel1.xml) replace
```

위 명령문에서 보는 것처럼 save( ) 옵션의 괄호안에 표가 저장될 파일이름을 지정한다. replace는 이미 저장되어 있는 panel1.xml 파일이 있다면 지우고 새로 저장하라는 의미이다. Excel 프로그램에서 해당 파일을 열어보면 다음과 같은 테이블을 확인할 수 있다.

A	B	C	D	E	F	G
	BE		FE		RE	
	coef	se	coef	se	coef	se
total work experience	0.042***	0.002	0.025***	0.001	0.027***	0.001
job tenure, in years	0.029***	0.003	0.012***	0.001	0.014***	0.001
1=white, 2=black, 3=other	-0.115***	0.012	(dropped)		-0.124***	0.012
_cons	1.371***	0.010	1.485***	0.004	1.503***	0.007
note: *** p<0.01, ** p<0.05, * p<0.1						

앞의 결과에서 알 수 있듯이 명령문에서 특별한 지정을 하지 않았음에도 불구하고,

coef(추정계수)와 se(표준오차)를 기본적으로 제시한다. 또한 추정계수의 유의성은 1%, 5%, 10% 수준에서 표시해 준다. 설명변수의 이름 대신 각 변수에 있는 변수 레이블(variable label)이 제시되어 있다. 이번에는 xml_tab 명령어에 다음과 같이 추가적인 옵션을 실행해 보자.

```
. xml_tab BE FE RE, save(panel1.xml) replace below nolabel
```

A	B	C	D
	BE	FE	RE
	coef/se	coef/se	coef/se
ttl_exp	0.042***	0.025***	0.027***
	(0.002)	(0.001)	(0.001)
tenure	0.029***	0.012***	0.014***
	(0.003)	(0.001)	(0.001)
black	-0.115***	(dropped)	-0.124***
	(0.012)		(0.012)
_cons	1.371***	1.485***	1.503***
	(0.010)	(0.004)	(0.007)
note: *** p<0.01, ** p<0.05, * p<0.1			

below 옵션은 se(표준오차)가 coef(추정계수) 아래쪽에 위치하게 해준다. 마지막으로 nolabel 옵션은 설명변수의 변수 레이블 대신에 변수 이름을 표시하기 위한 것이다.

10.4 xtdata 명령어를 이용한 추정

지금까지 살펴보았던 between effects 모형, 고정효과 모형, 확률효과 모형은 모두 종속변수와 설명변수를 특정한 형태로 변환하여 OLS로 추정하는 것과 동일하다는 것을 보았다. 이번 절에서 소개하는 xtdata 명령어는 이들 3가지 모형을 OLS로 추정할 수 있도록 변수를 변환해주는 기능을 가지고 있다. 예제 데이터파일 P_data10_1.dta를 이용하여 먼저 tsset 명령을 실행한 다음, between 모형에 대해 xtreg 명령어와 xtdata 명령어로 추정한 후 비교해 보았다.

〈xtreg 명령어〉

```
. xtreg  invest mvalue kstock, be

Between regression (regression on group means)  Number of obs      =       200
Group variable: company                         Number of groups   =        10

R-sq:  within  = 0.4778                         Obs per group: min =        20
       between = 0.8578                                        avg =      20.0
       overall = 0.7551                                        max =        20

                                                F(2,7)             =     21.11
sd(u_i + avg(e_i.))=  85.02366                  Prob > F           =    0.0011

------------------------------------------------------------------------------
      invest |      Coef.   Std. Err.      t    P>|t|     [95% Conf. Interval]
-------------+----------------------------------------------------------------
      mvalue |   .1346461   .0287455     4.68   0.002      .0666739    .2026183
      kstock |   .0320315   .1909378     0.17   0.872     -.4194647    .4835276
       _cons |  -8.527114   47.51531    -0.18   0.863      -120.883    103.8287
------------------------------------------------------------------------------
```

〈xtdata 명령어〉

```
. xtdata invest mvalue kstock, be

. reg invest mvalue kstock

      Source |       SS       df       MS              Number of obs =      10
-------------+------------------------------           F(  2,     7) =   21.11
       Model |  305176.424     2  152588.212           Prob > F      =  0.0011
    Residual |  50603.1604     7  7229.02292           R-squared     =  0.8578
-------------+------------------------------           Adj R-squared =  0.8171
       Total |  355779.584     9  39531.0649           Root MSE      =  85.024

------------------------------------------------------------------------------
      invest |      Coef.   Std. Err.      t    P>|t|     [95% Conf. Interval]
-------------+----------------------------------------------------------------
      mvalue |   .1346461   .0287455     4.68   0.002      .0666739    .2026183
      kstock |   .0320315   .1909378     0.17   0.872     -.4194647    .4835276
       _cons |  -8.527114   47.51531    -0.18   0.863      -120.883    103.8287
------------------------------------------------------------------------------
```

위에서 보듯이 xtdata 명령어 다음에 회귀모형에 사용될 종속변수(invest)와 설명변수(mvalue, kstock)를 입력한 후 be 옵션을 추가하였다. 이렇게 하면 invest, mvalue, kstock 변수들을 between 추정이 가능하도록 변환시켜 준다. 즉, 각 변수들을 다음과 같이 변환해 준다.

$$invest_{it}^{(xtdata,\ be)} = \overline{invest}_i$$

$$mvalue_{it}^{(xtdata,\, be)} = \overline{mvalue}_{\,i}$$

변환된 변수들을 사용한 선형회귀모형을 OLS로 추정하면 **xtreg, be** 명령문의 결과와 정확히 일치함을 확인할 수 있다. **reg** 추정결과에서 사용된 표본의 수가 200개가 아니고 10개임에 주의해야 한다.

고정효과 모형의 추정을 위해서도 **xtdata** 명령어를 활용할 수 있다. 고정효과 모형에 대해 **xtreg**와 **xtdata** 명령어로 추정한 후 비교해 보았다.

〈xtreg 명령어〉

```
. use P_data10_1,clear
. xtreg  invest mvalue kstock, fe

Fixed-effects (within) regression               Number of obs      =       200
Group variable: company                         Number of groups   =        10

R-sq:  within  = 0.7668                         Obs per group: min =        20
       between = 0.8194                                        avg =      20.0
       overall = 0.8060                                        max =        20

                                                F(2,188)           =    309.01
corr(u_i, Xb)  = -0.1517                        Prob > F           =    0.0000

------------------------------------------------------------------------------
      invest |      Coef.   Std. Err.      t    P>|t|     [95% Conf. Interval]
-------------+----------------------------------------------------------------
      mvalue |   .1101238   .0118567     9.29   0.000     .0867345    .1335131
      kstock |   .3100653   .0173545    17.87   0.000     .2758308    .3442999
       _cons |  -58.74393   12.45369    -4.72   0.000    -83.31086     -34.177
-------------+----------------------------------------------------------------
     sigma_u |  85.732501
     sigma_e |  52.767964
         rho |  .72525012   (fraction of variance due to u_i)
------------------------------------------------------------------------------
F test that all u_i=0:     F(9, 188) =    49.18              Prob > F = 0.0000
```

〈xtdata 명령어〉

```
. xtdata invest mvalue kstock, fe

. reg invest mvalue kstock
      Source |       SS       df       MS              Number of obs =     200
-------------+------------------------------           F(  2,   197) =  323.81
       Model |  1720874.11     2  860437.057           Prob > F      =  0.0000
    Residual |  523478.114   197  2657.24931           R-squared     =  0.7668
-------------+------------------------------           Adj R-squared =  0.7644
       Total |  2244352.23   199  11278.1519           Root MSE      =  51.549
```

```
------------------------------------------------------------------------------
      invest |      Coef.   Std. Err.      t    P>|t|     [95% Conf. Interval]
-------------+----------------------------------------------------------------
      mvalue |   .1101238   .0115827     9.51   0.000     .0872818    .1329658
      kstock |   .3100653   .0169534    18.29   0.000     .2766318    .3434989
       _cons |  -58.74393   12.16589    -4.83   0.000    -82.73603   -34.75183
------------------------------------------------------------------------------
```

위에서 보듯이 xtdata 명령어 다음에 회귀모형에 사용될 종속변수(invest)와 설명변수(mvalue, kstock)를 입력한 후 fe 옵션을 추가하였다. 이렇게 하면 invest, mvalue, kstock 변수들을 고정효과 모형 추정이 가능하도록 within 변환을 해준다. 즉, 각 변수들을 다음과 같이 변환해 준다.

$$invest_{it}^{(xtdata,\ fe)} = invest_{it} - \overline{invest}_{i}$$

$$mvalue_{it}^{(xtdata,\ fe)} = mvalue_{it} - \overline{mvalue}_{i}$$

변환된 변수들을 사용한 선형회귀모형을 OLS로 추정하면 추정계수는 정확히 xtreg, fe의 결과와 일치한다. 그러나 표준오차는 조금 차이가 있다. 8장에서 이미 설명하였듯이 자유도 조정의 문제 때문에 표준오차의 차이가 발생한다. 앞선 between 모형의 결과와 달리 reg 명령문의 실행결과에서 표본은 200개가 모두 사용되었다.

마지막으로 확률효과 모형에 대해서도 xtreg와 xtdata 명령어로 추정한 후 비교해 보았다.

〈xtreg 명령어〉

```
. use P_data10_1,clear
. xtreg  invest mvalue kstock, re

Random-effects GLS regression                   Number of obs      =       200
Group variable: company                         Number of groups   =        10

R-sq:  within  = 0.7668                         Obs per group: min =        20
       between = 0.8196                                        avg =      20.0
       overall = 0.8061                                        max =        20

Random effects u_i ~ Gaussian                    Wald chi2(2)       =    657.67
corr(u_i, X)       = 0 (assumed)                Prob > chi2        =    0.0000

------------------------------------------------------------------------------
      invest |      Coef.   Std. Err.      z    P>|z|     [95% Conf. Interval]
-------------+----------------------------------------------------------------
      mvalue |   .1097811   .0104927    10.46   0.000     .0892159    .1303464
      kstock |    .308113   .0171805    17.93   0.000     .2744399    .3417861
       _cons |  -57.83441   28.89893    -2.00   0.045    -114.4753   -1.193537
```

```
-------------+----------------------------------------------------------------
     sigma_u |   84.20095
     sigma_e |  52.767964
         rho |  .71800838   (fraction of variance due to u_i)
------------------------------------------------------------------------------

. local sigma_r=e(sigma_u)/e(sigma_e)

                                 〈xtdata 명령어〉
. xtdata  invest mvalue kstock, re ratio(`sigma_r')
(theta=0.8612)

. reg  invest mvalue kstock constant, nocons

      Source |       SS       df       MS              Number of obs =     200
-------------+------------------------------           F(  3,   197) =  229.04
       Model |   1914544.1     3  638181.366           Prob > F      =  0.0000
    Residual |  548904.024   197  2786.31484           R-squared     =  0.7772
-------------+------------------------------           Adj R-squared =  0.7738
       Total |  2463448.12   200  12317.2406           Root MSE      =  52.786

------------------------------------------------------------------------------
      invest |      Coef.   Std. Err.      t    P>|t|     [95% Conf. Interval]
-------------+----------------------------------------------------------------
      mvalue |   .1097811   .0104927    10.46   0.000     .0890888    .1304735
      kstock |    .308113   .0171805    17.93   0.000     .2742317    .3419942
    constant |  -57.83441   28.89893    -2.00   0.047    -114.8254   -.8434287
------------------------------------------------------------------------------
```

앞의 명령문에서 보는 것처럼 확률효과 모형을 위해서는 xtdata에 반드시 ratio( ) 옵션을 두어야 한다. 또한 ratio( ) 옵션의 괄호 안에는 xtreg, re 추정결과에 나와 있는 sigma_u=84.20095와 sigma_e=52.767964의 비율(즉, $\hat{\sigma}_u/\hat{\sigma}_e$)이 들어가야 한다. 위 예제에서는 ereturn list를 이용하여 이 값을 로컬 매크로로 저장하여 xtdata 명령문에서 사용하였다.[*] 그러나 굳이 로컬 매크로로 저장하지 않고 숫자 자체를 직접 기입해도 무방하다. ratio 옵션이 필요한 이유는 확률효과 모형의 경우 변수들을 변환하기 위해서는 $\hat{\theta}$값이 필요하기 때문이다. 위 결과에서 알 수 있듯이 xtdata 명령문을 실행하면 $\hat{\theta}$값이 theta=0.8612라는 것을 보여주고 있다. xtdata, re 명령문은 변수들을 다음과 같이 변환해 준다.

$$invest_{it}^{(xtdata,\ re)} = invest_{it} - \hat{\theta}\ \overline{invest}_i$$

* 로컬 매크로 대신 스케일러로 저장하여 사용할 수 없다. ratio( ) 옵션에서 스케일러 이름을 입력하면 에러 메시지를 얻게 된다.

$$mvalue_{it}^{(xtdata, re)} = mvalue_{it} - \hat{\theta}\ \overline{mvalue}_{i}$$

$$constant^{(xtdata,\ re)} = 1 - \hat{\theta}$$

새로 만들어진 변수들 중에서는 **xtdata, be**와 **xtdata, fe**에서는 만들어지지 않았던 constant 변수가 만들어진다. OLS 추정을 실행할 때 반드시 constant 변수를 포함시키고 그 대신 기존의 상수항을 제외해야 한다. 이를 위해 **reg** 명령문에 **nocons** 옵션을 추가하였다. OLS 추정결과는 **xtreg, re**의 결과와 일치함을 확인할 수 있다.

10.5 최우추정법

확률효과 모형의 두 오차항(u_i, e_{it})을 모두 정규분포(normal distribution)로 가정하는 경우, 최우추정법(MLE; maximum likelihood estimation)으로 추정계수를 얻을 수 있다. 10.1절에서 설명하였듯이 θ의 추정치를 구하기 위해 between 모형과 고정효과 모형을 통해 각각 $\hat{\sigma}_u^2$와 $\hat{\sigma}_e^2$를 구하는데 반해, 최우추정에서는 기울기 모수(β)와 σ_u^2 및 σ_e^2을 동시에 추정한다. 따라서 최우추정량이 오차항 분포에 대한 가정이 적절하면 10.2절에서 **xtreg, re** 명령문으로 구한 GLS 추정량에 비해 더 효율적인 것으로 알려져 있다.

예제 데이터파일 P_data10_1.dta를 이용하여 GLS 추정과 최우추정 결과를 비교해 보았다. 다음은 명령문과 실행결과이다.

```
. tsset company year

                                  〈GLS〉

. xtreg invest mvalue kstock, re theta

Random-effects GLS regression                   Number of obs      =       200
Group variable: company                         Number of groups   =        10

R-sq:  within  = 0.7668                         Obs per group: min =        20
       between = 0.8196                                        avg =      20.0
       overall = 0.8061                                        max =        20

Random effects u_i ~ Gaussian                   Wald chi2(2)       =    657.67
corr(u_i, X)       = 0 (assumed)                Prob > chi2        =    0.0000
theta              = .86122362

------------------------------------------------------------------------------
      invest |      Coef.   Std. Err.      z    P>|z|     [95% Conf. Interval]
-------------+----------------------------------------------------------------
      mvalue |   .1097811   .0104927    10.46   0.000     .0892159    .1303464
```

```
      kstock |    .308113   .0171805    17.93   0.000     .2744399    .3417861
       _cons |  -57.83441   28.89893    -2.00   0.045    -114.4753   -1.193537
-------------+----------------------------------------------------------------
     sigma_u |   84.20095
     sigma_e |  52.767964
         rho |  .71800838   (fraction of variance due to u_i)
------------------------------------------------------------------------------

. estimates store GLS
```

〈MLE〉

```
. xtreg invest mvalue kstock, mle nolog

Random-effects ML regression                    Number of obs      =       200
Group variable: company                         Number of groups   =        10

Random effects u_i ~ Gaussian                   Obs per group: min =        20
                                                               avg =      20.0
                                                               max =        20

                                                LR chi2(2)         =    293.43
Log likelihood  =  -1095.257                    Prob > chi2        =    0.0000

------------------------------------------------------------------------------
      invest |      Coef.   Std. Err.      z    P>|z|     [95% Conf. Interval]
-------------+----------------------------------------------------------------
      mvalue |   .1097626   .0103389    10.62   0.000     .0894988    .1300265
      kstock |    .307942   .0171006    18.01   0.000     .2744254    .3414585
       _cons |   -57.7672   27.70004    -2.09   0.037    -112.0583   -3.476114
-------------+----------------------------------------------------------------
    /sigma_u |   80.29729   18.37811                      51.27213    125.7536
    /sigma_e |   52.49255    2.69306                      47.47094    58.04534
         rho |   .7005943   .0985226                      .4881266    .8603709
------------------------------------------------------------------------------
Likelihood-ratio test of sigma_u=0: chibar2(01)=  193.09 Prob>=chibar2 = 0.000

. estimates store MLE
```

최우추정량을 얻기 위해 xtreg 명령문에 mle 옵션을 사용하였다. 동시에 nolog 옵션을 사용했는데, 이는 로그우도함수(log-likelihood function)를 최대화 하는 과정을 Result 창에 보일 필요 없이 최종 추정결과만을 제시하라는 것이다. GLS 추정과 최우추정 결과를 estimates store를 이용하여 각각 저장하였다.

최우추정 결과의 맨 마지막에 나오는 Likelihood-ratio test of sigma_u=0은 다음의 귀무가설을 검정한 것이다.

$$H_0 : var(u_i) = \sigma_u^2 = 0$$

위 가설이 맞다면 패널 개체의 특성 오차항의 분산이 0이 되므로 패널그룹 간 이질성(heterogeneity)이 존재하지 않는다는 것이다. 따라서 이 경우에는 확률효과 모형이 의미가 없게 된다. 검정통계량은 LR 통계량으로 전체 모형(full model)을 추정하였을 때의 로그우도함수 값($\ln L_{Full}$)과 $\sigma_u^2 = 0$으로 가정한 제약모형의 로그우도함수 값($\ln L_R$)의 차이로 계산된다.

$$LR = -2(\ln L_R - \ln L_{Full})$$

위 결과를 보면, 가설검정 p값이 0.01보다 작기 때문에 1% 유의수준에서 귀무가설을 기각한다. 즉 패널 개체별 이질성이 존재하므로 이를 고려한 확률효과 모형이 그렇지 않은 모형보다 적절하다는 것을 의미한다.*

앞의 xtreg, re 결과를 보면 $\hat{\theta} = 0.861$임을 알 수 있다. 이에 비해 최우추정에서는 $\hat{\theta}$이 따로 나와 있지 않은데, 다음 공식을 이용하여 ereturn list를 이용하여 구할 수 있다.

$$\hat{\theta} = 1 - \sqrt{\frac{\hat{\sigma}_e^2}{T\hat{\sigma}_u^2 + \hat{\sigma}_e^2}}$$

```
. qui xtreg invest mvalue kstock, mle nolog

. scalar theta1=sqrt(e(sigma_e)^2/(10*e(sigma_u)^2+e(sigma_e)^2))

. scalar theta2=1-theta1

. di "theta의 추정치= " theta2
theta의 추정치= .79755382
```

마지막으로 앞에서 저장해 놓았던 GLS와 MLE 결과를 estimates table 명령어를 이용하여 좀 더 일목요연하게 비교해 보았다. 다음은 실행결과이다.

---

* 여기서 "그렇지 않은 모형"이란 패널그룹의 특성을 고려하지 않은 합동 OLS 추정량을 의미한다.

```
. estimates table GLS MLE, eq(1:1) b(%9.4f) se(%9.4f)

------------------------------------------
    Variable |     GLS          MLE
-------------+----------------------------
#1           |
      mvalue |    0.1098       0.1098
             |    0.0105       0.0103
      kstock |    0.3081       0.3079
             |    0.0172       0.0171
       _cons |  -57.8344     -57.7672
             |   28.8989      27.7000
-------------+----------------------------
sigma_u      |
       _cons |                80.2973
             |                18.3781
-------------+----------------------------
sigma_e      |
       _cons |                52.4925
             |                 2.6931
------------------------------------------
                             legend: b/se
```

위 결과에서 보는 것처럼 etimates table 명령어에 옵션 eq(1:1)을 사용하면 GLS와 MLE 추정계수를 표에 배열할 때 동일한 변수에 대해서는 좌우로 나란히 배치한다.* 위 결과를 보면 추정계수와 표준오차에서 GLS와 MLE 두 추정방법이 큰 차이를 보이지 않는다는 것을 확인할 수 있다. 일반적으로 표본의 수가 적은 불균형패널인 경우를 제외하고는 GLS와 MLE 추정결과가 기본적으로 같다고 알려져 있다.**

10.6 Stata do file

```
use P_data10_1,clear
tsset com year
xtreg invest mvalue kstock, re theta

qui xtreg invest mvalue kstock, be
scalar sig2_be=e(rss)/e(df_r)
scalar sig2_be1=20*sig2_be
```

* eq(1:1) 대신 eq(1)이라고 입력해도 된다.

** 불균형패널이더라도 표본의 크기가 충분히 크면 GLS와 MLE 결과 역시 거의 일치하는 것으로 알려져 있다.

```
qui xtreg invest mvalue kstock , fe
scalar sig2_fe=e(rss)/e(df_r)
scalar theta1=1-sqrt(sig2_fe/sig2_be1)
di "theta_hat=" theta1

qui xtreg invest mvalue kstock , re
di "rho=" e(sigma_u)^2/(e(sigma_u)^2+e(sigma_e)^2)

by company, sort : egen m_invest = mean(invest)
by company: egen m_mvalue = mean(mvalue)
by company: egen m_kstock = mean(kstock)

scalar theta1=.86122362
gen cons1=1-theta1
gen invest1=invest-theta1*m_invest
gen mvalue1=mvalue-theta1*m_mvalue
gen kstock1=kstock-theta1*m_kstock
reg  invest1 mvalue1 kstock1 cons1, nocons

qui xtreg  invest mvalue kstock, re
predict yhat_re, xb
corr yhat_re invest
di "overall R-sq=" r(rho)^2

by company, sort : egen yhat_be = mean(yhat_re)
egen tag1 = tag(company)
corr yhat_be m_invest if tag1==1
di "between R-sq=" r(rho)^2

gen invest1=invest-m_invest
gen mvalue1=mvalue-m_mvalue
gen kstock1=kstock-m_kstock
gen yhat_fe= _b[_cons]+_b[mvalue]*mvalue1+_b[kstock]*kstock1
corr yhat_fe invest1
di "within R-sq=" r(rho)^2

use P_data10_2,clear
tsset id year
qui xtreg ln_wage ttl_exp tenure black , be
estimates store BE_model

qui xtreg ln_wage ttl_exp tenure black , fe
estimates store FE_model

qui xtreg ln_wage ttl_exp tenure black , re
estimates store RE_model
```

```
estimates table BE_model FE_model RE_model, b(%9.3f) star(0.01 0.05 0.1)

findit xml_tab
use P_data10_2,clear
qui xtreg  ln_wage ttl_exp tenure black, be
estimates store BE

qui xtreg  ln_wage ttl_exp tenure black, fe
estimates store FE

qui xtreg  ln_wage ttl_exp tenure black, re
estimates store RE

xml_tab BE FE RE, save(panel1.xml) replace
xml_tab BE FE RE, save(panel1.xml) replace below nolabel

use P_data10_1,clear
xtreg  invest mvalue kstock, be
xtdata invest mvalue kstock, be
reg invest mvalue kstock

use P_data10_1,clear
xtreg  invest mvalue kstock, fe
xtdata invest mvalue kstock, fe
reg invest mvalue kstock

use P_data10_1,clear
xtreg  invest mvalue kstock, re
local sigma_r=e(sigma_u)/e(sigma_e)
xtdata  invest mvalue kstock, re ratio(`sigma_r')
reg  invest mvalue kstock constant, nocons

use P_data10_1,clear
tsset company year
xtreg invest mvalue kstock, re theta
estimates store GLS
xtreg invest mvalue kstock, mle nolog
estimates store MLE

qui xtreg invest mvalue kstock, mle nolog
scalar theta1=sqrt(e(sigma_e)^2/(10*e(sigma_u)^2+e(sigma_e)^2))
scalar theta2=1-theta1
di "theta의 추정치= " theta2

estimates table GLS MLE, eq(1:1) b(%9.4f) se(%9.4f)
```

CHAPTER 11 가설검정

11.1 오차항 u_i에 대한 가설검정

다음과 같은 패널 선형회귀모형에서 오차항 u_i의 고정된 개체특성을 고려할 필요가 있는지 가설검정할 수 있다.

$$y_{it} = \alpha + \beta x_{it} + u_i + e_{it} \tag{11.1}$$

먼저 고정효과 모형에서 u_i가 유의한지 가설검정하는 방법은 이미 8.2절과 8.3절에서 언급하였다. 귀무가설은 다음과 같다.

$$H_0 : \text{모든 패널 개체 } i\text{에 대해 } u_i = 0$$

위 가설이 맞다면 패널 개체의 특성을 따로 고려할 필요 없이 합동 OLS로 추정하면 되고, 위 가설이 기각되면 고정효과 모형을 추정해야 한다. 예제 데이터파일 P_data11_1.dta를 이용하여 위 귀무가설을 검정한 결과는 다음과 같다.

```
. tsset company year
. xtreg invest  mvalue kstock, fe

Fixed-effects (within) regression               Number of obs      =       200
Group variable: company                         Number of groups   =        10

R-sq:  within  = 0.7668                         Obs per group: min =        20
       between = 0.8194                                        avg =      20.0
       overall = 0.8060                                        max =        20

                                                F(2,188)           =    309.01
corr(u_i, Xb)  = -0.1517                        Prob > F           =    0.0000

------------------------------------------------------------------------------
      invest |      Coef.   Std. Err.      t    P>|t|     [95% Conf. Interval]
-------------+----------------------------------------------------------------
      mvalue |   .1101238   .0118567     9.29   0.000     .0867345    .1335131
      kstock |   .3100653   .0173545    17.87   0.000     .2758308    .3442999
       _cons |  -58.74393   12.45369    -4.72   0.000    -83.31086     -34.177
-------------+----------------------------------------------------------------
```

```
     sigma_u |  85.732501
     sigma_e |  52.767964
         rho |  .72525012   (fraction of variance due to u_i)
------------------------------------------------------------------------------
F test that all u_i=0:     F(9, 188) =    49.18             Prob > F = 0.0000
```

위 추정결과의 맨 아래에 가설검정 결과가 제시되어 있다. 전체 패널 그룹이 10개로서 모형에 포함된 9개의 패널그룹 더미변수의 추정계수가 모두 0인지 알아보는 F검정이다. p값이 0.01보다 작기 때문에 1% 유의수준에서 귀무가설이 기각된다. 따라서 패널의 개체특성을 모형에서 고려한 고정효과 모형이 합동 OLS보다 적절하다는 것을 알 수 있다.

식 11.1의 오차항 u_i를 확률효과로 가정하는 경우, 확률효과 모형의 유의성을 가설검정할 수 있다. u_i가 확률변수이기 때문에 다음과 같이 귀무가설을 설정한다.

$$H_0 : var(u_i) = \sigma_u^2 = 0$$

귀무가설이 맞다면 식 11.1 오차항의 전체 분산인 $(\sigma_u^2 + \sigma_e^2)$이 단순히 σ_e^2가 되므로 패널그룹의 특성을 고려할 필요가 없게 되므로 합동 OLS로 추정하면 된다. 귀무가설이 틀리다면 패널 그룹의 특성을 고려한 확률효과 모형으로 추정해야 한다는 의미이다.

예제 데이터파일 P_data11_2.dta를 이용하여 위 귀무가설을 검정해보자. 확률효과 모형에 대해 최우추정량(MLE) 결과를 얻으면 가설검정 결과를 확인할 수 있다. 확률효과 추정에서 mle 옵션을 추가한다. 맨 아래에 있는 LR test of sigma_u=0: chibar2(01) = 1.1e+04 이 위 귀무가설 검정을 위한 LR 검정통계량이다. p값이 0.05보다 작기 때문에 귀무가설을 기각한다. 즉 확률효과 모형 추정량이 Pooled OLS 추정량보다 적절하다고 해석한다.

그림 11.1

```
. tsset id year
. xtreg ln_wage ttl_exp tenure black, re mle nolog
Random-effects ML regression                    Number of obs     =    28,101
Group variable: idcode                          Number of groups  =     4,699

Random effects u_i ~ Gaussian                   Obs per group:
                                                             min =          1
                                                             avg =        6.0
                                                             max =         15

                                                LR chi2(3)        =   4917.36
```

```
Log likelihood = -10191.944                         Prob > chi2       =  0.0000

------------------------------------------------------------------------------
     ln_wage | Coefficient  Std. err.      z    P>|z|     [95% conf. interval]
-------------+----------------------------------------------------------------
     ttl_exp |   .0265234   .0006525    40.65   0.000     .0252445    .0278023
      tenure |   .0141847   .0008542    16.61   0.000     .0125105    .0158588
       black |  -.1241577   .0115453   -10.75   0.000    -.1467861   -.1015292
       _cons |   1.503044   .0067341   223.20   0.000     1.489845    1.516242
-------------+----------------------------------------------------------------
    /sigma_u |   .3213971    .004134                       .313396    .3296025
    /sigma_e |   .2965459   .0013749                      .2938633    .2992531
         rho |    .540151   .0069925                      .5264247    .5538296
------------------------------------------------------------------------------
LR test of sigma_u=0: chibar2(01) = 1.1e+04           Prob >= chibar2 = 0.000
```

그림 11.1의 LR 검정통계량은 다음과 같이 Pooled OLS 추정과 확률효과 모형 추정의 로그 우도함수값 차이의 2배로 계산할 수 있다. 맨 마지막에 나온 검정통계량 값은 그림 11.1의 LR test of sigma_u=0: chibar2(01) = 1.1e+04와 일치한다.

```
. qui reg ln_wage ttl_exp tenure black
. scalar POLS_ll=e(ll)

. qui xtreg ln_wage ttl_exp tenure black, re mle nolog
. scalar RE_ll=e(ll)

. di "LR test statistic = " -2*(POLS_ll-RE_ll)
LR test statistic = 11308.955
```

11.2 상관관계와 이분산성 검정

식 11.1의 패널 선형회귀모형에서 순수한 오차항 e_{it}에는 자기상관이 없다고 가정하고 추정한다. 즉 아래 식에서 $\rho=0$으로 가정한다.

$$e_{it}=\rho e_{it-1}+v_{it}$$

만약 위 식에서 $\rho\neq 0$이면 1계 자기상관이 존재한다. 따라서 패널 모형을 추정할 때 $\rho=0$인지 가설검정할 필요가 있다. 즉 귀무가설은 다음과 같다.

$$H_0:\rho=0 \tag{11.2}$$

확률효과 모형에서 이를 검정하는 명령어가 xttest1이다. xttest1 명령어는 균형패널과 불균형패널 모두에서 실행된다. 그러나 시간갭이 있는 패널데이터에서 xttest1 명령어를 실행하면 에러 메시지를 얻게 된다. 또한 xttest1 명령어는 확률효과 모형을 추정한 후에만 실행할 수 있다. 즉 xtreg, be 또는 xtreg, fe 다음에서는 사용할 수 없다. xttest1 명령어를 사용하기 위해서는 먼저 다음 명령문을 실행하여 인터넷에서 해당 프로그램을 다운로드 받아야 한다.

```
. findit xttest1
```

예제 데이터파일 P_data11_1.dta를 이용하여 확률효과 모형을 추정한 후 xttest1 명령어를 실행해 보자.

```
. qui xtreg  invest mvalue kstock, re
. xttest1

Tests for the error component model:

        invest[company,t] = Xb + u[company] + v[company,t]
           v[company,t] = rho v[company,(t-1)] + e[company,t]

        Estimated results:
                                 Var      sd = sqrt(Var)
                ---------+-----------------------------
                  invest |   47034.89       216.8753
                       e |   2784.458      52.767964
                       u |     7089.8      84.20095

        Tests:
           Random Effects, Two Sided:
           LM(Var(u)=0)        =  798.16   Pr>chi2(1) =  0.0000
           ALM(Var(u)=0)       =  664.95   Pr>chi2(1) =  0.0000

           Random Effects, One Sided:
           LM(Var(u)=0)        =   28.25   Pr>N(0,1)  =  0.0000
           ALM(Var(u)=0)       =   25.79   Pr>N(0,1)  =  0.0000

           Serial Correlation:
           LM(rho=0)           =  143.52   Pr>chi2(1) =  0.0000
           ALM(rho=0)          =   10.31   Pr>chi2(1) =  0.0013

           Joint Test:
           LM(Var(u)=0,rho=0) =  808.47   Pr>chi2(2) =  0.0000
```

xttest1 명령어는 기본적으로 확률효과가 존재하는지를 먼저 검정한다. 앞의 결과에서 xttest1 가설검정 중 맨 처음 결과 Random Effects, Two Sided에 확률효과 검정결과가 나와 있다. 그 아래 나와 있는 ALM(Var(u)=0) = 664.95 Pr>chi2(1) = 0.0000은 조정된 LM(ALM; Adjusted LM) 검정통계량으로 오차항 e_{it}에 1계 자기상관이 존재할 때에도 여전히 확률효과의 존재를 효과적으로 검정하게 해 주는 통계량이다. 가설검정의 결과는 확률효과가 존재한다고 말할 수 있다.

앞의 결과에서 자기상관 여부에 대한 검정은 Serial correlation 부분에 제시되어 있다. LM(rho=0) = 143.52 Pr> chi2(1) = 0.0000은 식 11.2의 귀무가설에 대한 LM 검정결과이다. 이 검정통계량은 확률효과가 존재하지 않는다고 가정(즉 $var(u_i) = 0$)하고 계산되었다. p값이 0.01보다 작기 때문에 1% 유의수준에서 귀무가설이 기각된다. 즉 자기상관이 존재한다고 말할 수 있다. ALM(rho=0) = 10.31 Pr>chi2(1) = 0.0013은 확률효과가 존재한다고 가정하고 계산한 ALM 통계량이다. 여기에서도 귀무가설이 기각되어 자기상관이 존재한다고 말할 수 있다. 마지막에 제시된 결합검정(Joint Test)은 확률효과의 존재여부와 자기상관의 존재여부를 동시에 가설검정한 결과를 제시한다. 역시 귀무가설이 기각된다.

xttest1 결과에 따르면 오차항 e_{it}에 1계 자기상관이 존재하므로 효율적인 추정량을 얻기 위해서는 1계 자기상관 문제를 해결하면서 추정해야 하는 과제가 생겼다고 할 수 있다. 1계 자기상관을 가정하면서 확률효과 모형을 추정하는 방법은 본서의 12장에서 설명하기로 한다.

패널데이터에서는 하나의 패널 개체 내에서의 상관관계뿐 아니라 패널 개체간의 동시적 상관관계(contemporaneous correlation)도 존재할 수 있다. 식 11.1의 패널 선형회귀모형의 오차항 e_{it}에 대해 다음이 성립하면 패널개체 간 상관관계가 존재한다고 말한다.

$$cov(e_{it}, e_{jt}) \neq 0, \qquad i \neq j \text{에 대해}$$

Stata에서 패널 개체간 상관관계 여부를 검정하는 명령어는 xttest2이다. 먼저 findit xttest2 명령문으로 해당 프로그램을 인터넷에서 다운로드 받은 후 사용할 수 있다.

예제 데이터파일 P_data11_3.dta를 이용하여 고정효과 모형을 추정한 후 xttest2 명령어를 실행해보자. 참고로 xttest2 명령어는 확률효과 모형을 추정하면 사용할 수 없다. 또한 xttest2 명령어는 불균형패널인 경우에도 사용할 수 있다. 실행결과는 다음과 같다.

```
. qui xtreg  invest mvalue kstock, fe

. xttest2

Correlation matrix of residuals:

         __e1     __e2     __e3     __e4     __e5
__e1   1.0000
__e2  -0.1059   1.0000
__e3  -0.1472  -0.0894   1.0000
__e4  -0.2075   0.1042   0.3041   1.0000
__e5  -0.3914  -0.3912   0.6229   0.1367   1.0000

Breusch-Pagan LM test of independence: chi2(10) =    18.004, Pr = 0.0549
Based on 20 complete observations
```

앞의 예제에서는 패널 개체가 5개이므로 잔차항 $\hat{e}$ 의 상관계수 행렬은 5×5가 된다. 잔차항의 상관계수 행렬에 근거하여 개체간 상관관계가 존재하는지 Breusch-Pagan LM 검정을 행한 결과가 나와 있다. p값이 0.05보다 크기 때문에 5% 유의수준에서 귀무가설을 기각할 수 없다. 따라서 패널 개체간 자기상관이 존재하지 않는다고 말할 수 있다.

위에서 알 수 있듯이 검정통계량이 잔차항의 상관계수 행렬을 이용하기 때문에 패널 개체의 수가 Stata에서 만들 수 있는 최대 행렬의 행(또는 열)의 개수를 초과하는 경우에는 에러 메시지를 얻게 된다. Stata BE(예전 IC버전)의 경우 최대 행렬크기는 800×800이므로 패널 개체의 수가 800개 이상이면 xttest2 명령어가 실행되지 않는다. xttest2 명령어는 xtreg, fe뿐만 아니라 6장에서 설명한 xtgls 명령문을 실행한 후에도 사용할 수 있다. 구체적 예는 생략하기로 한다.

다음으로 xttest3 명령어를 이용하면 패널 개체간 이분산성(panel-level heteroskedasticity)이 존재하는지 검정할 수 있다. 즉 모든 i에 대해 다음이 성립하면 패널 개체간 동분산성(homoskedasticity)이 존재한다고 말한다.

$$\text{모든 } i\text{에 대해 } var(u_i) = \sigma_i^2 = \sigma_u^2$$

xttest2 명령어와 마찬가지로 xttest3 명령어도 고정효과 모형 추정(즉 xtreg, fe 또는 xtgls 추정) 후에 사용할 수 있다. xttest3 명령어 역시 findit xttest3을 실행하여 인터넷에서 프로그램을 다운로드 받아야 한다.

예제 데이터파일 P_data11_2.dta를 이용하여 xttest3 명령어를 실행한 결과가 다음에 나와 있다.

```
. qui xtreg  ln_wage ttl_exp tenure black, fe

. xttest3

Modified Wald test for groupwise heteroskedasticity
in fixed effect regression model

H0: sigma(i)^2 = sigma^2 for all i
chi2 (4699)  =  2.3e+35
Prob>chi2 =       0.0000
```

앞의 결과에서도 알 수 있듯이 **xttest3** 명령어는 불균형 패널인 경우에도 적용할 수 있으며, 패널 개체수가 800개 이상인 경우에도 검정결과를 얻을 수 있다(본 예제 데이터는 패널 개체수가 5,159 개임). 즉 **xttest2**와 달리 행렬 크기의 제한을 받지 않는다. 검정결과는 p값이 0.05보다 작기 때문에 귀무가설이 기각된다. 즉 패널개체 간 이분산성이 존재한다고 말할 수 있다.

11.3 하우스만 검정

식 11.1의 패널 선형회귀모형에서 오차항 u_i를 고정효과로 볼 것인지, 확률효과로 볼 것인지에 따라 추정방법이 달라진다. 식 11.1을 다음과 같이 패널 개체에 따라 상수항이 달라지는 모형으로 쓸 수도 있다.

$$y_{it} = (\alpha + u_i) + \beta x_{it} + e_{it} \tag{11.2}$$

고정효과 모형에서는 상수항 $(\alpha + u_i)$를 패널 개체별로 고정되어 있는 모수로 해석한다. 확률효과 모형에서는 상수항 $(\alpha + u_i)$가 확률분포를 따르는 확률변수가 된다. 즉 $(\alpha + u_i) \sim N(\alpha, \sigma_u^2)$의 분포를 따르는 것으로 가정한다.

고정효과 모형인지 확률효과 모형인지 판단할 때 일차적으로 중요한 기준은 데이터에서 패널 개체의 특성을 의미하는 u_i에 대한 추론(inference)이다. 패널 개체들이 모집단에서 무작위로 추출된 표본의 개념이라면 오차항 u_i는 확률분포를 따른다고 가정할 수 있다. 그러나 주어진 패널 개체들이 모집단에서 무작위로 추출된 표본이 아니라 특정 모집단 그 자체라면 오차항 u_i는 확률분포를 따른다고 말할 수 없다. 가령 한국노동패널데이터(KLIPS)의 경우 패널 개체(개인 또는 가구)는 전체 근로자 모집단에서 무작위로 추출된 표본이다. 따라서 KLIPS를 이용한 패널 선형회귀모형은 확률효과 모형으로 추정하는 것이 직관과 일치한다. 반면 OECD 국가 패널데이터나 미국 50개 주 패널데이터와 같은 경우에는 패널 개체가 모집단에서 추출된 표본의 일부분이 아니라 전체 OECD 국가 또는 50개 주를 대상으로 하였기 때문에 오차항 u_i를 고정효과로 간주하는 것이 더 적절하다.

계량경제학 이론 측면에서는 $cov(x_{it}, u_i)=0$ (비상관 이질성) 가정이 성립한다면 고정효과(FE) 추정량과 확률효과(RE) 추정량이 모두 일치추정량이기 때문에 서로 유사한 결과를 얻게 될 것이다. 그러나 $cov(x_{it}, u_i) \neq 0$이면 RE 추정량은 일치추정량이 되지 못하기 때문에 추정결과에 체계적 차이(systematic difference)가 존재할 것이다. 따라서 FE 또는 RE 모형의 선택은 $cov(x_{it}, u_i)=0$ 가정의 성립여부, 또는 FE 추정치와 RE 추정치의 체계적 차이의 존재 여부에 달려 있다고 말할 수 있다.

확률효과 모형은 다음을 OLS로 추정한다.

$$(y_{it}-\theta_i \bar{y}_i)=\alpha(1-\theta_i)+\beta(x_{it}-\theta_i \bar{x}_i)+\left[u_i(1-\theta_i)+(e_{it}-\theta_i \bar{e}_i)\right]$$

위 식에서 오차항 $[u_i(1-\theta_i)+(e_{it}-\theta_i \bar{e}_i)]$은 u_i를 포함하고 있어서 일치추정량을 얻기 위해서는 $cov(x_{it}, u_i)=0$이어야 한다. 따라서 이 가정이 만족되지 못하면 $\hat{\beta}_{RE}$는 일치추정량이 될 수 없다. 그러나 고정효과 모형에서는 $cov(x_{it}, u_i) \neq 0$인 경우에 u_i가 사라지기 때문에 OLS 추정량이 여전히 일치추정량이 된다.

하우스만 검정(Hausman test)을 이용하여 추정 모형의 선택을 가설검정할 수 있다. 하우스만 검정의 귀무가설과 대립가설은 다음과 같이 쓸 수 있다.

$$H_0 : cov(x_{it}, u_i)=0$$

$$H_1 : cov(x_{it}, u_i) \neq 0$$

귀무가설이 맞다면 확률효과 모형이 더 효율적이고, 귀무가설이 틀리다면, 즉 H_1하에서는 일치추정량을 얻을 수 있는 고정효과 모형을 선택한다. 하우스만 검정의 기본적인 아이디어는 다음과 같다. 만약 귀무가설이 맞다면 FE와 RE 추정량 모두 일치추정량이므로 서로 비슷한 값을 갖게 될 것이다. 즉 체계적 차이가 존재하지 않는다. 그러나 귀무가설이 틀리다면 RE 추정량은 일치추정량이 아니므로 (일치추정량인) FE 추정량과 체계적 차이가 있을 것으로 예상할 수 있다. 이러한 관계를 이용한 것이 하우스만 검정이다.

예제 데이터파일 P_data11_4.dta를 이용하여 하우스만 검정을 실행해보자. Stata에서 하우스만 검정을 위해서는 다음과 같이 고정효과 모형과 확률효과 모형을 각각 추정한 후, 그 결과를 estimates store 명령어로 저장한 다음, hausman 명령어를 실행한다.

```
. tsset state year
. qui xtreg  fatal unrate perincK beertax  spircons, fe
. estimates store FE

. qui xtreg  fatal unrate perincK beertax  spircons, re
. estimates store RE

. hausman FE RE

                 ---- Coefficients ----
             |      (b)          (B)            (b-B)     sqrt(diag(V_b-V_B))
             |       FE           RE         Difference          S.E.
-------------+----------------------------------------------------------------
      unrate |   -.0290499    -.0491381        .0200882               .
     perincK |    .1047103    -.0110727         .115783        .0067112
     beertax |   -.4840728     .0442768       -.5283495        .1090815
    spircons |    .8169652     .3024711         .514494        .0462668
------------------------------------------------------------------------------
                           b = consistent under Ho and Ha; obtained from xtreg
            B = inconsistent under Ha, efficient under Ho; obtained from xtreg

    Test:  Ho:  difference in coefficients not systematic

                  chi2(4) = (b-B)'[(V_b-V_B)^(-1)](b-B)
                          =      130.93
                Prob>chi2 =      0.0000
                (V_b-V_B is not positive definite)
```

hausman 명령어 다음에는 앞에서 저장한 결과들의 이름을 적어주어야 하는데, 위에서 보듯이 반드시 고정효과(본 예제에서는 FE)를 먼저 적고, 그 다음에 확률효과(본 예제에서는 RE) 순으로 써주어야 한다. 즉 먼저 입력하는 이름은 H_0과 H_1 하에서 모두 일치추정량인 모형이고, 나중에 입력하는 추정결과는 H_1 하에서는 일치추정량이 아니지만, H_0 하에서는 더 효율적인 추정량을 얻는 모형이다.

하우스만 검정통계량(H)은 다음과 같이 계산된다.

$$H = (\hat{\beta}_{FE} - \hat{\beta}_{RE})' \left[var(\hat{\beta}_{FE}) - var(\hat{\beta}_{RE}) \right]^{-1} (\hat{\beta}_{FE} - \hat{\beta}_{RE})$$

위 검정통계량은 카이제곱 분포를 따르며, 분포의 자유도는 상수항을 제외한 설명변수의 개수가 된다. 위 검정통계량 계산에서 한 가지 문제는 $var(\hat{\beta}_{FE}) - var(\hat{\beta}_{RE})$ 부분이다. 추정계수 공분산 행렬의 차이가 점근적으로(asymptotically) 양정부호(positive definite)가 되어야 하지만 표본의 수가 크지 않으면 양정부호 행렬이 되지 않는 경우가 많기 때문이다.

본 예제에서도 이것이 양정부호가 아닌 것으로 나타났는데, 앞의 결과 중 unrate 변수 추정계수의 표준오차(SE) 값이 결측치로 주어진 것이 이를 의미한다. 앞의 검정결과 중 맨 아래쪽에 (V_b-V_B is not positive definite)라고 쓰여 있음을 확인할 수 있다. 이와 같이 양정부호가 아닌 경우 Stata에서는 다른 방법을 이용하여 $var(\hat{\beta}_{FE}) - var(\hat{\beta}_{RE})$의 역행렬을 계산하여 사용한다.* 그러나 $var(\hat{\beta}_{FE}) - var(\hat{\beta}_{RE})$ 행렬이 이론적으로는 점근적 양정부호 행렬이므로 앞에서 계산된 가설검정을 그대로 해석해도 큰 문제는 없는 것으로 알려져 있다. 앞의 가설검정 결과를 보면 p값이 0.01보다 작기 때문에 1% 유의수준에서 귀무가설이 기각된다. 따라서 확률효과 모형의 추정량은 일치추정량이 아니며, 고정효과 모형을 선택하는 것이 보다 적절하다고 할 수 있다.

hausman 명령문에 sigmamore 옵션을 사용할 수 있다. 이는 도구변수 추정에서 설명변수의 외생성(exogeneity)을 검정할 때 주로 사용하는 옵션이다. 이 옵션은 확률효과 모형에서 얻은 오차항 분산 추정치를 이용하여 $var(\hat{\beta}_{FE})$와 $var(\hat{\beta}_{RE})$을 계산한다. sigmamore 옵션을 사용하면 $var(\hat{\beta}_{FE}) - var(\hat{\beta}_{RE})$가 양정부호가 될 가능성이 큰 것으로 알려져 있다. 다음은 실행결과이다.

```
. hausman FE RE, sigmamore

                 ---- Coefficients ----
             |      (b)          (B)            (b-B)     sqrt(diag(V_b-V_B))
             |       FE           RE         Difference          S.E.
-------------+----------------------------------------------------------------
      unrate |   -.0290499    -.0491381        .0200882        .0037898
     perincK |    .1047103    -.0110727         .115783        .0140556
     beertax |   -.4840728     .0442768       -.5283495        .1462601
    spircons |    .8169652     .3024711         .514494        .0663028
------------------------------------------------------------------------------
                      b = consistent under Ho and Ha; obtained from xtreg
          B = inconsistent under Ha, efficient under Ho; obtained from xtreg

Test:  Ho:  difference in coefficients not systematic

                 chi2(4) = (b-B)'[(V_b-V_B)^(-1)](b-B)
```

* Moore-Penrose generalized inverse를 계산한다.

```
                        =          90.46
               Prob>chi2 =         0.0000
```

앞에서와 달리 이번에는 unrate 변수 추정계수의 표준오차 값이 결측치가 아님을 확인할 수 있다. 위 결과에는 보는 것처럼 sigmamore 옵션을 사용하더라도 검정결과에는 차이가 없는 것으로 나타났다. 네 개의 설명변수 중 특정 변수에 체계적 차이가 있는지는 다음과 같은 t검정을 통해 쉽게 판단할 수 있다.

$$t = \frac{\hat{\beta}_{FE} - \hat{\beta}_{RE}}{\sqrt{diag\left(var(\hat{\beta}_{FE}) - var(\hat{\beta}_{RE})\right)}}$$

가령 unrate 변수에 체계적 차이가 있는지는 다음과 같이 계산한다.

$$t^{unrate} = \frac{0.020}{0.0037} = 5.405$$

계산된 t값은 t 분포의 오른쪽 극단에 위치하므로 체계적 차이가 없다는 귀무가설을 기각할 수 있다. 따라서 두 모형에서 unrate 변수의 추정치가 체계적 차이를 보인다고 말할 수 있다. 하우스만 검정통계량은 모든 설명변수의 체계적 차이를 전체적(overall)으로 판단하는 기준이라고 볼 수 있다.

이번에는 예제 데이터파일 P_data11_2.dta를 이용하여 하우스만 검정을 실행해보자. 모형의 단순화를 위해서 설명변수를 ttl_exp와 tenure 두 개만 선택하였다. 실행결과는 다음과 같다.

```
. tsset id year
. qui xtreg  ln_wage ttl_exp tenure, fe

. estimates store FE

. qui xtreg  ln_wage ttl_exp tenure, re

. estimates store RE

. hausman FE RE

                 ---- Coefficients ----
             |      (b)          (B)            (b-B)     sqrt(diag(V_b-V_B))
             |      FE           RE          Difference          S.E.
-------------+----------------------------------------------------------------
```

```
    ttl_exp |    .0245398     .0266815       -.0021417        .0002172
     tenure |    .0123934     .0139688       -.0015754         .000286
------------------------------------------------------------------------------
                          b = consistent under Ho and Ha; obtained from xtreg
           B = inconsistent under Ha, efficient under Ho; obtained from xtreg

    Test:  Ho:  difference in coefficients not systematic

                  chi2(2) = (b-B)'[(V_b-V_B)^(-1)](b-B)
                          =      365.73
                Prob>chi2 =      0.0000
```

위 검정결과에서 p값이 0.01보다 작기 때문에 1% 유의수준에서 귀무가설이 기각된다. 즉 고정효과 모형을 선택하는 것이 더 적절하다고 할 수 있다. 그러나 위 회귀모형에 설명변수가 추가적으로 포함되는 경우에는 결과가 달라질 수 있음에 유의해야 한다(이론적인 임금결정모형은 이보다 더 많은 설명변수를 제시한다).

위에서 계산된 하우스만 검정통계량을 다음과 같이 Stata 행렬함수를 이용하여 확인해 볼 수 있다. Stata에서 사용하는 행렬함수의 구체적인 내용은 본서의 범위를 넘어서기 때문에 구체적인 논의는 생략한다.

```
. qui xtreg  ln_wage ttl_exp tenure, fe    // 고정효과 모형 추정

. mat def v_fe=e(V)   // 추정계수 공분산 행렬
. mat def v_fe=v_fe[1..2, 1..2]  // 공분산 행렬 중 2x2 행렬만 추출

. mat def coef_fe=e(b)   // 추정계수 행렬
. mat def coef_fe=coef_fe[.,1..2]  // 추정계수 행렬 중 1x2 행렬만 추출

. qui xtreg  ln_wage ttl_exp tenure, re  // 확률효과 모형 추정

. mat def v_re=e(V)   // 추정계수 공분산 행렬
. mat def v_re=v_re[1..2, 1..2]  // 공분산 행렬 중 2x2 행렬만 추출

. mat def coef_re=e(b)   // 추정계수 행렬
. mat def coef_re=coef_re[.,1..2]  // 추정계수 행렬 중 1x2 행렬만 추출

. mat def diff_coef=coef_fe-coef_re  // 추정계수 행렬 차이
. mat def diff_v=v_fe-v_re   // 추정계수 공분산 행렬 차이

. mat def haus=diff_coef*syminv(diff_v)*diff_coef' // 하우스만 검정통계량

. mat list haus
```

```
symmetric haus[1,1]
           y1
y1  365.73268
```

위 결과의 마지막에 제시된 365.73은 앞에서 hausman 명령문에 의해 도출된 검정통계량 결과와 일치함을 확인할 수 있다.

11.4 Stata do file

```
use P_data11_1,clear
tsset company year
xtreg invest  mvalue kstock, fe

use P_data11_2,clear
tsset id year
xtreg ln_wage ttl_exp tenure black, re mle nolog

qui reg ln_wage ttl_exp tenure black
scalar POLS_ll=e(ll)
qui xtreg ln_wage ttl_exp tenure black, re mle nolog
scalar RE_ll=e(ll)
di "LR test statistic = " -2*(POLS_ll-RE_ll)

findit xttest1
use P_data11_1,clear
qui xtreg  invest mvalue kstock, re
xttest1

findit xttest2
use P_data11_3,clear
qui xtreg  invest mvalue kstock, fe
xttest2

findit xttest3
use P_data11_2,clear
qui xtreg  ln_wage ttl_exp tenure black, fe
xttest3

use P_data11_4,clear
tsset state year
qui xtreg  fatal unrate perincK beertax  spircons, fe
estimates store FE
```

```
qui xtreg  fatal unrate perincK beertax  spircons, re
estimates store RE

hausman FE RE
hausman FE RE, sigmamore

use P_data11_2,clear
tsset id year
qui xtreg  ln_wage ttl_exp tenure, fe
estimates store FE
qui xtreg  ln_wage ttl_exp tenure, re
estimates store RE
hausman FE RE

qui xtreg  ln_wage ttl_exp tenure, fe   // 고정효과 모형 추정
mat def v_fe=e(V)   // 추정계수 공분산 행렬
mat def v_fe=v_fe[1..2, 1..2]  // 공분산 행렬 중 2x2 행렬만 추출

mat def coef_fe=e(b)   // 추정계수 행렬
mat def coef_fe=coef_fe[.,1..2]  // 추정계수 행렬 중 1x2 행렬만 추출

qui xtreg  ln_wage ttl_exp tenure, re  // 확률효과 모형 추정
mat def v_re=e(V)   // 추정계수 공분산 행렬
mat def v_re=v_re[1..2, 1..2]  // 공분산 행렬 중 2x2 행렬만 추출

mat def coef_re=e(b)   // 추정계수 행렬
mat def coef_re=coef_re[.,1..2]  // 추정계수 행렬 중 1x2 행렬만 추출

mat def diff_coef=coef_fe-coef_re  // 추정계수 행렬 차이
mat def diff_v=v_fe-v_re   // 추정계수 공분산 행렬 차이

mat def haus=diff_coef*syminv(diff_v)*diff_coef' // 하우스만 검정통계량
mat list haus
```

CHAPTER 12 | 기본가정 위배 Ⅰ: AR(1) 오차항

12.1 모형설정 및 추정방법

다음과 같은 패널 선형회귀모형을 가정하자.

$$y_{it} = \alpha + \beta x_{it} + u_i + e_{it} \tag{12.1}$$

고정효과 모형과 확률효과 모형에서 구한 추정량이 바람직한 추정량이 되기 위해서는 오차항 e_{it}에 대해 다음이 성립해야 한다.

$$cov(e_{it}, e_{is}) = 0, \ \ t \neq s \text{인 경우}$$

이는 오차항 e_{it}가 하나의 패널그룹 내에서 자기상관(autocorrelation)이 존재하지 않아야 한다는 것이다. 그러나 패널데이터는 시계열데이터의 특성을 포함하고 있기 때문에 패널그룹 내에서 자기상관이 존재할 가능성이 있다. 오차항 e_{it}가 다음과 같이 1계 자기상관(first-order autocorrelation)을 갖고 있는 경우 AR(1) 오차항이라고 부른다.

$$e_{it} = \rho e_{it-1} + v_{it} \tag{12.2}$$

먼저 고정효과 모형에서 AR(1) 오차항을 가정하는 경우 추정방법을 간단히 설명하면 다음과 같다.

• 1단계	식 12.1에 대해 within 변환을 실행한 후 잔차항을 계산
• 2단계	1단계에 구한 잔차항을 이용하여 식 12.2의 ρ 추정치를 계산
• 3단계	$\hat{\rho}$을 이용하여 y_{it}와 x_{it}에 대해 Cochrane-Orcutt 변환을 실행*
• 4단계	Cochrane-Orcutt 변환이 적용된 설명변수와 종속변수에 대해 다시 고정효과 모형을 추정하여 $\hat{\alpha}_{FE}$ 와 $\hat{\beta}_{FE}$를 구함

* Cochrane-Orcutt 변환의 자세한 내용은 민인식·최필선(2019b)의 12.2절을 참고하라.

한편, 오차항 u_i를 확률변수로 가정하는 확률효과 모형에서 오차항 e_{it}이 AR(1) 과정을 따른다면, Baltagi and Wu(1999)가 제시한 GLS(generalized least squares) 추정량을 사용할 수 있다.

12.2 모형 추정

예제 데이터파일 P_data12_1.dta를 이용하여 AR(1) 오차항이 존재하는 경우에 패널 선형 회귀모형을 추정해보자. 먼저 **tsset** 명령어를 실행하면 데이터가 균형패널임을 알 수 있다. 패널 선형회귀모형의 오차항에 자기상관 존재하는지 9.2절에서 설명한 **xtserial** 명령어를 이용하여 검정하였다. 검정결과에 따르면 귀무가설이 기각된다. 즉 1계 자기상관이 존재한다고 말할 수 있다.

먼저 1계 자기상관이 존재한다는 가정 하에서 고정효과 모형을 추정해보자. 1계 자기상관이 존재하는 경우 고정효과 모형 추정은 **xtregar** 명령어를 사용한다. 또한 고정효과 모형의 추정을 의미하는 **fe** 옵션을 추가해야 한다. 다음은 명령문과 실행결과이다.

```
. xtserial  invest mvalue kstock

Wooldridge test for autocorrelation in panel data
H0: no first-order autocorrelation
    F(  1,       9) =     263.592
             Prob > F =      0.0000

. xtregar invest mvalue kstock, fe

FE (within) regression with AR(1) disturbances  Number of obs      =       190
Group variable: company                         Number of groups   =        10

R-sq:  within  = 0.5927                         Obs per group: min =        19
       between = 0.7989                                        avg =      19.0
       overall = 0.7904                                        max =        19

                                                F(2,178)           =    129.49
corr(u_i, Xb)  = -0.0454                        Prob > F           =    0.0000

------------------------------------------------------------------------------
      invest |      Coef.   Std. Err.      t    P>|t|     [95% Conf. Interval]
-------------+----------------------------------------------------------------
      mvalue |   .0949999   .0091377    10.40   0.000     .0769677     .113032
      kstock |    .350161   .0293747    11.92   0.000     .2921935    .4081286
       _cons |  -63.22022   5.648271   -11.19   0.000    -74.36641   -52.07402
-------------+----------------------------------------------------------------
      rho_ar |  .67210608
```

```
     sigma_u |  91.507609
     sigma_e |  40.992469
     rho_fov |   .8328647   (fraction of variance because of u_i)
------------------------------------------------------------------------------
F test that all u_i=0:     F(9,178) =    11.53              Prob > F = 0.0000
```

전체 관측개체(observation) 수가 200개인데 반해 추정에 사용된 표본의 수는 Number of obs = 190에서 보듯이 190개이다. 그 이유는 $\hat{\rho}$을 이용하여 Cochrane-Orcutt 변환을 실행하면 각 패널 그룹의 첫 번째 관측치를 잃기 때문이다. 위 추정결과에서 rho_ar=0.672가 식 12.2의 $\hat{\rho}$ 값이다. rho_fov=0.832는 다음과 같이 전체 오차항 분산에서 패널 개체특성 오차항인 u_i의 분산이 차지하는 비율이다.

$$rho\_fov = \frac{\hat{\sigma}_u^2}{\hat{\sigma}_u^2 + \hat{\sigma}_e^2}$$

Stata는 식 12.2의 ρ를 추정하는 다양한 옵션을 제공하고 있다. 앞의 예제와 같이 아무런 옵션을 주지 않으면 **rhotype(dw)** 옵션이 적용된다. 이 경우 $\hat{\rho}^{dw} = 1 - d/2$으로 계산되며, 여기에서 d는 식 12.2에서 계산한 Durbin-Watson 통계량이다.* 이런 방식으로 직접 $\hat{\rho}^{dw}$를 계산하여 그것이 위에 나온 rho_ar=0.672와 같은지 확인할 수 있다.

```
. by company, sort : egen mean_invest = mean(invest)
. by company, sort : egen mean_mvalue = mean(mvalue)
. by company, sort : egen mean_kstock = mean(kstock)
. gen invest1=invest- mean_invest
. gen mvalue1=mvalue- mean_mvalue
. gen kstock1=kstock- mean_kstock

. prais  invest1 mvalue1 kstock1, nocons rhotype(dw) nolog

Number of gaps in sample:  9   (gap count includes panel changes)
(note: computations for rho restarted at each gap)

Prais-Winsten AR(1) regression -- iterated estimates

      Source |       SS           df       MS      Number of obs   =       200
-------------+----------------------------------   F(  2,    198)  =    164.36
```

* Durbin-Watson 통계량에 대한 자세한 내용은 민인식·최필선(2019b)의 12.1절을 참고하라.

```
       Model |  533062.172     2  266531.086           Prob > F      =  0.0000
    Residual |  321086.848   198  1621.65075           R-squared     =  0.6241
-------------+------------------------------           Adj R-squared =  0.6203
       Total |   854149.02   200   4270.7451           Root MSE      =   40.27

------------------------------------------------------------------------------
     invest1 |      Coef.   Std. Err.      t    P>|t|     [95% Conf. Interval]
-------------+----------------------------------------------------------------
     mvalue1 |   .0917961   .0086681    10.59   0.000     .0747025    .1088896
     kstock1 |   .3258109   .0253935    12.83   0.000     .2757344    .3758873
-------------+----------------------------------------------------------------
         rho |   .6721061
------------------------------------------------------------------------------
Durbin-Watson statistic (original)    0.684480
Durbin-Watson statistic (transformed) 1.414670
```

위에서는 먼저 고정효과 모형 추정을 위한 within 변환을 실행하였다. 그 다음에 종속변수인 invest1 변수를 설명변수 mvalue1과 kstock1에 대해 Prais-Winsten 회귀분석을 실시했다.* 주의해야 할 점은 이때 상수항 없이 추정해야 한다. 추정된 rho=0.672 값은 정확히 앞에서 본 xtregar의 rho_ar 값과 일치함을 확인할 수 있다.

Tip 12.1 ● estimates table 명령어 활용

예제 데이터파일 P_data12_1.dta에 대해 xtregar, fe와 xtreg, fe를 실행한 다음, 그 결과를 각각 저장한 후 estimates table 명령어를 이용하여 표로 만들어 보았다.

```
. qui xtreg  invest mvalue kstock, fe
. estimates store FE

. qui xtregar  invest mvalue kstock, fe
. estimates store FE_AR

. estimates table FE FE_AR, b(%9.3f) se(%9.3f)

----------------------------------------
    Variable |     FE         FE_AR
-------------+--------------------------
      mvalue |     0.110        0.095
             |     0.012        0.009
      kstock |     0.310        0.350
```

* prais 명령어에 대한 자세한 설명은 민인식·최필선(2019b)의 12.2절을 참고하라.

```
             |    0.017      0.029
       _cons |  -58.744    -63.220
             |   12.454      5.648
--------------------------------------
                           legend: b/se
```

위 표에서는 오차항 분산 추정치나 $\hat{\rho}$이 제시되지 않는다. 이러한 부수적인 모수(ancillary parameter) 추정치를 표에 넣기 위해서는 다음과 같이 **stat( )** 옵션을 사용한다.

```
. estimates table FE FE_AR, b(%9.3f) se(%9.3f) stat(sigma_u
  sigma_e rho rho_fov rho_ar)

--------------------------------------
    Variable |     FE         FE_AR
-------------+------------------------
      mvalue |    0.110      0.095
             |    0.012      0.009
      kstock |    0.310      0.350
             |    0.017      0.029
       _cons |  -58.744    -63.220
             |   12.454      5.648
-------------+------------------------
     sigma_u |   85.733     91.508
     sigma_e |   52.768     40.992
         rho |    0.725
     rho_fov |                0.833
      rho_ar |                0.672
--------------------------------------
                           legend: b/se
```

stat( ) 옵션의 괄호 안에 쓸 수 있는 이름은 ereturn list에 저장되어 있는 스케일러 이름이다. 위 표의 FE에서 rho 값은 FE_AR에서 rho_fov와 비교되어야 함에 주의해야 한다.

1계 자기상관이 존재한다는 가정 하에서 이번에는 확률효과 모형을 추정해보자. 확률효과 모형에서 오차항이 AR(1) 과정을 따르는 경우에는 **fe** 옵션 대신 **re** 옵션을 사용한다. 예제 데이터파일 P_data12_2.dta에 대해 **xtregar** 명령어를 실행해보자.

```
. xtregar  ln_wage ttl_exp tenure black, re

RE GLS regression with AR(1) disturbances      Number of obs      =     28101
Group variable: idcode                         Number of groups   =      4699

R-sq:  within  = 0.1437                        Obs per group: min =         1
       between = 0.2842                                       avg =       6.0
```

```
      overall = 0.2063                                  max =        15

                                              Wald chi2(4)      =   3125.84
corr(u_i, Xb)       = 0 (assumed)             Prob > chi2       =    0.0000

------------------- theta --------------------
  min      5%       median        95%      max
0.1249   0.1524     0.2794     0.3186   0.3188

------------------------------------------------------------------------------
     ln_wage |      Coef.   Std. Err.      z    P>|z|     [95% Conf. Interval]
-------------+----------------------------------------------------------------
     ttl_exp |   .0343289   .0009812    34.99   0.000     .0324058    .0362519
      tenure |   .0142496   .0011086    12.85   0.000     .0120768    .0164224
       black |  -.1229639   .0113962   -10.79   0.000    -.1453001   -.1006277
       _cons |   1.439073      .0077   186.89   0.000     1.423981    1.454165
-------------+----------------------------------------------------------------
      rho_ar |  .75369782   (estimated autocorrelation coefficient)
     sigma_u |  .22041361
     sigma_e |  .26189998
     rho_fov |  .41461638   (fraction of variance due to u_i)
------------------------------------------------------------------------------
```

예제 데이터가 불균형패널이지만 xtregar 명령어가 실행된다는 것을 확인할 수 있다. 앞 절의 마지막 부분에서 설명하였듯이 오차항 e_{it}에 AR(1)이 존재할 때 확률효과 모형에서는 GLS 추정방법을 이용한다. 위 결과를 보면, $\hat{\rho}$의 값이 0.753으로 0보다는 1에 가까운 값으로 1계 자기상관 가능성이 클 것으로 예상할 수 있다.

xtregar 명령어의 옵션 중에는 $\rho = 0$인지 가설검정하는 옵션이 있다. lbi(locally best invariant) 옵션이 바로 그것이다. 이는 다음과 같이 고정효과 모형과 확률효과 모형에서 모두 사용할 수 있다.

〈고정효과 모형〉

```
. xtregar  ln_wage ttl_exp tenure black, fe lbi

note: black dropped because of collinearity

FE (within) regression with AR(1) disturbances  Number of obs      =     23402
Group variable: idcode                          Number of groups   =      4147

R-sq:  within  = 0.0847                         Obs per group: min =         1
       between = 0.2134                                        avg =       5.6
       overall = 0.1545                                        max =        14

                                                F(2,19253)         =    891.11
```

```
corr(u_i, Xb)  = 0.0085                            Prob > F          =    0.0000

------------------------------------------------------------------------------
     ln_wage |      Coef.   Std. Err.      t    P>|t|     [95% Conf. Interval]
-------------+----------------------------------------------------------------
     ttl_exp |   .0564748   .0014824    38.10   0.000      .053569    .0593805
      tenure |   .0001347   .0013996     0.10   0.923    -.0026085     .002878
       _cons |   1.679544   .0042597   394.29   0.000     1.671195    1.687894
-------------+----------------------------------------------------------------
      rho_ar |  .75369782
     sigma_u |  .37230125
     sigma_e |  .27644623
     rho_fov |  .64459724   (fraction of variance because of u_i)
------------------------------------------------------------------------------
F test that all u_i=0:     F(4146,19253) =     1.01          Prob > F = 0.3016
modified Bhargava et al. Durbin-Watson = .94781639
Baltagi-Wu LBI = 1.8113626
```

〈확률효과 모형〉

```
. xtregar  ln_wage ttl_exp tenure black, re lbi

RE GLS regression with AR(1) disturbances        Number of obs      =     28101
Group variable: idcode                           Number of groups   =      4699

R-sq:  within  = 0.1437                          Obs per group: min =         1
       between = 0.2842                                         avg =       6.0
       overall = 0.2063                                         max =        15

                                                 Wald chi2(4)       =   3125.84
corr(u_i, Xb)      = 0 (assumed)                 Prob > chi2        =    0.0000

------------------- theta --------------------
  min      5%       median        95%      max
0.1249   0.1524     0.2794     0.3186   0.3188

------------------------------------------------------------------------------
     ln_wage |      Coef.   Std. Err.      z    P>|z|     [95% Conf. Interval]
-------------+----------------------------------------------------------------
     ttl_exp |   .0343289   .0009812    34.99   0.000     .0324058    .0362519
      tenure |   .0142496   .0011086    12.85   0.000     .0120768    .0164224
       black |  -.1229639   .0113962   -10.79   0.000    -.1453001   -.1006277
       _cons |   1.439073      .0077   186.89   0.000     1.423981    1.454165
-------------+----------------------------------------------------------------
      rho_ar |  .75369782   (estimated autocorrelation coefficient)
     sigma_u |  .22041361
     sigma_e |  .26189998
     rho_fov |  .41461638   (fraction of variance due to u_i)
------------------------------------------------------------------------------
modified Bhargava et al. Durbin-Watson = .94781639
Baltagi-Wu LBI = 1.8113626
```

앞에서 보는 것처럼 lbi 옵션을 사용하면, $\rho = 0$ 가설검정과 관련하여 Bhargava et al.(1982)과 Baltagi and Wu(1999)에서 제안한 검정통계량 값을 제시해준다. 그러나 두 통계량에 대한 p값은 주어지지 않는다. Bhargava et al.(1982) 논문에 5% 유의수준 임계치(critical values)가 제시되어 있다. 이에 따르면, 패널 개체의 수가 매우 큰 경우에는 대략적으로 Bhargava et al. 검정통계량이 2에 가까우면 귀무가설(오차항 1계 자기상관이 없다)을 기각할 수 없고, 2에서 어느 정도 떨어져 있으면 귀무가설을 기각할 수 있다. 위 추정결과에서는 modified Bhargava et al. Durbin-Watson = .94781639이고 이 값은 2에서 상당히 떨어져 있다고 판단할 수 있기 때문에 귀무가설을 기각할 수 있다. 즉 오차항에 1계 자기상관이 존재한다고 말할 수 있다. 위 예제에서 확인할 수 있듯이 고정효과 모형과 확률효과 모형에서 lbi 검정결과가 정확히 서로 동일하다는 점에 유의해야 한다. lbi 검정통계량 계산은 모형 유형(고정효과 혹은 확률효과)에는 의존하지 않기 때문이다.

12.3 Stata do file

```
use P_data12_1,clear
xtserial  invest mvalue kstock
xtregar invest mvalue kstock, fe

by company, sort : egen mean_invest = mean(invest)
by company, sort : egen mean_mvalue = mean(mvalue)
by company, sort : egen mean_kstock = mean(kstock)
gen invest1=invest- mean_invest
gen mvalue1=mvalue- mean_mvalue
gen kstock1=kstock- mean_kstock

prais  invest1 mvalue1 kstock1, nocons rhotype(dw) nolog

qui xtreg  invest mvalue kstock, fe
estimates store FE
qui xtregar  invest mvalue kstock, fe
estimates store FE_AR
estimates table FE FE_AR, b(%9.3f) se(%9.3f)

estimates table FE FE_AR, b(%9.3f) se(%9.3f) ///
stat(sigma_usigma_e rho rho_fov rho_ar)

use P_data12_2,clear
xtregar ln_wage ttl_exp tenure black, re
xtregar ln_wage ttl_exp tenure black, fe lbi
xtregar ln_wage ttl_exp tenure black, re lbi
```

CHAPTER 13 기본가정 위배 II : 설명변수 내생성

13.1 하우스만-테일러 추정

다음과 같은 선형회귀모형을 가정하자. 오차항 u_i는 확률효과 또는 고정효과로 간주할 수 있다.

$$y_{it} = \alpha + \beta_1 x_{1it} + \beta_2 x_{2it} + \beta_3 z_i + u_i + e_{it} \tag{13.1}$$

설명변수 중 z_i는 시간에 따라 변하지 않는 변수이다. 이제 오차항 u_i와 설명변수 x_{2it} 간에 상관관계가 존재한다고 가정해보자. 즉 $cov(x_{2it}, u_i) \neq 0$이다. 이 경우 식 13.1을 확률효과 모형으로 추정하면 추정계수는 일치추정량이 될 수 없다. $cov(x_{2it}, u_i) \neq 0$일 때 일치추정량을 얻는 방법은 고정효과 모형으로 추정하는 것이다. 그러나 식 13.1을 고정효과 모형으로 추정하면 β_3가 추정되지 않는 단점이 있다. 모형에서 z_i 효과를 추정하는 것이 중요한 문제라면 고정효과 모형을 선택하는 것은 적절하지 않을 수 있다.

β_3를 추정하면서 일치추정량을 얻는 방법은 도구변수(instrumental variables)를 이용하여 확률효과 모형으로 추정하는 것이다.* 패널데이터에 대한 도구변수 추정법은 Hausman and Taylor(1981)와 Amemiya and MaCurdy(1986)가 제시하였다. 기본적인 추정절차는 다음과 같다.

• 1단계	고정효과 모형으로 식 13.1을 추정하여 β_1과 β_2에 대한 일치추정량 $\hat{\beta}_1^{FE}$와 $\hat{\beta}_2^{FE}$을 구함
• 2단계	1단계의 고정효과 모형에서 생성된 잔차를 종속변수로 하고, 설명변수로 z_i와 x_{1it}를 두어 $\hat{\beta}_3^{IV}$를 구함(즉 식 13.1의 모형에서 외생적인 설명변수를 추가적인 도구변수로 사용)
• 3단계	1단계와 2단계에서 구한 $\hat{\beta}_1^{FE}$, $\hat{\beta}_2^{FE}$, $\hat{\beta}_3^{IV}$를 이용하여 확률효과 모형을 추정하기 위해 필요한 $\hat{\theta}_i$를 얻는다.
• 4단계	3단계의 $\hat{\theta}_i$을 이용하여 확률효과 모형을 GLS로 추정하여 $\hat{\beta}_1^{HT}$, $\hat{\beta}_2^{HT}$, $\hat{\beta}_3^{HT}$를 구함

* Stata에서 도구변수 추정법에 대한 기본 이론과 방법은 민인식·최필선(2019b)의 13장을 참고하라.

예제 데이터파일 P_data13_1.dta를 이용하여 임금결정 모형에 대해 하우스만-테일러(HT) 추정량을 구해보자. 그 전에 먼저 11.3절에 소개된 고정효과 모형과 확률효과 모형 간의 하우스만 검정을 실시해 보자. 우선 **tsset** 명령어를 실행하면, 데이터가 균형패널 데이터임을 알 수 있다. 다음은 하우스만 검정의 명령문과 실행결과이다.

```
. qui xtreg lwage occ south smsa ind exp exp2 wks ms union fem blk ed, fe
. estimates store FE

. qui xtreg lwage occ south smsa ind exp exp2 wks ms union fem blk ed, re
. estimates store RE

. hausman FE RE, sigmamore

                 ---- Coefficients ----
             |      (b)          (B)            (b-B)     sqrt(diag(V_b-V_B))
             |       FE           RE         Difference          S.E.
-------------+----------------------------------------------------------------
         occ |   -.0214765    -.0500664        .0285899          .00702
       south |   -.0018612    -.0166176        .0147564        .0362967
        smsa |   -.0424691    -.0138231       -.0286461        .0157722
         ind |    .0192101     .0037441         .015466        .0105793
         exp |    .1132083     .0820544        .0311539        .0015428
        exp2 |   -.0004184    -.0008084        .0003901        .0000343
         wks |    .0008359     .0010347       -.0001987        .0001403
          ms |   -.0297259    -.0746283        .0449025        .0094804
       union |    .0327849     .0632232       -.0304384        .0095497
------------------------------------------------------------------------------
                         b = consistent under Ho and Ha; obtained from xtreg
          B = inconsistent under Ha, efficient under Ho; obtained from xtreg

    Test:  Ho:  difference in coefficients not systematic

                  chi2(9) = (b-B)'[(V_b-V_B)^(-1)](b-B)
                          =     1740.45
                Prob>chi2 =      0.0000
```

위 결과에서 알 수 있듯이 p값이 0.01보다 작아 1% 유의수준에서 귀무가설(설명변수와 오차항 u_i 간에 상관관계가 존재하지 않음)이 기각된다. 따라서 확률효과 모형의 추정량은 일치추정량이 아니며, 고정효과 모형을 선택하는 것이 보다 적절하다고 할 수 있다.* 그러나 fem, blk, ed 등의 변수가 시간에 따라 변하지 않는 변수이기 때문에 고정효과 모형을 추정하면 이 변수들에 대한 추정계수를 얻을 수 없는 문제가 생긴다.

---

* 이러한 의사결정은 모형 설정(model specification)에 달라질 수 있음에 유의해야 한다. 즉 설명변수의 조합을 다르게 하는 경우, 하우스만 검정결과가 달라질 수도 있다.

하우스만-테일러 추정량을 구하기 위해서는 xthtaylor 명령어를 이용하며, 실행결과는 다음과 같다.

```
. xthtaylor lwage occ south smsa ind exp exp2 wks ms union fem blk ed,
  endog(exp exp2 wks ms union)

Hausman-Taylor estimation                       Number of obs      =      4165
Group variable: id                              Number of groups   =       595

                                                Obs per group: min =         7
                                                               avg =         7
                                                               max =         7

Random effects u_i ~ i.i.d.                      Wald chi2(12)      =   6897.05
                                                Prob > chi2        =    0.0000

------------------------------------------------------------------------------
       lwage |      Coef.   Std. Err.      z    P>|z|     [95% Conf. Interval]
-------------+----------------------------------------------------------------
TVexogenous  |
         occ |  -.0200464   .0136859    -1.46   0.143    -.0468702    .0067774
       south |    .008192   .0319007     0.26   0.797    -.0543322    .0707162
        smsa |  -.0422751   .0189265    -2.23   0.026    -.0793705   -.0051798
         ind |   .0139299   .0152158     0.92   0.360    -.0158925    .0437523
TVendogenous |
         exp |   .1131275   .0024709    45.78   0.000     .1082847    .1179703
        exp2 |   -.000419   .0000546    -7.68   0.000     -.000526    -.000312
         wks |   .0008354   .0005997     1.39   0.164      -.00034    .0020108
          ms |  -.0298035   .0189791    -1.57   0.116    -.0670018    .0073949
       union |   .0329267   .0149032     2.21   0.027      .003717    .0621364
TIexogenous  |
         fem |  -.1320852   .1266098    -1.04   0.297    -.3802358    .1160654
         blk |  -.2772592   .1542844    -1.80   0.072     -.579651    .0251327
          ed |   .1444029   .0141738    10.19   0.000     .1166228    .1721829
             |
       _cons |   2.829067   .1959975    14.43   0.000     2.444919    3.213216
-------------+----------------------------------------------------------------
     sigma_u |  .94169856
     sigma_e |  .15180273
         rho |   .9746724   (fraction of variance due to u_i)
------------------------------------------------------------------------------
Note:  TV refers to time varying; TI refers to time invariant.
```

위 모형에서 종속변수는 임금의 로그값이고 내생적 설명변수는 endog( ) 옵션에 포함된 변수들이다. 위 결과에서 변수들을 분류하는 항목 중 TVexogenous는 시간에 따라 변하는 외생변수(time-variant exogenous variables)라는 의미이고, TVendogenous는 시간에 따라 변하는 내생변수(time-variant endogenous variables)라는 의미이다. 그리고 TIexogenous는 시간 불변 외생적 설명변수(time-invariant exogenous variables)라는 뜻이다. 위 모형에서는 도구변수로서 TVexogenous와 TIexogenous 변수들이 사용되었다.

도구변수 추정을 위한 order condition은 내생적 설명변수의 개수보다 외생적 설명변수의 수가 크거나 같아야 한다. 위 예제에서는 내생적 설명변수의 수가 5개이고 외생적 설명변수의 수가 7개이므로 이 조건을 만족시킨다.

추정계수에 대한 해석은 일반적인 확률효과 모형에서와 같은 방식이다. 가령 교육수준을 나타내는 ed 변수에 대한 추정계수 0.144에 대해서는 (다른 조건이 동일할 때) 개인 A가 개인 B보다 교육수준이 1년 많으면 평균적으로 임금이 14.4% 더 많다고 해석한다. ed 변수는 시간에 따라 변하지 않기 때문에 패널 개체를 비교하는 방식으로 추정계수를 해석한다.

고정효과(FE) 모형, 확률효과(RE) 모형, 그리고 하우스만-테일러(HT) 추정결과를 비교하면 다음과 같다.

```
. qui xthtaylor lwage occ south smsa ind exp exp2 wks ms union fem blk ed,
  endog(exp exp2 wks ms union)

. estimates store HT

. estimates table FE RE HT, b(%9.3f) star(0.01 0.05 0.1)

-----------------------------------------------------------
    Variable |     FE             RE             HT
-------------+---------------------------------------------
         occ |   -0.021         -0.050***      -0.020
       south |   -0.002         -0.017          0.008
        smsa |   -0.042**       -0.014         -0.042**
         ind |    0.019          0.004          0.014
         exp |    0.113***       0.082***       0.113***
        exp2 |   -0.000***      -0.001***      -0.000***
         wks |    0.001          0.001          0.001
          ms |   -0.030         -0.075***      -0.030
       union |    0.033**        0.063***       0.033**
         fem |    0.000         -0.339***      -0.132
         blk |    0.000         -0.210***      -0.277*
          ed |    0.000          0.100***       0.144***
       _cons |    4.649***       4.264***       2.829***
-----------------------------------------------------------
                           legend: * p<.1; ** p<.05; *** p<.01
```

FE 모형 추정결과에서 시간에 따라 변하지 않는 변수(fem, blk, ed 등)는 추정되지 않기 때문에 0.000으로 입력되어 있음에 주의해야 한다. 세 모형의 결과를 비교해 보면, 시간에 따라 변하는 변수인 occ, south, smsa, ind, exp, exp2, wks, ms, union 변수들은 FE와 HT에서 매우 유사한 값을 가지고 있으며, 유의성 여부도 거의 일치한다. 그러나 RE 모형과 HT 추정을 비교하면 유의성과 추정계수에서 어느 정도 차이가 있음을 알 수 있다. 이러한 차이를 낳는 원인은 RE 모형에서는 설명변수들과 오차항 u_i 간의 상관관계로 인해 일치추정량을 얻지 못하기 때문으로 보인다. 또한 HT 모형에서는 시간에 따라 변하지 않는 변수인 fem, blk, ed 변수에 대한 계수 추정치도 얻을 수 있다.

Amemiya and MaCurdy(AM)는 HT 추정량보다 효율적인 추정량을 얻기 위해 도구변수가 되기 위한 조건을 강화하였다. 이를 실행하기 위해서는 다음과 같이 xthtaylor 명령어에 amacurdy 옵션을 사용한다.

```
. xthtaylor lwage occ south smsa ind exp exp2 wks ms union fem blk ed,
  endog(exp exp2 wks ms union) amacurdy

Amemiya-MaCurdy estimation                    Number of obs      =      4165
Group variable: id                            Number of groups   =       595

Time variable: t                              Obs per group: min =         7
                                                             avg =         7
                                                             max =         7
Random effects u_i ~ i.i.d.                   Wald chi2(12)      =   6884.20
                                              Prob > chi2        =    0.0000

------------------------------------------------------------------------------
       lwage |      Coef.   Std. Err.      z    P>|z|     [95% Conf. Interval]
-------------+----------------------------------------------------------------
TVexogenous  |
         occ |  -.0201399   .0136802    -1.47   0.141    -.0469527    .0066729
       south |   .0080913   .0318878     0.25   0.800    -.0544077    .0705902
        smsa |  -.0424262   .0189189    -2.24   0.025    -.0795065   -.0053459
         ind |   .0139799   .0152096     0.92   0.358    -.0158304    .0437902
TVendogenous |
         exp |    .112967   .0024688    45.76   0.000     .1081283    .1178056
        exp2 |  -.0004216   .0000546    -7.73   0.000    -.0005286   -.0003147
         wks |   .0008358   .0005994     1.39   0.163    -.0003391    .0020106
          ms |  -.0300273   .0189663    -1.58   0.113    -.0672006    .0071461
       union |   .0326276   .0148898     2.19   0.028     .0034442     .061811
TIexogenous  |
         fem |  -.1332521   .1265577    -1.05   0.292    -.3813006    .1147965
         blk |  -.2767678   .1542222    -1.79   0.073    -.5790377    .0255021
          ed |   .1441499   .0141679    10.17   0.000     .1163813    .1719185
```

```
             |
       _cons |   2.837376   .1959072    14.48   0.000     2.453405    3.221347
-------------+----------------------------------------------------------------
     sigma_u |  .94169856
     sigma_e |  .15180273
         rho |   .9746724   (fraction of variance due to u_i)
------------------------------------------------------------------------------
Note:  TV refers to time varying; TI refers to time invariant.

. estimates store AM

. estimates table HT AM, b(%9.3f) star(0.01 0.05 0.1)

------------------------------------------
    Variable |      H T           A M
-------------+----------------------------
         occ |   -0.020         -0.020
       south |    0.008          0.008
        smsa |   -0.042**       -0.042**
         ind |    0.014          0.014
         exp |    0.113***       0.113***
        exp2 |   -0.000***      -0.000***
         wks |    0.001          0.001
          ms |   -0.030         -0.030
       union |    0.033**        0.033**
         fem |   -0.132         -0.133
         blk |   -0.277*        -0.277*
          ed |    0.144***       0.144***
       _cons |    2.829***       2.837***
------------------------------------------
           legend: * p<.1; ** p<.05; *** p<.01
```

위 결과를 살펴보면, HT 추정치와 AM 추정치에 거의 차이가 없음을 확인할 수 있다. HT 추정은 불균형패널에서도 실행이 가능하지만 AM 추정은 균형패널에서만 가능하다는 점에 유의해야 한다.

13.2 고정효과 2단계 추정

다음에서 오차항 u_i를 고정효과로 가정한 선형회귀모형을 고려해 보자.

$$y_{it} = \alpha + \beta_1 x_{1it} + \beta_2 x_{2it} + u_i + e_{it} \tag{13.2}$$

앞 절에서 설명한 하우스만-테일러 추정은 설명변수가 패널 개체특성을 나타내는 오차항 u_i와 상관관계가 있는 경우에 사용된다. 이번 절에서는 설명변수가 오차항 u_i가 아니라 e_{it}와 상관성을 보이는 경우를 생각해보자. 이러한 설명변수와 오차항 간의 상관관계는 일반적인 계량경제 모형에서 발견되는 심각한 문제 중의 하나이다. 패널데이터의 경우에도 설명변수의 내생성 문제가 발견될 수 있다.

위 모형에서 설명변수 x_{2it}와 오차항 e_{it}가 상관관계가 없어야만 일치추정량을 얻을 수 있다.* $cov(x_{2it}, e_{it}) \neq 0$인 경우, 일치추정량을 얻기 위해서는 도구변수를 이용한 2SLS (two-stage least squares) 추정을 사용해야 한다. 이 경우 추정의 기본 절차는 다음과 같다.

<table>
<tr><td>• 1단계</td><td>$$x_{2it} = \delta_1 + \delta_2 x_{1it} + \delta_2 z_{it} + v_i + \epsilon_{it} \quad (13.3)$$
위의 식 13.3에서 보는 것처럼 종속변수로서 내생적 설명변수인 x_{2it}를 두고, 이를 도구변수 z_{it}와 식 13.2에서 외생적 변수인 x_{1it}를 설명변수로 하여 within 추정량을 구함</td></tr>
<tr><td>• 2단계</td><td>1단계에서 구한 within 추정량을 이용하여 x_{2it}의 적합값을 계산하여, 이 변수를 $\hat{x}_{2it}$라 함</td></tr>
<tr><td>• 3단계</td><td>$$y_{it} = \alpha + \beta_1 x_{1it} + \beta_2 \hat{x}_{2it} + u_i + e_{it} \quad (13.4)$$
위의 식 13.4에서 보는 것처럼 내생적 설명변수 x_{2it}대신 $\hat{x}_{2it}$를 설명변수로 둔 모형을 설정하여 다시 within 추정량을 구하면 고정효과 2SLS(FE2SLS) 추정량을 얻게 됨</td></tr>
</table>

예제 데이터파일 P_data13_2.dta를 이용하여 FE2SLS를 실행해보자. 우선 tsset을 실행하면, 데이터가 불균형 패널데이터임을 알 수 있다. 불균형 패널데이터의 경우에도 FE2SLS 추정량을 구할 수 있다. 명령어는 xtivreg이며, 실행결과는 다음과 같다.

그림 13.1

```
. tsset id year
       panel variable:  idcode (unbalanced)
        time variable:  year, 68 to 88, but with gaps
                delta:  1 unit

. xtivreg ln_w age not_smsa (tenure=union south), fe first
```

* x_{1it}변수는 외생적이라고 가정하자.

<First Stage>

```
First-stage within regression

Fixed-effects (within) regression               Number of obs      =     19007
Group variable: idcode                          Number of groups   =      4134

R-sq:  within  = 0.2995                         Obs per group: min =         1
       between = 0.0589                                        avg =       4.6
       overall = 0.1294                                        max =        12

                                                F(4,14869)         =   1589.28
corr(u_i, Xb)  = -0.1822                        Prob > F           =    0.0000
------------------------------------------------------------------------------
      tenure |      Coef.   Std. Err.      t    P>|t|     [95% Conf. Interval]
-------------+----------------------------------------------------------------
         age |   .3290462    .004147    79.34   0.000     .3209175    .3371749
    not_smsa |  -.3527053   .1271435    -2.77   0.006    -.6019222   -.1034885
       union |   .3887998   .0707748     5.49   0.000     .2500725    .5275271
       south |  -.4104798   .1351109    -3.04   0.002    -.6753139   -.1456457
       _cons |  -6.179222   .1464134   -42.20   0.000     -6.46621   -5.892234
-------------+----------------------------------------------------------------
     sigma_u |  3.1278974
     sigma_e |  2.5912774
         rho |  .59300938   (fraction of variance due to u_i)
------------------------------------------------------------------------------
F test that all u_i=0:     F(4133, 14869) =     6.37         Prob > F = 0.0000
```

<Second Stage>

```
Fixed-effects (within) IV regression         Number of obs      =     19007
Group variable: idcode                       Number of groups   =      4134

R-sq:  within  =      .                      Obs per group: min =         1
       between = 0.1277                                     avg =       4.6
       overall = 0.0879                                     max =        12

                                             Wald chi2(3)       = 141873.28
corr(u_i, Xb)  = -0.6875                     Prob > chi2        =    0.0000

------------------------------------------------------------------------------
     ln_wage |      Coef.   Std. Err.      z    P>|z|     [95% Conf. Interval]
-------------+----------------------------------------------------------------
      tenure |   .2452291   .0386354     6.35   0.000     .1695051    .3209531
         age |  -.0651322   .0127701    -5.10   0.000    -.0901611   -.0401034
    not_smsa |  -.0159519   .0346643    -0.46   0.645    -.0838927    .0519888
       _cons |   2.831893   .2443845    11.59   0.000     2.352908    3.310878
-------------+----------------------------------------------------------------
     sigma_u |  .71942007
     sigma_e |  .64359089
         rho |  .55546192   (fraction of variance due to u_i)
------------------------------------------------------------------------------
F  test that all u_i=0:     F(4133,14870) =     1.38      Prob > F     = 0.0000
```

```
------------------------------------------------------------------------------
Instrumented:   tenure
Instruments:    age not_smsa union south
------------------------------------------------------------------------------
```

xtivreg 명령문은 ivregress 2sls 명령문과 유사하다.[*] 내생적 설명변수를 괄호 안에 넣고 도구변수를 지정하면 된다. 위 예제에서는 tenure 변수가 내생적 설명변수이고 union과 south 변수가 도구변수로 사용되었다. 내생적 설명변수의 수(1개)가 도구변수의 수(2개)보다 작으므로 order condition을 만족한다. 명령문에 있는 first 옵션은 식 13.3에 해당하는 1단계 모형에 대한 추정결과를 함께 제시하라는 것이다. 앞의 결과 중 First-stage within regression이라고 표시되어 있는 부분이 1단계 추정결과이다.

이번에는 앞서 설명한 단계적 추정방법에 따라 직접 추정을 실행하여 위의 xtivreg, fe 명령문 추정결과와 일치하는지 확인해 보았다.

```
. xtreg tenure union south age not_smsa if e(sample)==1, fe

Fixed-effects (within) regression               Number of obs      =     19007
Group variable: idcode                          Number of groups   =      4134

R-sq:  within  = 0.2995                         Obs per group: min =         1
       between = 0.0589                                        avg =       4.6
       overall = 0.1294                                        max =        12
                                                F(4,14869)         =   1589.28
corr(u_i, Xb)  = -0.1822                        Prob > F           =    0.0000

------------------------------------------------------------------------------
      tenure |      Coef.   Std. Err.      t    P>|t|     [95% Conf. Interval]
-------------+----------------------------------------------------------------
       union |   .3887998   .0707748     5.49   0.000     .2500725    .5275271
       south |  -.4104798   .1351109    -3.04   0.002    -.6753139   -.1456457
         age |   .3290462    .004147    79.34   0.000     .3209175    .3371749
    not_smsa |  -.3527053   .1271435    -2.77   0.006    -.6019222   -.1034885
       _cons |  -6.179222   .1464134   -42.20   0.000     -6.46621   -5.892234
-------------+----------------------------------------------------------------
     sigma_u |  3.1278974
     sigma_e |  2.5912774
         rho |  .59300938   (fraction of variance due to u_i)
------------------------------------------------------------------------------
F test that all u_i=0:     F(4133, 14869) =     6.37         Prob > F = 0.0000
```

[*] ivregress 2sls 명령어 사용법에 대해서는 민인식·최필선(2019b)의 13장을 참고하라.

```
. predict tenure_hat if e(sample)==1
(option xb assumed; fitted values)
(9527 missing values generated)

. xtreg ln_w tenure_hat age not_smsa if e(sample)==1, fe

Fixed-effects (within) regression               Number of obs      =     19007
Group variable: idcode                          Number of groups   =      4134

R-sq:  within  = 0.1038                         Obs per group: min =         1
       between = 0.1154                                        avg =       4.6
       overall = 0.1274                                        max =        12

                                                F(3,14870)         =    574.34
corr(u_i, Xb)  = 0.1008                         Prob > F           =    0.0000

------------------------------------------------------------------------------
     ln_wage |      Coef.   Std. Err.      t    P>|t|     [95% Conf. Interval]
-------------+----------------------------------------------------------------
  tenure_hat |   .2452291   .0155926    15.73   0.000     .2146656    .2757926
         age |  -.0651322   .0051538   -12.64   0.000    -.0752343   -.0550302
    not_smsa |   -.015952     .01399    -1.14   0.254     -.043374    .0114701
       _cons |   2.831893   .0986297    28.71   0.000     2.638567     3.02522
-------------+----------------------------------------------------------------
     sigma_u |  .40831674
     sigma_e |  .25974306
         rho |  .71191451   (fraction of variance due to u_i)
------------------------------------------------------------------------------
F test that all u_i=0:     F(4133, 14870) =     9.11         Prob > F = 0.0000
```

앞의 명령문을 보면 xtivreg, fe 명령문을 실행하고 그 다음에 나오는 명령문에는 계속 e(sample)==1 조건문을 사용함으로써 모든 추정에서 동일한 표본이 사용되게끔 하였다. 앞의 실행결과를 보면, 우선 tenure변수를 종속변수로 둔 xtreg, fe 결과는 그림 13.1의 1단계 추정결과와 정확히 일치함을 확인할 수 있다. 1단계 추정 후 predict 명령어를 이용하여 $\hat{x}_{2it}$ 변수를 생성했다. 마지막으로 내생적 설명변수 tenure 대신 tenure_hat 변수를 모형에 포함하여 임금결정 모형을 추정했다. 추정계수를 보면, 정확히 그림 13.1의 결과와 일치함을 확인할 수 있다. 그러나 추정계수의 표준오차는 자유도 수정의 문제로 인해 서로 차이가 있음을 알 수 있다.

tenure 변수에 내생성(endogeneity)이 존재하는지 알아보기 위해 하우스만 검정을 사용할 수 있다. 귀무가설은 다음과 같다.

$$H_0: x_{2it}\text{와 오차항 } e_{it}\text{는 상관관계가 없다}$$

H_0와 H_1 하에서 xtivreg, fe는 일치추정량이지만 H_1 하에서는 xtivreg, fe만 일치추정량이고 xtreg, fe는 일치추정량이 아니다.

하우스만 검정을 위해서는 xtreg, fe와 xtivreg, fe를 추정한 후 각 결과를 estimates store 명령문을 이용하여 저장한 다음, hausman 명령어를 실행한다. 결과는 다음과 같다.

```
. qui xtreg ln_w tenure age not_smsa , fe

. estimates store XTREG

. qui xtivreg ln_w age not_smsa (tenure=union south), fe

. estimates store XTIVREG

. hausman XTIVREG XTREG, sigmamore

                 ---- Coefficients ----
             |      (b)          (B)            (b-B)     sqrt(diag(V_b-V_B))
             |    XTIVREG       XTREG         Difference          S.E.
-------------+----------------------------------------------------------------
      tenure |    .2452291     .0209418        .2242873        .0118786
         age |   -.0651322     .0123481       -.0774803        .0039134
    not_smsa |   -.0159519    -.099398         .0834461         .004425
------------------------------------------------------------------------------
                          b = consistent under Ho and Ha; obtained from xtivreg
           B = inconsistent under Ha, efficient under Ho; obtained from xtreg

    Test:  Ho:  difference in coefficients not systematic

                  chi2(3) = (b-B)'[(V_b-V_B)^(-1)](b-B)
                          =       33.35
                Prob>chi2 =      0.0000
                (V_b-V_B is not positive definite)
```

hausman 명령문 작성 시 반드시 xtivreg, fe 결과(XTIVREG; 귀무가설과 대립가설 하에서 일치추정량)가 먼저 오고 xtreg, fe 결과(XTREG; 대립가설 하에서 일치추정량이 아님)가 나중에 와야 한다. hausman 명령문에는 sigmamore 옵션을 사용하였다.* 위 결과를 보면, p값이 0.01보다 작기 때문에 1% 유의수준에서 귀무가설을 기각한다. 따라서 FE2SLS 추정량이 적절함을 의미한다.

위에서 하우스만 결과를 보면 (V_b-V_B is not positive definite)라는 메시지를 볼 수 있다. 두 모형의 추정계수의 공분산 행렬의 차이인 (V_b-V_B)는 점근적으로(asymptotically)

---

* sigmamore 옵션을 사용하지 않더라도 검정결과에는 영향을 미치지 않는다.

만 양정부호 행렬이 된다고 11.3절에서 언급하였다. 따라서 하우스만 검정의 이러한 문제점을 해결하기 위해서 Davidson and MacKinnon(1993)은 대안적인 검정통계량을 제시하였다. Stata에서 이 검정통계량을 사용하기 위해서는 먼저 명령문을 실행하여 dmexogxt 프로그램을 인터넷에서 다운로드 받아야 한다.

```
. findit dmexogxt
```

다음과 같이 xtivreg, fe 명령문을 실행한 후 dmexogxt 명령어를 입력하면 된다. dmexogxt 명령어는 xtivreg, fe를 실행한 다음에만 사용할 수 있음에 주의해야 한다. 실행결과는 다음과 같다.

```
. qui xtivreg ln_w age not_smsa (tenure=union south), fe

. dmexogxt

Davidson-MacKinnon test of exogeneity:  219.5902  F( 1,14869)
P-value =  2.5e-49
```

위 검정결과 p값이 거의 0에 가깝기 때문에 귀무가설이 기각된다. 즉 tenure 변수의 외생성을 의심할 수 있다. 이 결과는 앞의 하우스만 검정과 일치하는 결론이다.

13.3 1차 차분 2단계 추정

다음과 같은 선형회귀모형을 모형을 가정하자.

$$y_{it} = \alpha + \beta_1 x_{1it} + \beta_2 x_{2it} + u_i + e_{it} \tag{13.5}$$

앞 절과 마찬가지로 설명변수 x_{2it}가 내생적 설명변수로서 오차항 e_{it}와 상관관계가 있다고 가정한다. 이때 식 13.5에 대한 1차 차분모형은 다음이 된다.

$$\Delta y_{it} = \beta_1 \Delta x_{1it} + \beta_2 \Delta x_{2it} + \Delta e_{it} \tag{13.6}$$

위 식 13.6을 추정하고자 할 때, $cov(x_{2it}, e_{it}) \neq 0$이면 설명변수 차분항인 Δx_{2it}이 여전히 오차항 차분항인 Δe_{it}와 상관관계가 있음을 쉽게 보일 수 있다. 따라서 도구변수를 이용하여 Δx_{2it}의 적합값(fitted value)을 구해야 한다. 1차 차분 2SLS(first-difference 2SLS; FD2SLS) 추정량은 다음과 같은 절차에 따라 추정한다.

• 1단계	식 13.6에서 내생적 설명변수인 Δx_{2it}를 종속변수로 두고 외생적 설명변수인 Δx_{1it}와 도구변수의 1차 차분인 Δz_{it}를 설명변수로 둔 선형회귀모형을 추정
• 2단계	1단계에서 구한 추정계수를 이용하여 종속변수 적합값인 $\widehat{\Delta x}_{2it}$를 구함
• 3단계	2단계에서 구한 적합값을 식 13.6에서 Δx_{2it}을 대신하여 설명변수로 사용하여 추정계수를 구함

Anderson and Hsiao(1981)에 따르면 종속변수의 과거값이 설명변수로 들어가 있는 모형에서는 13.2절에서 설명한 FE2SLS와 13.4에서 설명할 확률효과 모형 2단계 추정량(G2SLS)은 일치추정량이 될 수 없고, 따라서 이 경우에는 위와 같이 구한 FD2SLS 추정량을 사용해야 한다. 그러나 내생적 설명변수가 종속변수와 상관없이 내생성(endogeneity)을 가지는 경우에는 FE2SLS가 FD2SLS보다 더 효율적인 것으로 알려져 있다.

예제 데이터파일 P_data13_3.dta를 이용하여 FD2SLS를 실행해보자. 먼저 **tsset** 명령어를 실행하면 데이터가 불균형패널 데이터임을 알 수 있다. 아래 예제에서는 내생적 설명변수를 종속변수 n_{it}의 1기 전 값(n_{it-1})으로 가정하였다. FD2SLS를 구하기 위해서는 **xtivreg** 명령문에서 **fd** 옵션을 사용한다. 아래 명령문에서는 기존변수의 차분과 과거값 표현에 있어 2.4절에서 설명한 D와 L 연산자를 사용하였다. 실행결과는 다음과 같다.

```
. tsset id year
      panel variable:  id (unbalanced)
       time variable:  year, 1976 to 1984
               delta:  1 unit

. xtivreg n w k ys (L.n=L2.n), fd

First-differenced IV regression
Group variable:     id                         Number of obs      =       611
Time variable (t):  year                       Number of groups   =       140

R-sq:  within  = 0.6999                        Obs per group: min =         4
       between = 0.9143                                       avg =       4.4
       overall = 0.8978                                       max =         6

                                               Wald chi2(4)       =    395.33
corr(u_i, Xb)  = 0.7125                        Prob > chi2        =    0.0000

------------------------------------------------------------------------------
         D.n |      Coef.   Std. Err.      z    P>|z|     [95% Conf. Interval]
```

```
-------------+----------------------------------------------------------------
           n |
         LD. |   .1745607   .1697764     1.03   0.304     -.158195    .5073164
           w |
         D1. |  -.5693046   .0563543   -10.10   0.000     -.679757   -.4588522
           k |
         D1. |   .3999101   .0479315     8.34   0.000     .3059661    .4938541
          ys |
         D1. |   .5420175   .1013208     5.35   0.000     .3434323    .7406026
       _cons |   .0018938   .0103921     0.18   0.855    -.0184744     .022262
-------------+----------------------------------------------------------------
     sigma_u |  .59912984
     sigma_e |  .11107093
         rho |  .96677357   (fraction of variance due to u_i)
------------------------------------------------------------------------------
Instrumented:   L.n
Instruments:    w k ys L2.n
------------------------------------------------------------------------------
```

본 예제에서 1단계 추정 모형은 다음이 된다.

$$\Delta n_{it-1} = \delta_1 \Delta n_{it-2} + \delta_2 \Delta w_{it} + \delta_3 \Delta k_{it} + \delta_4 \Delta ys_{it} + \Delta e_{it} \tag{13.7}$$

1단계 추정계수를 이용하여 구한 $\widehat{\Delta n}_{it-1}$을 2단계 추정에서 설명변수로 사용하여 FD2SLS 추정량을 구한 결과가 위에 나와 있다.

이번에는 앞서 설명한 단계적 추정방법에 따라 직접 추정을 실행하여 위의 xtivreg, fd 명령문 추정결과와 일치하는지 확인해 보았다.

```
. reg DL.n D.(L2.n w k ys)

      Source |       SS       df       MS              Number of obs =     611
-------------+------------------------------           F(  4,   606) =   19.47
       Model |  1.32911185     4  .332277962           Prob > F      =  0.0000
    Residual |  10.3424317   606  .017066719           R-squared     =  0.1139
-------------+------------------------------           Adj R-squared =  0.1080
       Total |  11.6715436   610  .019133678           Root MSE      =  .13064

------------------------------------------------------------------------------
        LD.n |      Coef.   Std. Err.      t    P>|t|     [95% Conf. Interval]
-------------+----------------------------------------------------------------
           n |
        L2D. |   .2104828   .0420309     5.01   0.000     .1279389    .2930267
           w |
         D1. |   .1237089   .0601351     2.06   0.040     .0056105    .2418074
```

```
           k |
         D1. |   .1970494   .0347374     5.67   0.000     .128829    .2652697
          ys |
         D1. |  -.2818881   .0982302    -2.87   0.004    -.474801   -.0889751
       _cons |  -.0461902    .006909    -6.69   0.000   -.0597586   -.0326218
------------------------------------------------------------------------------

. predict Dn1_hat
(option xb assumed; fitted values)
(420 missing values generated)

. reg D.n Dn1_hat D.(w k ys)

      Source |       SS       df       MS              Number of obs =     611
-------------+------------------------------           F(  4,   606) =   95.67
       Model |  4.87710925     4  1.21927731           Prob > F      =  0.0000
    Residual |  7.72286922   606  .012744009           R-squared     =  0.3871
-------------+------------------------------           Adj R-squared =  0.3830
       Total |  12.5999785   610  .020655702           Root MSE      =  .11289

------------------------------------------------------------------------------
         D.n |      Coef.   Std. Err.      t    P>|t|     [95% Conf. Interval]
-------------+----------------------------------------------------------------
     Dn1_hat |   .1745607    .172556     1.01   0.312    -.1643197     .513441
           w |
         D1. |  -.5693046   .0572769    -9.94   0.000      -.68179   -.4568192
           k |
         D1. |   .3999101   .0487162     8.21   0.000      .304237    .4955833
          ys |
         D1. |   .5420175   .1029796     5.26   0.000     .3397772    .7442577
       _cons |   .0018938   .0105623     0.18   0.858    -.0188493    .0226369
------------------------------------------------------------------------------
```

먼저 식 13.7에 제시된 1단계 차분모형을 추정했다. 위의 1단계 추정결과를 살펴보면, 도구변수로 사용된 L2D.n 변수의 추정계수가 1% 유의수준에서 유의하다는 것을 확인할 수 있다. 그 다음 predict 명령어를 이용하여 $\widehat{\Delta n}_{it-1}$을 계산하였다. 마지막으로 2단계 차분모형에서는 새로 생성한 Dn1_hat($\widehat{\Delta n}_{it-1}$) 변수를 설명변수로 사용하였다. 2단계 차분모형의 추정계수는 정확히 앞의 **xtivreg, fd** 결과와 일치함을 확인할 수 있다.

위 예제와 같이 내생적 설명변수가 종속변수의 과거값인 경우에 다음 세 가지 추정량을 비교해 보자.

〈내생성 무시〉

```
. qui xtivreg n w k ys (L.n=L2.n), fd reg
. estimates store FD_REG
```

〈FD2SLS〉

```
. qui xtivreg n w k ys (L.n=L2.n), fd
. estimates store FD2SLS
```

〈FE2SLS〉

```
. qui xtivreg n w k ys (L.n=L2.n), fe
. estimates store FE2SLS

. estimates table FD_REG FD2SLS FE2SLS, b(%9.3f) star(0.01 0.05 0.1)

-----------------------------------------------------
    Variable |   FD_REG        FD2SLS        FE2SLS
-------------+---------------------------------------
        LD.n |   0.156***      0.175
         L.n |                               0.311***
         D.w |  -0.567***     -0.569***
           w |                              -0.467***
         D.k |   0.404***      0.400***
           k |                               0.426***
        D.ys |   0.536***      0.542***
          ys |                               0.327***
       _cons |   0.001         0.002         0.837**
-----------------------------------------------------
                 legend: * p<.1; ** p<.05; *** p<.01
```

우선 위의 첫 번째 추정은 내생적 설명변수인 n_{it-1}을 외생적이라고 가정하고 1차 차분 모형을 추정한 것이다. 이를 위해서는 xtivreg, fd에서 reg 옵션을 추가하면 된다. 그렇게 하면 L.n 변수를 외생적 설명변수로 간주하고 1차 차분모형을 추정한다. 두 번째는 앞에서 설명한 FD2SLS 추정량을 구하였다. 마지막은 1차 차분 모형 대신 고정효과를 가정하고 FE2SLS 추정량을 얻었다. 각 추정결과를 estimates store 명령문으로 저장한 다음, 마지막에 estimates table 명령어를 이용하여 하나의 표로 만들었다. FD_REG(내생성을 무시한 1차 차분 추정) 및 FD2SLS에 있는 LD.n 변수와 FE2SLS 추정의 L.n 변수의 추정계수가 서로 비교될 수 있다. 내생성을 무시한 모형과 FE2SLS에서는 L.n 변수가 유의하지만 FD2SLS에서는 유의하지 않음을 알 수 있다.

앞서 설명하였듯이 내생적 설명변수가 종속변수의 과거값인 경우 FD2SLS가 FE2SLS보다 더 나은 추정량이다. 또한 설명변수인 Δn_{it-1}(차분모형에서 DL.n 변수)가 오차항 Δe_{it}와 상관관계가 있다면 도구변수를 이용한 FD2SLS 추정량이 내생성을 무시한 추정량보다 더 나은 추정량이라고 말할 수 있다.*

13.4 확률효과 2단계 추정

다음의 선형회귀모형에서 오차항 u_i를 확률변수로 가정한다면 확률효과 모형을 추정해야 한다.

$$y_{it} = \alpha + \beta_1 x_{1it} + \beta_2 x_{2it} + u_i + e_{it} \tag{13.8}$$

여기에서 앞 절과 마찬가지로 설명변수 x_{2it}가 내생적 설명변수로서 오차항 e_{it}와 상관관계가 있다고 가정하자. 따라서 이 경우에는 확률효과 모형에서 2SLS 추정량을 구해야 한다.

식 13.8에서 일치추정량을 얻기 위해서는 10장 확률효과 모형의 추정에서 사용한 GLS 추정을 적용한 2단계 추정법(G2SLS; generalized 2SLS)을 이용한다. GLS 추정을 위해서는 오차항 u_i의 분산인 σ_u^2와 순수 오차항인 e_{it}의 분산인 σ_e^2의 함수인 θ 추정치를 먼저 구해야 한다. 10.2절에서와 유사하게 between 모형과 고정효과 모형에서 구한 잔차를 이용하여 $\hat{\theta}$을 추정한다. 일단 $\hat{\theta}$ 추정치를 얻었다면 확률효과 모형을 적용하여 내생적 설명변수를 추정하고 그 적합값을 이용하여 2단계로 G2SLS 추정량을 구한다. 내생적 설명변수가 있는 모형에서 G2SLS가 일치추정량이 되기 위해서는 여전히 $cov(x_{it}, u_i) = 0$의 가정이 만족되어야 함에 주의해야 한다. 만약 이 가정이 만족되지 못한다면 FE2SLS를 사용하는 것이 바람직하다.

예제 데이터파일 P_data13_4.dta를 이용하여 G2SLS 추정을 실행해 보자. G2SLS 추정을 위해서는 **xtivreg** 명령문에 **re** 옵션을 추가하면 된다. 다음 실행결과에서 알 수 있듯이 **xtivreg, re**를 이용하면 불균형패널에 대해서도 G2SLS 추정량을 구할 수 있다.

```
. tsset id year
       panel variable:  idcode (unbalanced)
        time variable:  year, 68 to 88, but with gaps
                delta:  1 unit

. xtivreg ln_w age not_smsa black (tenure=union birth south), re

G2SLS random-effects IV regression              Number of obs      =     19007
```

* 필요하다면 Δn_{it-1}와 오차항 Δe_{it} 간에 상관관계가 있는지 하우스만 검정을 할 수 있다.

```
Group variable: idcode                          Number of groups   =      4134

R-sq:  within  = 0.0633                         Obs per group: min =         1
       between = 0.2022                                        avg =       4.6
       overall = 0.1409                                        max =        12

                                                Wald chi2(4)       =   1329.29
corr(u_i, X)       = 0 (assumed)                Prob > chi2        =    0.0000

------------------------------------------------------------------------------
     ln_wage |      Coef.   Std. Err.      z    P>|z|     [95% Conf. Interval]
-------------+----------------------------------------------------------------
      tenure |   .1477314   .0083337    17.73   0.000     .1313978    .1640651
         age |  -.0262139   .0023676   -11.07   0.000    -.0308543   -.0215734
    not_smsa |  -.2234192   .0115643   -19.32   0.000    -.2460848   -.2007537
       black |  -.2061667   .0130001   -15.86   0.000    -.2316465   -.1806869
       _cons |   2.150549   .0474486    45.32   0.000     2.057551    2.243547
-------------+----------------------------------------------------------------
     sigma_u |  .36625646
     sigma_e |  .64361253
         rho |  .24461792   (fraction of variance due to u_i)
------------------------------------------------------------------------------
Instrumented:   tenure
Instruments:    age not_smsa black union birth_yr south
------------------------------------------------------------------------------

. xtivreg ln_w age not_smsa black (tenure=union birth south), re ec2sls

EC2SLS random-effects IV regression             Number of obs      =     19007
Group variable: idcode                          Number of groups   =      4134

R-sq:  within  = 0.0863                         Obs per group: min =         1
       between = 0.2543                                        avg =       4.6
       overall = 0.1877                                        max =        12

                                                Wald chi2(4)       =   2658.89
corr(u_i, X)       = 0 (assumed)                Prob > chi2        =    0.0000

------------------------------------------------------------------------------
     ln_wage |      Coef.   Std. Err.      z    P>|z|     [95% Conf. Interval]
-------------+----------------------------------------------------------------
      tenure |   .0661313   .0025818    25.61   0.000     .0610711    .0711916
         age |  -.0037963   .0008426    -4.51   0.000    -.0054477   -.0021449
    not_smsa |  -.2306451   .0083156   -27.74   0.000    -.2469434   -.2143468
       black |  -.1796701   .0091789   -19.57   0.000    -.1976604   -.1616798
       _cons |   1.733381   .0201441    86.05   0.000     1.693899    1.772863
-------------+----------------------------------------------------------------
     sigma_u |  .36625646
     sigma_e |  .64361253
         rho |  .24461792   (fraction of variance due to u_i)
------------------------------------------------------------------------------
```

```
Instrumented:   tenure
Instruments:    age not_smsa black union birth_yr south
------------------------------------------------------------------------------
```

본 예제에서는 내생적 설명변수로서 tenure를 가정하였고, 추가적인 도구변수로 union, birth, south 변수를 사용하였다. (위 결과에 제시되지는 않았지만) 1단계 확률효과 모형에서 종속변수는 tenure이고, 독립변수는 외생적 설명변수와 도구변수들이다. 위의 xtivreg, re 명령문에서는 옵션으로 ec2sls를 사용했다. 이렇게 하면 Baltagi의 EC2SLS 추정량이 제시된다. EC2SLS는 G2SLS 추정에 비해 도구변수들의 패널그룹 내 평균을 구해 추가적인 도구변수로 사용한다.

이번에는 tenure 변수를 외생적이라고 가정한 확률효과 모형(XTREG_RE), 내생적이면서 고정효과를 가정한 모형(FE2SLS), 그리고 내생적이면서 확률효과 모형을 가정한 모형(G2SLS)의 추정결과를 서로 비교해 보았다. 그 결과는 다음과 같다.

〈내생성 무시〉

```
. qui xtreg ln_w age not_smsa black tenure, re
. estimates store XTREG_RE
```

〈G2SLS〉

```
. qui xtivreg ln_w age not_smsa black (tenure=union birth south), re
. estimates store G2SLS
```

〈FE2SLS〉

```
. qui xtivreg ln_w age not_smsa black (tenure=union birth south), fe
. estimates store FE2SLS

. estimates table XTREG_RE G2SLS FE2SLS, b(%9.3f) star(0.01 0.05 0.1)
```

Variable	XTREG_RE	G2SLS	FE2SLS
age	0.012***	-0.026***	-0.065***
not_smsa	-0.165***	-0.223***	-0.016
black	-0.143***	-0.206***	0.000
tenure	0.026***	0.148***	0.245***
_cons	1.334***	2.151***	2.832***

legend: * p<.1; ** p<.05; *** p<.01

위 결과에 나온 표를 보면 black 변수는 패널 그룹 내에서는 고정된 변수이므로 FE2SLS에서는 추정되지 않아 0.000으로 표시되어 있다. 또한 age 변수는 tenure 변수의 내생성을 가정한 모형(G2SLS)에서는 마이너스 부호로 유의하지만 외생성을 가정한 모형(XTREG_RE)에서는 플러스로 유의하다. 또한 tenure 변수는 G2SLS 추정치가 XTREG_RE 추정치보다 7배 정도 크다는 것을 알 수 있다. 그러나 G2SLS 추정치가 FE2SLS 추정치에 비해서는 1/2 수준밖에 되지 않는 것으로 나타났다.

위 예제에서 알 수 있듯이 tenure 변수의 내생성 여부, 그리고 확률효과 가정 여부에 따라 tenure 변수의 추정치가 많이 달라지는 것을 알 수 있다. 따라서 이번에는 확률효과 모형을 가정하고 tenure 변수가 내생적인지를 알아보는 하우스만 검정을 실시해 보자.

```
. hausman G2SLS XTREG_RE

                 ---- Coefficients ----
             |      (b)          (B)            (b-B)     sqrt(diag(V_b-V_B))
             |     G2SLS      XTREG_RE       Difference          S.E.
-------------+----------------------------------------------------------------
      tenure |    .1477314     .0257835         .121948        .0083003
         age |   -.0262139     .0117579       -.0379717        .0023361
    not_smsa |   -.2234192    -.1645634       -.0588559         .008616
       black |   -.2061667    -.1425493       -.0636174        .0062074
------------------------------------------------------------------------------
                           b = consistent under Ho and Ha; obtained from xtivreg
            B = inconsistent under Ha, efficient under Ho; obtained from xtreg

    Test:  Ho:  difference in coefficients not systematic

                  chi2(4) = (b-B)'[(V_b-V_B)^(-1)](b-B)
                          =      361.66
                Prob>chi2 =      0.0000
```

위의 hausman 명령문에서 먼저 나오는 추정량은 귀무가설과 대립가설 하에서 일치추정량이어야 한다. 따라서 G2SLS를 먼저 기입해야 한다. 나중에 나오는 추정량은 대립가설(즉, 설명변수와 오차항 e_{it} 간에 상관관계가 존재) 하에서는 일치추정량이 되지 못한다. 따라서 XTREG_RE가 나중에 기입되어야 한다. 추정결과를 보면, p값이 0.01보다 작기 때문에 1% 유의수준에서 귀무가설이 기각된다. 즉 tenure 변수는 내생적이라고 판단할 수 있다.

tenure 변수가 내생적인 경우, 이번에는 오차항 u_i를 확률변수로 간주해야 하는지(확률효과 모형) 아니면 추정해야 할 모수(고정효과 모형)로 간주해야 하는지 판단하기 위해 다음과 같이 하우스만 검정을 실시했다.

```
. hausman FE2SLS G2SLS

                 ---- Coefficients ----
             |      (b)          (B)            (b-B)     sqrt(diag(V_b-V_B))
             |     FE2SLS       G2SLS        Difference          S.E.
-------------+----------------------------------------------------------------
      tenure |    .2452291     .1477314        .0974977        .0377259
         age |   -.0651322    -.0262139       -.0389184        .0125486
    not_smsa |   -.0159519    -.2234192        .2074673        .0326784
------------------------------------------------------------------------------
                           b = consistent under Ho and Ha; obtained from xtivreg
            B = inconsistent under Ha, efficient under Ho; obtained from xtivreg

    Test:  Ho:  difference in coefficients not systematic

                  chi2(3) = (b-B)'[(V_b-V_B)^(-1)](b-B)
                          =      143.43
                Prob>chi2 =      0.0000
```

앞의 hausman 명령문 작성시, 앞에서와 마찬가지로 고정효과 모형 추정량인 FE2SLS를 먼저 기입하고, 확률효과 모형 추정량인 G2SLS 추정량을 나중에 기입하는 것에 유의해야 한다. 추정결과를 보면, p값이 0.01보다 작기 때문에 1% 유의수준에서 귀무가설이 기각된다. 따라서 설명변수와 오차항 u_i간에 상관관계가 존재한다고 판단할 수 있다. 따라서 FE2SLS 추정량을 일치추정량이라고 할 수 있다.

13.5 사후 분석

먼저 고정효과 2단계 추정에서 xtivreg, fe 명령문을 실행한 후 predict 명령어를 사용하면 적합값(fitted value)과 오차항에 대한 잔차 변수 등을 만들 수 있다. 예제 데이터파일 P_data13_4.dta를 이용하여 이를 실행해 보았다.

```
. qui xtivreg ln_w age not_smsa black (tenure=union birth south), fe

. predict yhat
(441 missing values generated)

. predict resid_u, u

. predict resid_e, e

. predict xb_u, xbu
```

```
. list ln_wage yhat resid_u resid_e xb_u if id==1

     +-------------------------------------------------------+
     |  ln_wage       yhat    resid_u     resid_e       xb_u |
     |-------------------------------------------------------|
  1. | 1.451214   1.679949          .           .          . |
  2. |  1.02862   1.614817          .           .          . |
  3. | 1.589977   1.754042   .8284844   -.9925489   2.582526 |
  4. | 1.780273   1.484552          .           .          . |
  5. | 1.777012   1.374723          .           .          . |
     |-------------------------------------------------------|
  6. | 1.778681   1.571431   .8284844   -.6212348   2.399915 |
  7. | 2.493976   1.158891          .           .          . |
  8. | 2.551715   1.457777   .8284844    .2654536   2.286262 |
  9. | 2.420261     .97628   .8284844     .615497   1.804764 |
 10. | 2.614172   1.152552   .8284844    .6331362   1.981036 |
     |-------------------------------------------------------|
 11. | 2.536374   1.512746   .8284844    .1951435    2.34123 |
 12. | 2.462927   1.729889   .8284844   -.0954462   2.558373 |
     +-------------------------------------------------------+
```

본 예제에서 모형의 종속변수는 임금의 로그값(ln_wage)이다. 고정효과 2단계 모형을 추정한 후, predict 명령어에 옵션을 주지 않고 실행하면 다음과 같은 ln_wage 변수의 적합값을 얻을 수 있다.

$$\hat{y}_{it} = \hat{\alpha}^{FE2SLS} + \hat{\beta}_1^{FE2SLS} x_{1it} + \hat{\beta}_2^{FE2SLS} x_{2it}$$

앞의 실행 예에서 보는 것처럼 predict 명령어는 다양한 옵션을 이용하여 원하는 값을 얻을 수 있다. 우선 옵션 u를 사용하면 고정효과에 해당하는 잔차항 $\hat{u}_i$를 계산한다. 또한 옵션 e를 사용하면 순수 잔차항 $\hat{e}_{it}$를 계산한다. 마지막으로 xbu 옵션을 사용하면 고정효과를 포함한 ln_wage 변수의 적합값을 다음과 같이 계산한다.

$$\hat{y}_{it} + \hat{u}_i = \hat{\alpha}^{FE2SLS} + \hat{\beta}_1^{FE2SLS} x_{1it} + \hat{\beta}_2^{FE2SLS} x_{2it} + \hat{u}_i$$

위에 사후분석에 의해 생성된 변수들의 일부분이 나와 있는데, $\hat{u}_i$(resid_u) 변수는 하나의 패널 그룹 내에서 동일한 값을 갖는 것을 알 수 있다. 또한 xb_u 변수는 $\hat{y}_{it}$(yhat) 변수와 $\hat{u}_i$(resid_u) 변수의 합이라는 것을 확인할 수 있다.

오차항 u_i를 확률변수로 가정한 확률효과 모형에서도 predict 명령문의 사용법은 같다. 그러나 1차 차분 모형, 즉 xtivreg, fd 명령문을 사용하면 predict 명령문에 차이점이 있다는 것에 주의해야 한다. 예제 데이터파일 P_data13_5.dta를 이용하여 xtivreg, fd 명령문을 실행해 보자.

```
. tsset company year
. qui xtivreg  invest mvalue kstock (L.invest=L2.invest), fd

. predict yhat_fd
(20 missing values generated)
```

본 예제에서 모형의 종속변수는 invest이다. 위에서 보는 것처럼 xtivreg, fd 명령문을 실행한 후, predict 명령문에 아무런 옵션을 주지 않으면 다음과 같이 종속변수 자체가 아니라 1차 차분에 대한 적합값을 생성하는 점에 주의해야 한다.

$$\widehat{\Delta y}_{it} = \hat{\alpha}^{FD2SLS} + \hat{\beta}_1^{FD2SLS}\Delta x_{1it} + \hat{\beta}_2^{FD2SLS}\Delta x_{2it}$$

다음은 종속변수인 invest 변수, 그것의 1차 차분변수인 d_invest 변수, 그리고 위에서 predict 명령문에 의해 생성한 yhat_fd 변수의 일부분이다. 여기에서 yhat_fd 변수는 종속변수의 1차 차분에 대한 적합값이므로 d_invest 변수와 비교되어야 함에 주의해야 한다.

```
. gen d_invest=D.invest
(10 missing values generated)

. list company year invest d_invest yhat_fd in 1/10

     +-----------------------------------------------+
     | company   year   invest   d_invest    yhat_fd |
     |-----------------------------------------------|
  1. |       1   1935    317.6          .          . |
  2. |       1   1936    391.8   74.19998          . |
  3. |       1   1937    410.6   18.80002    150.152 |
  4. |       1   1938    257.7     -152.9  -304.8815 |
  5. |       1   1939    330.8   73.09998   6.073747 |
     |-----------------------------------------------|
  6. |       1   1940    461.2      130.4    135.956 |
  7. |       1   1941      512   50.79999   139.3774 |
  8. |       1   1942      448        -64  -107.0199 |
  9. |       1   1943    499.6   51.60001   40.70073 |
 10. |       1   1944    547.5   47.89999   132.1365 |
     +-----------------------------------------------+
```

13.6 Stata do file

```
use P_data13_1,clear
qui xtreg lwage occ south smsa ind exp exp2 wks ms union fem blk ed, fe
estimates store FE
qui xtreg lwage occ south smsa ind exp exp2 wks ms union fem blk ed, re
estimates store RE
hausman FE RE, sigmamore

xthtaylor lwage occ south smsa ind exp exp2 ///
wks ms union fem blk ed,endog(exp exp2 wks ms union)

qui xthtaylor lwage occ south smsa ind exp exp2 ///
wks ms union fem blk ed, endog(exp exp2 wks ms union)
estimates store HT
estimates table FE RE HT, b(%9.3f) star(0.01 0.05 0.1)

xthtaylor lwage occ south smsa ind exp exp2 ///
wks ms union fem blk ed, endog(exp exp2 wks ms union) amacurdy
estimates store AM
estimates table HT AM, b(%9.3f) star(0.01 0.05 0.1)

use P_data13_2,clear
tsset id year
xtivreg ln_w age not_smsa (tenure=union south), fe first

xtreg tenure union south age not_smsa if e(sample)==1, fe
predict tenure_hat if e(sample)==1
xtreg ln_w tenure_hat age not_smsa if e(sample)==1, fe

qui xtreg ln_w tenure age not_smsa , fe
estimates store XTREG
qui xtivreg ln_w age not_smsa (tenure=union south), fe
estimates store XTIVREG
hausman XTIVREG XTREG, sigmamore

findit dmexogxt
qui xtivreg ln_w age not_smsa (tenure=union south), fe
dmexogxt

use P_data13_3,clear
tsset id year
xtivreg n w k ys (L.n=L2.n), fd

reg DL.n D.(L2.n w k ys)
predict Dn1_hat
```

```
reg D.n Dn1_hat D.(w k ys)

qui xtivreg n w k ys (L.n=L2.n), fd reg
estimates store FD_REG

qui xtivreg n w k ys (L.n=L2.n), fd
estimates store FD2SLS

qui xtivreg n w k ys (L.n=L2.n), fe
estimates store FE2SLS
estimates table FD_REG FD2SLS FE2SLS, b(%9.3f) star(0.01 0.05 0.1)

use P_data13_4,clear
tsset id year
xtivreg ln_w age not_smsa black (tenure=union birth south), re
xtivreg ln_w age not_smsa black (tenure=union birth south), re ec2sls

qui xtreg ln_w age not_smsa black tenure, re
estimates store XTREG_RE
qui xtivreg ln_w age not_smsa black (tenure=union birth south), re
estimates store G2SLS
qui xtivreg ln_w age not_smsa black (tenure=union birth south), fe
estimates store FE2SLS
estimates table XTREG_RE G2SLS FE2SLS, b(%9.3f) star(0.01 0.05 0.1)

hausman G2SLS XTREG_RE
hausman FE2SLS G2SLS

use P_data13_4,clear
qui xtivreg ln_w age not_smsa black (tenure=union birth south), fe
predict yhat
predict resid_u, u
predict resid_e, e
list ln_wage yhat resid_u resid_e xb_u if id==1

use P_data13_5,clear
tsset com year
qui xtivreg  invest mvalue kstock (L.invest=L2.invest), fd
predict yhat_fd
gen d_invest=D.invest
list company year invest d_invest yhat_fd in 1/10
```

CHAPTER 14 동적 패널 모형

14.1 모형 설정

종속변수의 과거시점 변수(lagged dependent variable)를 설명변수로 사용한 모형을 동적 패널 모형(dynamic panel model)이라고 부른다. 다음과 같은 패널 선형회귀모형을 생각해 보자.

$$y_{it} = \alpha + \gamma y_{it-1} + \beta x_{it} + u_i + e_{it} \tag{14.1}$$

위 식을 추정하는 첫 번째 방법은 우선 오차항 u_i를 고정효과로 가정하고 within 추정량을 구할 수 있다. y_{it-1}에 대한 within 변환을 실행하면 $(y_{it-1} - \overline{y}_i)$이 설명변수가 되고 오차항은 $(e_{it} - \overline{e}_i)$가 된다. 그런데 $\overline{e}_i$는 e_{it-1}을 포함하고 있기 때문에 설명변수 $(y_{it-1} - \overline{y}_i)$와 오차항이 상관관계를 갖게 된다. 즉 $cov(y_{it-1} - \overline{y}_i,\ e_{it} - \overline{e}_i) \neq 0$이다. 따라서 within 추정량은 일치추정량이 될 수 없다.

식 14.1을 추정하는 또 다른 방법으로 1차 차분 모형을 생각할 수 있다. 위 식에 대한 1차 차분을 실시하면 $\Delta y_{it-1} = y_{it-1} - y_{it-2}$가 설명변수가 되고, 오차항은 $\Delta e_{it} = e_{it} - e_{it-1}$이 된다. 이때에도 $cov(y_{it-1},\ e_{it-1}) \neq 0$이므로 설명변수 Δy_{it-1}와 오차항 Δe_{it}이 상관관계를 갖게 된다. 따라서 1차 차분 추정량 역시 일치추정량이 될 수 없다.

식 14.1을 확률효과 모형으로 추정하는 것을 생각할 수 있다. 그러나 확률효과 모형에서는 오차항 u_i가 제거되지 않는다. 식 14.1을 y_{it-1}에 대해 다시 쓰면 다음과 같다.

$$y_{it-1} = \alpha + \gamma y_{it-2} + \beta x_{it-1} + u_i + e_{it-1}$$

위 식으로부터 $cov(y_{it-1}, u_i) \neq 0$임을 쉽게 확인할 수 있다. 따라서 식 14.1을 확률효과 모형으로 추정한다면 설명변수 y_{it-1}과 오차항 u_i 간에 상관관계가 존재하게 되어 역시 일치추정량을 얻을 수 없다.

동적 패널 모형에서 일치추정량을 얻는 방법은 오차항 u_i를 제거하는 고정효과 모형 또는 1차 차분 모형을 선택하고, 대신 내생적인 설명변수 문제를 해결하기 위해 도구변수(instrumental variables) 추정법을 이용하는 것이다. 즉 본서 13장에서 이미 설명한 도구변수 추정법 중에서 FE2SLS(xtivreg, fe 명령문)와 FD2SLS(xtivreg, fd 명령문)를 동적 패널 모형에 적용할 수 있다. 그러나 이 중 FE2SLS 추정은 여전히 적절한 추정법이 될 수 없다. 그 이유는 내생적인 설명변수인 y_{it-1}에 대한 도구변수로서 y_{it-2}, y_{it-3}, $\cdots$, y_{it-i}와 같이 y_{it}의 과거값을 사용하는 경우, $\bar{e}_i$와 상관관계가 있게 되기 때문이다. 식 14.1에 대한 within 변환을 살펴보면, 오차항 $(e_{it} - \bar{e}_i)$ 에서 $\bar{e}_i$가 e_{it}의 과거값들로 구성되어 있기 때문에, 도구변수로 선택된 $(y_{it-2}, y_{it-3}, \cdots)$과 여전히 상관관계가 있게 된다. 따라서 종속변수 y_{it}의 과거값을 도구변수로 사용하는 FE2SLS가 적절치 않을 수 있다.

이런 이유 때문에 식 14.1의 동적 패널 모형에서 일치추정량을 얻는 방법은 xtivreg, fd 추정을 선택하는 것이다. 1차 차분 모형에서 오차항은 $\Delta e_{it} = e_{it} - e_{it-1}$로 단지 t기와 $t-1$기의 오차항만으로 구성되어 있기 때문에 y_{it-2}와 같은 변수가 도구변수로 사용될 수 있다.

본 장에서는 종속변수의 과거 값을 도구변수로 사용하여 일치추정량을 구하기 위해 2단계 추정량(2SLS)뿐만 아니라 Allerano & Bond(1991)가 제시한 차분 GMM(difference generalized method-of-moments) 추정량을 소개한다. 또한 Allerano and Bover (1995)와 Blundell and Bond(1998)의 추가적인 적률조건(additional moment conditions)을 이용하는 시스템 GMM 추정량에 대해서도 설명한다.*

14.2 알레라노-본드 추정

예제 데이터파일 P_data14_1.dta를 이용하여 다음과 같은 미국 46개 주의 패널데이터에 기반한 담배수요 함수를 가정해 보자(Baltagi 2008).

$$\ln C_{it} = \alpha + \beta_1 \ln C_{it-1} + \beta_2 \ln P_{it} + \beta_3 \ln Y_{it} + \beta_4 \ln Pn_{it} + u_i + e_{it} \tag{14.2}$$

C_{it}는 14세 이상 인구에 대한 1인당 담배 판매량, P_{it}는 해당 주의 평균 담배 판매가격, Y_{it}는 실질소득, Pn_{it}는 이웃하는 주(neighboring states)에서 판매되는 담배의 최저가격이다. 종속변수의 과거값인 C_{it-1}이 설명변수에 포함되어 있다. 따라서 14.1절에서 설명한 것처럼 도구변수를 이용한 1차 차분모형을 추정해야 한다. 식 14.2에서 오차항 e_{it}는 자기상관이 존재하지 않는다는 가정이 필요하다. 즉 $cov(e_{it}, e_{it-1}) = 0$으로 가정하자.

추정을 위한 1차 차분모형을 다음과 같이 쓸 수 있다.

---

* 패널 GMM추정에 대한 좀 더 자세한 설명은 민인식 · 최필선(2019c)의 6장을 참고하라.

$$\Delta \ln C_{it} = \beta_1 \Delta \ln C_{it-1} + \beta_2 \Delta \ln P_{it} + \beta_3 \Delta \ln Y_{it} + \beta_4 \Delta \ln Pn_{it} + \Delta e_{it} \quad (14.3)$$

위 식에서 설명변수인 $\Delta \ln C_{it-1}$과 오차항인 Δe_{it}은 서로 상관관계가 존재한다. 먼저 추가적인 도구변수로 $\ln C_{it-2}$(L2.lnC)를 선택하여 **xtivreg, fd** 명령문을 실행한 결과는 다음과 같다.*

```
. tsset state yr
. gen lnP=ln(price)
. gen lnC=ln(c)
. gen lnY=ln(ndi)
. gen lnPn=log(pimin)
. xtivreg  lnC lnP lnY lnPn (L.lnC=L2.lnC), fd

First-differenced IV regression
Group variable:    state                     Number of obs      =       322
Time variable (t): yr                        Number of groups   =        46

R-sq:  within  = 0.6062                      Obs per group: min =         7
       between = 0.9719                                     avg =       7.0
       overall = 0.4007                                     max =         7

                                             Wald chi2(4)       =     22.49
corr(u_i, Xb)  = -0.6916                     Prob > chi2        =    0.0002

------------------------------------------------------------------------------
       D.lnC |      Coef.   Std. Err.      z    P>|z|     [95% Conf. Interval]
-------------+----------------------------------------------------------------
         lnC |
         LD. |  -.3316089   .3253246    -1.02   0.308    -.9692334    .3060157
         lnP |
         D1. |   -.147543   .0574436    -2.57   0.010    -.2601305   -.0349556
         lnY |
         D1. |    .458069   .1149425     3.99   0.000     .2327858    .6833522
        lnPn |
         D1. |  -.0647652   .0676659    -0.96   0.339     -.197388    .0678576
       _cons |  -.0470142   .0146016    -3.22   0.001    -.0756328   -.0183955
-------------+----------------------------------------------------------------
     sigma_u |   .2472293
     sigma_e |  .04341222
         rho |  .97008869   (fraction of variance due to u_i)
------------------------------------------------------------------------------
Instrumented:   L.lnC
Instruments:    lnP lnY lnPn L2.lnC
------------------------------------------------------------------------------
```

* 실제 추정에서는 $\Delta \ln C_{it-1}$의 도구변수로는 $\ln C_{it-2}$가 아니고 $\Delta \ln C_{it-2}$가 사용된다.

위 결과에서 $\ln C_{it-1}$ 변수의 추정계수인 $\hat{\beta}_1 = -0.331$은 전기의 담배 판매량이 1% 증가하면 현재기의 담배 판매량이 평균적으로 0.33% 감소한다는 것을 의미한다. 즉 탄력성(elasticity) 개념으로 해석된다.* 그러나 $\ln C_{it-1}$의 추정계수가 통계적으로 유의하지 않다. 따라서 전년도 담배 판매량은 현재기의 담배 판매량에 영향을 미치지 않는다고 판단할 수 있다.

이번에는 알레라노-본드 추정량을 구해보자. 이를 위해서는 **xtabond** 명령어를 사용한다. 앞의 **xtivreg, fd**가 2단계 추정량(2SLS)을 사용하는 데 비해, **xtabond**는 GMM 추정량을 계산하는 차이가 있다. 일반적으로 도구변수의 수가 내생적 설명변수의 수보다 많은 과대식별(over-identified) 모형에서는 GMM 추정량이 더 효율적인 것으로 알려져 있다.

그림 14.1

```
. xtabond  lnC lnP lnY lnPn, lags(1) noconstant

Arellano-Bond dynamic panel-data estimation  Number of obs      =       368
Group variable: state                        Number of groups   =        46
Time variable: yr
                                             Obs per group:   min =        8
                                                              avg =        8
                                                              max =        8

Number of instruments =     39               Wald chi2(4)       =   2261.19
                                             Prob > chi2        =    0.0000
One-step results
------------------------------------------------------------------------------
         lnC |      Coef.   Std. Err.      z    P>|z|     [95% Conf. Interval]
-------------+----------------------------------------------------------------
         lnC |
         L1. |   .3550928   .0826658     4.30   0.000     .1930707    .5171148
         lnP |  -.2167103   .0609802    -3.55   0.000    -.3362294   -.0971913
         lnY |   .0859661   .0683078     1.26   0.208    -.0479147    .2198469
        lnPn |  -.0922747   .0670073    -1.38   0.168    -.2236067    .0390572
------------------------------------------------------------------------------
Instruments for differenced equation
        GMM-type: L(2/.).lnC
        Standard: D.lnP D.lnY D.lnPn
```

위 명령문을 보면 앞의 **xtivreg, fd** 명령문과 다르게 $\ln C_{it-1}$을 설명변수에 포함시키지 않고, 그 대신 옵션에서 **lags(1)**이라고 입력하였다. 만약 $\ln C_{it-1}$과 $\ln C_{it-2}$가 설명변수로서 모형에 포함된다면, **lags(2)**라고 입력하면 된다. **noconstant** 옵션은 상수항을 제외하고 추

* 종속변수와 설명변수가 모두 로그값인 경우 추정계수는 탄력성으로 해석된다.

정하라는 것이다.* 알레라노-본드 추정에서는 따로 도구변수를 지정하지 않아도 $\ln C_{it-2}$, $\ln C_{it-3}$, …를 도구변수로 사용한다. 종속변수의 과거값 자체를 내생적 설명변수 $\Delta \ln C_{it-1}$에 대한 도구변수로 활용한다. 위 결과의 맨 아래에 나오는 GMM-type: L(2/.).lnC가 도구변수로 사용된 종속변수의 과거값들을 표시해 주고 있다. 이 예에서는 $\ln C_{it-2}$부터 마지막 과거값까지 도구변수로 사용했다는 것을 의미한다. $\ln C_{it-1}$변수의 추정계수는 0.35로 통계적으로 유의한 것으로 나타났다. 전년도의 담배 소비량이 현재의 소비량에 양(+)의 유의한 영향을 미치는 것은 직관과 일치한다. 이러한 결과는 앞에서 본 xtivreg, fd 명령문의 결과와 차이가 있음을 알 수 있다.

이분산성의 문제를 고려한 추정결과를 얻기 위해 xtabond에서 다음과 같이 robust 옵션을 추가하는 것이 일반적이다.

```
. xtabond  lnC lnP lnY lnPn, lags(1) noconstant robust
```

위 명령문에 대한 추정결과를 제시하지는 않았지만, 추정계수는 동일하고 표준오차가 달라짐을 확인할 수 있다.

xtabond 명령어 실행 후 다음과 같은 가설검정을 할 수 있다. 첫 번째로 과대식별(over-identifying) 조건에 대한 가설검정이다. 식 14.3에서 내생적 설명변수는 1개인데 반해, 많은 도구변수를 사용하고 있는 상황이다. 이러한 상황을 과대식별 모형이라고 부른다. 이러한 과대식별 조건이 적절한지 가설검정하기 위해서 다음과 같이 Sargan 검정을 실시할 수 있다.

```
. qui xtabond  lnC lnP lnY lnPn, lags(1) noconstant

. estat sargan

Sargan test of overidentifying restrictions
        H0: overidentifying restrictions are valid

        chi2(35)     =  131.5812
        Prob > chi2  =    0.0000
```

이 검정에서 귀무가설은 과대식별이 적절하다는 것인데, 위 결과에 따르면 귀무가설이 기각

* noconstant 옵션을 사용하지 않으면 추정계수에는 변화가 없고 단지 상수항 추정치가 추가로 제시된다. 식 14.3의 차분모형에서는 상수를 제외하고 추정한다. noconstant 옵션을 사용하지 않는다면, 상수항 추정치는 사후적으로 계산되어 제시된다.

된다. 그러나 Allerano & Bond(1991)는 오차항 e_{it}에 이분산성이 존재하는 경우에는 Sargan 검정 결과를 신뢰할 수 없다는 점을 지적했다. 사실 오차항이 동분산성 가정을 만족한 상태에서 위와 같이 귀무가설을 기각하게 되는 경우에는 모형설정 또는 도구변수의 선택을 다시 고려해야 하는 어려움이 생기게 된다. 그러나 위 예제에서는 귀무가설의 기각이 이분산성 때문인지 알 수 없어서 과대식별 제약이 적절치 않다고 단정적으로 말할 수 없다. 또한 주의해야 할 점은 도구변수의 수(Number of instruments)가 패널그룹의 수(Number of groups)보다 많은 경우 Sargarn 검정의 신뢰성에 문제가 있을 수 있다. 위 예제에서는 Number of instruments=39이고 Number of groups=46이므로 이러한 문제는 없는 것으로 판단할 수 있다.

xtabond 실행 후 수행할 수 있는 또 다른 가설검정은 식 14.3에서 오차항 Δe_{it}의 자기상관 여부이다. 동적패널 모형에서 자기상관 검정이 필요한 이유는 도구변수의 적절성과 관련이 있다. 도구변수로서 y_{it-2}를 선택하고 있기 때문에 2계 자기상관이 존재한다면 도구변수의 외생성에 문제가 생기게 된다. 2계 자기상관이 존재하면 $cov(\Delta e_{it}, \Delta e_{it-2}) \neq 0$이고 따라서 $cov(y_{it-2}, \Delta e_{it}) \neq 0$이 된다. 도구변수로서의 조건을 만족하지 못하게 된다.* 만약 차분하기 전의 원래 모형(식 14.2)에서 오차항 e_{it}에 자기상관이 없다면, Δe_{it}에는 당연히 1계 자기상관이 존재하지만 2계 자기상관은 존재하지 않음을 쉽게 보일 수 있다. 오차항 Δe_{it}의 자기상관에 대한 가설검정을 위해서는 **xtabond** 실행 후 **estat abond** 명령문을 실행한다.

```
. estat abond

Arellano-Bond test for zero autocorrelation in first-differenced errors
  +-----------------------+
  |Order |  z      Prob > z|
  |------+----------------|
  |   1  |-5.8082  0.0000 |
  |   2  | 1.5438  0.1226 |
  +-----------------------+
   H0: no autocorrelation
```

위 결과를 보면 Order 1, 즉 Δe_{it}에 1계 자기상관이 없다는 귀무가설은 5% 유의수준에서 기각된다. 그러나 Order 2, 즉 2계 자기상관이 없다는 귀무가설은 5% 유의수준에서 기각되

* 2계 자기상관이 존재하는 것으로 가설검정 결과가 나온다면 y_{it-2}를 도구변수에서 제외하고 y_{it-3}, y_{it-4}, …를 선택해야 한다.

지 못한다. 따라서 식 14.2의 원래 모형 오차항 e_{it}에는 1계 자기상관이 존재하지 않는다고 판단할 수 있다.

알레라노-본드 추정량은 GMM 추정방법을 사용한다. GMM 추정은 기본적으로 가중목적함수(weighted objective function)를 최소화하는 추정계수를 찾는 방식이다.* 이때 one-step 추정은 초기 가중치행렬(initial weight matrix)을 사용해서 추정계수를 구하는데 비해, two-step 추정은 one-step 추정결과를 대입하여 다시 목적함수를 최소화 하는 추정계수를 구하는 절차를 거친다.

그림 14.1의 알레라노-본드 추정결과는 GMM 추정방법 중 one-step 추정에 입각한 것이다. two-step 추정을 위해서는 **xtabond** 명령문에 **twostep** 옵션을 추가해야 한다. 즉 **twostep** 옵션이 없다면 one-step 추정량을 포함한다. one-step에 비해 two-step 추정량이 점근적으로(asymptotically) 더 효율적인 것으로 알려져 있다.

```
. xtabond  lnC lnP lnY lnPn, lags(1) noconstant twostep robust

Arellano-Bond dynamic panel-data estimation  Number of obs         =       368
Group variable: state                        Number of groups      =        46
Time variable: yr
                                             Obs per group:    min =         8
                                                               avg =         8
                                                               max =         8

Number of instruments =     39               Wald chi2(4)          =    424.57
                                             Prob > chi2           =    0.0000
Two-step results
------------------------------------------------------------------------------
             |              WC-Robust
         lnC |      Coef.   Std. Err.      z    P>|z|     [95% Conf. Interval]
-------------+----------------------------------------------------------------
         lnC |
         L1. |   .3638583    .1278127     2.85   0.004       .11335    .6143666
         lnP |  -.2070407    .0686542    -3.02   0.003    -.3416005   -.0724809
         lnY |   .0721372    .0699604     1.03   0.302    -.0649828    .2092571
        lnPn |   -.089176    .0896231    -1.00   0.320    -.2648341     .086482
------------------------------------------------------------------------------
Instruments for differenced equation
        GMM-type: L(2/.).lnC
        Standard: D.lnP D.lnY D.lnPn
```

* 횡단면 데이터에서 GMM 추정에 대한 자세한 설명은 민인식 · 최필선(2019c) 6장을 참고하라.

추정계수를 살펴보면 twostep 옵션을 사용하더라도 one-step의 경우와 결과가 크게 다르지 않다.* Windmeijer(2005)는 two-step 추정량을 사용하는 경우, robust 옵션을 통해 표준오차 편의(bias)를 수정해야 함을 증명하였다. 따라서 twostep 옵션을 사용하는 경우에는 반드시 robust 옵션을 포함해야 한다. 위에서는 robust 옵션을 사용했기 때문에 Windmeijer의 수정된 표준오차가 제시되어 있는 것을 알 수 있다.

xtabond 명령어 대신 xtabond2 명령어를 사용해도 같은 결과를 얻을 수 있다. 먼저 다음 명령문을 실행하여 xtabond2 프로그램을 인터넷에서 다운로드 받아야 한다.

```
. findit xtabond2
```

xtabond 명령어를 사용하여 그림 14.1과 동일한 모형을 추정하기 위해서는 다음과 같이 명령문을 작성한다.

그림 14.2

```
. xtabond2 lnC L.lnC lnP lnY lnPn, gmm(L.lnC) iv(lnP lnY lnPn) noleveleq
Building GMM instruments..
Estimating.
Performing specification tests.

Dynamic panel-data estimation, one-step difference GMM
------------------------------------------------------------------------------
Group variable: state                           Number of obs      =       368
Time variable : yr                              Number of groups   =        46
Number of instruments = 39                      Obs per group: min =         8
Wald chi2(3)   =    2286.03                                    avg =      8.00
Prob > chi2    =      0.000                                    max =         8
------------------------------------------------------------------------------
         lnC |      Coef.   Std. Err.      z    P>|z|     [95% Conf. Interval]
-------------+----------------------------------------------------------------
         lnC |
         L1. |   .3550928   .0822153     4.32   0.000     .1939537    .5162319
         lnP |  -.2167103   .0606479    -3.57   0.000    -.3355781   -.0978426
         lnY |   .0859661   .0679355     1.27   0.206    -.0471851    .2191173
        lnPn |  -.0922747   .0666421    -1.38   0.166     -.222891    .0383415
------------------------------------------------------------------------------
Instruments for first differences equation
  Standard
    D.(lnP lnY lnPn)

  GMM-type (missing=0, separate instruments for each period unless collapsed)
    L(1/.).L.lnC
```

* 표본크기가 작은 경우에는 one-step과 two-step 추정결과가 크게 달라지는 경우도 있다.

```
------------------------------------------------------------------------------
Arellano-Bond test for AR(1) in first differences: z =  -5.80  Pr > z =  0.000
Arellano-Bond test for AR(2) in first differences: z =   1.55  Pr > z =  0.121
------------------------------------------------------------------------------
Sargan test of overid. restrictions: chi2(35)    = 133.03  Prob > chi2 =  0.000
  (Not robust, but not weakened by many instruments.)
```

앞의 명령문을 보면, xtabond 명령문과 달리 종속변수의 1기 전의 값(first-lagged value)을 직접 설명변수(L.lnC)로 입력해야 한다. gmm( ) 옵션에서는 GMM 타입으로 사용될 도구변수를 입력해야 한다. 주의해야 할 점은 L2.lnC라고 입력하지 않고, L.lnC라고 입력한다. 즉 설명변수로 사용된 L.lnC를 그대로 입력한다. iv( ) 옵션에서는 $\ln C_{it-1}$ 이외의 설명변수를 괄호 안에 모두 포함시킨다. 또한 noleveleq 옵션을 반드시 포함해야 한다.

위 결과를 보면, 추정계수는 정확히 그림 14.1과 일치한다. 위 결과의 아래쪽에 나와 있는 내용 중, GMM type 도구변수가 L(1/.).L.lnC라고 표시되어 있는데, 이는 정확히 그림 14.1에서 L(2/.).lnC와 일치한다.* xtabond2 결과에서는 차분모형의 오차항에 대한 1계와 2계 자기상관 검정이 함께 제시되어 있다. 이 결과는 앞서 설명한 estat abond 명령문의 결과와 정확히 일치한다. 또한 위 결과의 맨 아래에 있는 Sargan의 과대식별에 대한 가설검정 결과 역시 앞서 제시한 estat sargan 결과와 거의 일치함을 알 수 있다.

xtabond에 비해 xtabond2의 장점 중 하나는 robust 옵션을 사용하는 경우에도 과대식별에 대한 Sargan 검정결과를 얻을 수 있다는 점이다. 이에 반해 xtabond에서는 robust 옵션을 추가하면 estat sargan 명령어를 사용할 수 없다. 다음에서 이를 확인할 수 있다.

```
. qui xtabond  lnC lnP lnY lnPn, lags(1) noconstant robust

. estat sargan

Sargan test of overidentifying restrictions
        H0: overidentifying restrictions are valid
        cannot calculate Sargan test with vce(robust)

        chi2(403)     =          .
        Prob > chi2   =          .
```

그러나 xtabond2에서는 robust 옵션을 사용하더라도 Sargan과 Hansen 검정결과를 제시해 준다. 다음은 실행결과이다.

---

* Stata 시계열 연산자의 사용법에서 L.L.lnC와 L2.lnC는 서로 같다.

```
. xtabond2 lnC L.lnC lnP lnY lnPn, gmm(L.lnC) iv(lnP lnY lnPn)
  noleveleq nomata robust

Building GMM instruments..
Estimating.
Performing specification tests.

Dynamic panel-data estimation, one-step difference GMM
------------------------------------------------------------------------------
Group variable: state                           Number of obs      =       368
Time variable : yr                              Number of groups   =        46
Number of instruments = 39                      Obs per group: min =         8
Wald chi2(3)  =    449.31                                      avg =      8.00
Prob > chi2   =     0.000                                      max =         8
------------------------------------------------------------------------------
             |               Robust
         lnC |      Coef.   Std. Err.      z    P>|z|     [95% Conf. Interval]
-------------+----------------------------------------------------------------
         lnC |
         L1. |   .3550928   .1280883     2.77   0.006     .1040444    .6061412
         lnP |  -.2167103   .0609835    -3.55   0.000    -.3362358   -.0971849
         lnY |   .0859661   .0603416     1.42   0.154    -.0323012    .2042333
        lnPn |  -.0922747   .0820905    -1.12   0.261    -.2531691    .0686196
------------------------------------------------------------------------------
Instruments for first differences equation
  Standard
    D.(lnP lnY lnPn)
  GMM-type (missing=0, separate instruments for each period unless collapsed)
    L(1/.).L.lnC
------------------------------------------------------------------------------
Arellano-Bond test for AR(1) in first differences: z =  -3.79  Pr > z =  0.000
Arellano-Bond test for AR(2) in first differences: z =   1.29  Pr > z =  0.197
------------------------------------------------------------------------------
Sargan test of overid. restrictions: chi2(35)   = 133.03  Prob > chi2 =  0.000
  (Not robust, but not weakened by many instruments.)
Hansen test of overid. restrictions: chi2(35)   =  43.97  Prob > chi2 =  0.142
  (Robust, but can be weakened by many instruments.)
```

위 결과의 맨 아래에 과대식별 제약조건에 대한 Sargan과 Hansen 검정결과가 나와 있다. robust 옵션이 있는 경우에는 Sargan이 아니라 Hansen의 검정결과를 해석해야 한다. 결과를 보면 p값이 0.142이므로 귀무가설을 기각할 수 없다. 즉, 과대식별 제약조건이 적절하다는 것으로 사용한 도구변수가 적절하다고 판단할 수 있다. 이와 같은 결과는 robust 옵션을 사용하지 않았을 때와 반대이다. 앞서 설명하였듯이 이분산성의 문제 때문에 Sargan 검정에서는 귀무가설이 기각되게 나올 수 있다. robust 옵션으로 이분산성 문제가 어느 정도 해결된 상태에서는 과대식별이 문제가 되지 않을 수 있다는 것을 Hansen 검정결과로 알 수 있다.

Sargan 검정과 Hansen 검정은 도구변수의 수가 패널그룹의 수보다 과다하게 많다면 검정결과에 문제가 있을 수 있다. 가능하다면 도구변수의 수를 패널그룹의 수보다 작게 유지해줄 필요가 있다.*

xtabond2 명령문에서도 two-step 추정량을 구할 수 있다. 이를 위해서는 xtabond2 명령문에 twostep 옵션과 robust 옵션을 동시에 사용한다. 다음은 실행결과이다.

```
. xtabond2 lnC L.lnC lnP lnY lnPn, gmm(L.lnC) iv(lnP lnY lnPn) noleveleq
robust twostep

Building GMM instruments..
Estimating.
Computing                    Windmeijer                     finite-sample
correction...........................................
Performing specification tests.

Dynamic panel-data estimation, two-step difference GMM
------------------------------------------------------------------------------
Group variable: state                        Number of obs      =       368
Time variable : yr                           Number of groups   =        46
Number of instruments = 39                   Obs per group: min =         8
Wald chi2(3)  =    424.57                                   avg =      8.00
Prob > chi2   =     0.000                                   max =         8
------------------------------------------------------------------------------
             |              Corrected
         lnC |      Coef.   Std. Err.      z    P>|z|     [95% Conf. Interval]
-------------+----------------------------------------------------------------
         lnC |
         L1. |   .3638583   .1278127     2.85   0.004       .11335    .6143666
         lnP |  -.2070407   .0686542    -3.02   0.003    -.3416005   -.0724809
         lnY |   .0721372   .0699604     1.03   0.302    -.0649828    .2092571
        lnPn |   -.089176   .0896231    -1.00   0.320    -.2648341     .086482
------------------------------------------------------------------------------
Instruments for first differences equation
  Standard
    D.(lnP lnY lnPn)
  GMM-type (missing=0, separate instruments for each period unless collapsed)
    L(1/.).L.lnC

------------------------------------------------------------------------------
Arellano-Bond test for AR(1) in first differences: z =  -2.65  Pr > z =  0.008
Arellano-Bond test for AR(2) in first differences: z =   1.23  Pr > z =  0.218
------------------------------------------------------------------------------
Sargan test of overid. restrictions: chi2(35)    = 133.03  Prob > chi2 =  0.000
  (Not robust, but not weakened by many instruments.)
```

* GMM-type 도구변수의 수를 줄이기 위해 maxldep( ) 옵션을 사용할 수 있다.

```
Hansen test of overid. restrictions: chi2(35)    =  43.97  Prob > chi2 =  0.142
  (Robust, but can be weakened by many instruments.)
```

위 추정결과는 **xtabond**에서 **twostep** 옵션을 사용했을 때와 정확히 일치함을 확인할 수 있다. 1계, 2계 자기상관에 대한 검정결과 역시 크게 달라지지 않으며, Hansen 검정결과도 one-step 추정량을 사용하는 경우와 차이가 없다.

14.3 시스템 GMM 추정

동적 패널 모형에서 Arellano and Bond(1991) 추정량은 도구변수로서 y_{it-2}, y_{it-3}과 같은 종속변수 수준(level)값을 사용한다. 그러나 Arellano and Bover(1995)와 Blundell and Bond(1998)는 종속변수의 수준변수가 도구변수로서 적절치 않을 수 있음을 보였다. 특히 종속변수 y_{it}가 확률보행과정*(random walk process)을 따르는 경우에 문제가 된다는 점을 지적하였다.

Arellano and Bover(1995)와 Blundell and Bond(1998)는 종속변수의 수준변수(level variable)뿐만 아니라 차분변수의 과거값(lagged value)을 추가적인 도구변수로 사용한다. 앞 절에서 다루었던 **xtabond** 명령어를 이용한 GMM을 "차분(difference) GMM"이라고 부르고, 이처럼 종속변수를 차분한 후 그 차분값의 과거값을 추가적인 도구변수로 사용한 GMM을 "시스템 GMM"이라고 부른다. 시스템 GMM이라 부르는 이유는 식 14.2와 식 14.3의 두 모형에 적률조건을 적용하여 방정식 시스템(system of equations)을 최소화하는 목적함수를 설정하기 때문이다. 추가적인 도구변수를 이용하기 때문에 시스템 GMM이 차분 GMM보다 더 효율적인 추정량으로 알려져 있다.**

시스템 GMM을 추정하는 명령어는 **xtdpdsys**이다. **xtdpdsys** 명령문은 **xtabond** 명령문과 동일한 구조를 가지고 있다.*** 앞서 추정한 담배 소비함수에 대한 시스템 GMM 추정결과는 다음과 같다.

---

* 확률보행과정의 예는 다음과 같다. 즉 $y_{it} = y_{it-1} + v_{it}$이고, 여기서 v_{it}는 백색잡음(white noise) 오차항이다.

** Roodman(2006)은 시스템 GMM을 사용하기 위한 가정에 대해 논의하였다.

*** **xtabond** 명령문과 차이점은 **nocons** 옵션을 사용하지 않은 것이다. **xtabond**에서는 **nocons** 옵션의 사용여부가 추정결과에 영향을 미치지 않지만, **xtdpdsys**에서는 **nocons** 옵션에 따라 추정계수가 달라진다. 시스템 GMM의 수준 식(level equation)에서 상수항이 그대로 남아 있기 때문에 **nocons** 옵션 여부에 따라 결과가 달라질 수 있다.

그림 14.3

```
. xtdpdsys lnC lnP lnY lnPn, lags(1)

System dynamic panel-data estimation          Number of obs        =       414
Group variable: state                         Number of groups     =        46
Time variable: yr
                                              Obs per group:     min =       9
                                                                 avg =       9
                                                                 max =       9

Number of instruments =      48               Wald chi2(4)         =   2622.89
                                              Prob > chi2          =    0.0000
One-step results
------------------------------------------------------------------------------
         lnC |      Coef.   Std. Err.      z    P>|z|     [95% Conf. Interval]
-------------+----------------------------------------------------------------
         lnC |
         L1. |   .7523866   .0465469    16.16   0.000     .6611564    .8436168
         lnP |  -.1657964   .0667488    -2.48   0.013    -.2966215   -.0349712
         lnY |   .0358987   .0669772     0.54   0.592    -.0953741    .1671715
        lnPn |   .0390684   .0707311     0.55   0.581     -.099562    .1776988
       _cons |   1.411867   .5136961     2.75   0.006     .4050414    2.418693
------------------------------------------------------------------------------
Instruments for differenced equation
        GMM-type: L(2/.).lnC
        Standard: D.lnP D.lnY D.lnPn
Instruments for level equation
        GMM-type: LD.lnC
        Standard: _cons
```

위 명령문에서 lags(1)의 의미는 종속변수의 전기 값이 설명변수에 포함되어 있다는 의미이다. xtabond 명령문 결과인 그림 14.1에서는 39개 도구변수가 사용되고 있고, 위 시스템 GMM에서는 48개 도구변수를 사용하고 있다. 위 결과의 맨 아래쪽에 있는 Instruments for level equation을 보면, GMM-type 도구변수로 LD.lnC가 사용되고 있음을 확인할 수 있다. 여기에서 LD.lnC는 $\Delta y_{it-1} = y_{it-1} - y_{it-2}$, 즉 종속변수 차분의 과거값이다.

xml_tab 명령어를 이용하여 xtabond와 xtdpdsys 실행결과를 비교하면 다음과 같다.

```
. qui xtabond lnC lnP lnY lnPn, lags(1) nocons
. estimates store DIFF

. xtdpdsys lnC lnP lnY lnPn, lags(1)
. estimates store SYS
```

```
. xml_tab DIFF SYS, below save(output1.xml) replace
```

A	B	C	D
	DIFF	SYS	
	coef/se	coef/se	
L.lnC	0.355***	0.752***	
	(0.083)	(0.047)	
lnP	-0.217***	-0.166**	
	(0.061)	(0.067)	
lnY	0.086	0.036	
	(0.068)	(0.067)	
lnPn	-0.092	0.039	
	(0.067)	(0.071)	
_cons		1.412***	
		(0.514)	
note: *** p<0.01, ** p<0.05, * p<0.1			

시스템 GMM에서 $\ln C_{it-1}$ 변수의 추정계수는 xtabond에 비해 2배 이상 커지고 표준오차는 절반으로 줄어들었다. 또한 lnPn의 추정계수 역시 서로 반대의 부호를 가지며, 10% 유의수준에서 유의하지 않다. 직관적으로 lnPn 변수의 계수 부호는 양(+)이 되는 것이 보다 적절할 것으로 판단된다. 즉 이웃하고 있는 주(state)의 담배값이 높을수록 해당 주의 담배소비가 늘어나는 경향이 있을 것으로 예상된다.[*]

xtabond와 마찬가지로 xtdpdsys 명령문 실행 후에도 estat sargan 명령어를 통해 과대식별 여부에 대한 Sargan 검정을 실행할 수 있다.

```
. qui xtdpdsys lnC lnP lnY lnPn, lags(1)

. estat sargan

Sargan test of overidentifying restrictions
        H0: overidentifying restrictions are valid

        chi2(43)     =  133.5587
        Prob > chi2  =    0.0000
```

위 결과에서 보듯이 Sargan 검정결과 귀무가설이 기각된다. 따라서 도구변수의 적절성을 의

---

* lnPn 변수에 대한 추정결과와 Baltagi(2008)의 추정결과와는 차이가 있다. 그의 모형에서는 시간더미변수를 설명변수로 추가하였으며, 데이터의 기간도 본 예제와 서로 다르다는 점에 주의해야 한다.

심할 수 있는 상황이다. 하지만 14.2절에서 설명하였듯이 이분산성이 존재하는 경우에는 가설검정의 신뢰성에 문제가 있다. robust 옵션을 사용하는 경우에는 estat sargan 결과가 제시되지 않음은 xtabond와 같다.

차분 모형에서 자기상관 여부를 판단하기 위해 다음과 같이 estat abond 명령어를 활용할 수 있다.

```
. estat abond

artests not computed for one-step system estimator with vce(gmm)

Arellano-Bond test for zero autocorrelation in first-differenced errors
  +-----------------------+
  |Order |  z     Prob > z|
  |------+----------------|
  +-----------------------+
   H0: no autocorrelation

. qui xtdpdsys lnC lnP lnY lnPn, lags(1) vce(robust)

. estat abond

artests not computed for one-step system estimator with vce(gmm)

Arellano-Bond test for zero autocorrelation in first-differenced errors
  +-----------------------+
  |Order |  z     Prob > z|
  |------+----------------|
  |   1  |-4.1256  0.0000 |
  |   2  | 1.311   0.1898 |
  +-----------------------+
   H0: no autocorrelation
```

위에서 보듯이 xdpdsys 명령문에 vce(robust) 옵션을 주지 않으면 estat abond 결과가 제시되지 않는다.* 따라서 vce(robust) 옵션을 추가한 후 다시 estat abond 명령문을 실행하였다. xtabond에서와 유사하게 Order 1에서는 귀무가설이 기각되지만 Order 2에서는 귀무가설이 기각되지 않는다. 즉 차분된 모형의 오차항에 1계 자기상관은 존재하지만 2계 자기상관은 존재하지 않는다고 말할 수 있다. 앞서 설명하였듯이 선택된 도구변수가 적절하다고

---

* xtdpdsys의 one-step 추정에서는 vce(robust) 옵션을 사용해야만 estat abond 결과를 얻을 수 있다. 반면 xtabond의 one-step 추정에서는 nocons 옵션을 사용하면 차분 모형만 이용해서 추정하기 때문에 vce(robust) 옵션이 없어도 estat abond 결과를 얻을 수 있다.

판단할 수 있다.

14.4 Stata do file

```
use P_data14_1,clear
tsset state yr
gen lnP=ln(price)
gen lnC=ln(c)
gen lnY=ln(ndi)
gen lnPn=log(pimin)
xtivreg  lnC lnP lnY lnPn (L.lnC=L2.lnC), fd

xtabond  lnC lnP lnY lnPn, lags(1) noconstant
xtabond  lnC lnP lnY lnPn, lags(1) noconstant robust
qui xtabond  lnC lnP lnY lnPn, lags(1) noconstant
estat sargan
estat abond

xtabond  lnC lnP lnY lnPn, lags(1) noconstant twostep robust
findit xtabond2
xtabond2 lnC L.lnC lnP lnY lnPn, gmm(L.lnC) iv(lnP lnY lnPn) noleveleq

qui xtabond  lnC lnP lnY lnPn, lags(1) noconstant robust
estat sargan

xtabond2 lnC L.lnC lnP lnY lnPn, gmm(L.lnC) ///
iv(lnP lnY lnPn) noleveleq nomata robust

xtabond2 lnC L.lnC lnP lnY lnPn, gmm(L.lnC) ///
iv(lnP lnY lnPn) noleveleq robust twostep

xtdpdsys lnC lnP lnY lnPn, lags(1)
qui xtabond lnC lnP lnY lnPn, lags(1) nocons
estimates store DIFF

xtdpdsys lnC lnP lnY lnPn, lags(1)
estimates store SYS
xml_tab DIFF SYS, below save(output1.xml) replace

qui xtdpdsys lnC lnP lnY lnPn, lags(1)
estat sargan
estat abond

qui xtdpdsys lnC lnP lnY lnPn, lags(1) vce(robust)
estat abond
```

CHAPTER 15 이항 종속변수 모형

15.1 패널 프로빗 모형

본 장에서는 패널데이터를 이용한 회귀모형에서 종속변수가 연속형 변수(continuous variable)가 아니라 이항변수(binary variable)인 경우에 어떻게 추정하는지 설명한다. 횡단면 데이터에서 종속변수가 이항변수인 경우에는 프로빗(probit) 또는 로짓(logit) 모형으로 추정한다. 패널데이터인 경우에도 프로빗 또는 로짓 모형을 추정에 사용하지만, 오차항에서 패널 개체특성을 추가적으로 고려해야 하는 문제가 있다.

이항종속변수 모형을 다음과 같이 쓸 수 있다.

$$y_{it} = \begin{cases} 1, & y_{it}^{*} > 0\text{인 경우} \\ 0, & y_{it}^{*} \le 0\text{인 경우} \end{cases}$$

위 식에서 y_{it}^{*}는 관찰되지 않는(latent) 실제 종속변수이고 y_{it}는 y_{it}^{*}의 관찰값(observed value)이다. y_{it}^{*}에 대해 다음과 같은 선형회귀모형을 가정하자.

$$y_{it}^{*} = \alpha + \beta x_{it} + \epsilon_{it}$$

따라서 $y_{it} = 1$일 확률은 다음과 같이 계산할 수 있다.

$$\Pr(y_{it} = 1) = \Pr(y_{it}^{*} > 0) = \Pr(\epsilon_{it} > -\alpha - \beta x_{it}) = F(\alpha + \beta x_{it})$$

위 식에서 $F(\cdot)$는 0을 중심으로 대칭적인 확률분포의 누적분포함수(cumulative distribution function: CDF)이다. 주로 표준정규분포(standard normal) 또는 로지스틱(logistic) 분포가 많이 사용된다. 이 절에서는 먼저 $F(\cdot)$를 표준정규분포로 가정하는 프로빗 모형에 대해 살펴보자.

패널데이터인 경우 종속변수 y_{it}^{*}에 다음과 같이 패널 개체의 특성을 반영하는 오차항 u_i를 포함한 모형을 설정할 수 있다.

$$y_{it}^{*} = \alpha + \beta x_{it} + u_i + e_{it}$$

따라서 프로빗 모형의 경우 다음이 성립한다.

$$\Pr(y_{it} = 1) = \Phi(\alpha + \beta x_{it} + u_i)$$

여기에서 $\Phi(\cdot)$는 표준정규분포의 CDF이다.

이와 같은 프로빗 모형을 추정하는 방법으로 먼저 u_i를 고정효과(즉, 추정해야 할 모수)로 간주하는 방법을 생각해볼 수 있다. 즉, 패널 그룹별로 더미변수를 주거나 선형회귀모형처럼 within 변환을 통해 u_i를 제거하고 추정하는 것이다. 그러나 패널 개체의 수가 많고 각 패널 그룹별 시계열 관측개체 수가 작은 경우에는 패널 그룹 더미를 포함하는 추정에는 문제가 있다고 알려져 있다. 또한 표준정규분포를 적용하는 프로빗 모형에서는 within 변환을 실행하더라도 오차항 u_i가 사라지지 않기 때문에 고정효과 모형이 적절하지 않다. 결론적으로 패널 프로빗 모형은 대부분 확률효과 모형으로 추정하게 된다. 확률효과 모형에서 결과가 일치추정량이 되기 위해서는 $cov(x_{it}, u_i) = 0$의 외생성 가정이 성립해야 한다.

예제 데이터파일 P_data15_1.dta를 이용하여 패널 프로빗 모형을 확률효과 모형으로 추정해 보자. 이에 앞서 주어진 예제 데이터에 대해 **tsset** 명령어를 실행 후 종속변수인 union 변수에 대한 빈도표를 **xttab** 명령어*를 이용하여 계산했다. 다음은 실행결과이다.

```
. xttab union

                  Overall             Between            Within
    union |    Freq.  Percent      Freq.  Percent        Percent
----------+-----------------------------------------------------
        0 |    20389    77.82      4171     94.07          84.43
        1 |     5811    22.18      1953     44.05          46.72
----------+-----------------------------------------------------
    Total |    26200   100.00      6124    138.11          72.40
                                 (n = 4434)
```

앞의 결과를 보면 union 변수는 0과 1로 구성되어 있으며 노조에 가입되어 있으면 1이고 노조에 가입되지 않았으면 0의 값을 갖는다. 결과에서 between 빈도는 총 4,434명의 패널 개체를 대상으로 각자의 시계열 관측치 중 0이 한 번이라도 있는 경우와 1이 한 번이라도 있는 경우의 빈도수를 계산한 것이다. 패널 개체는 4,434명인데, between의 총 빈도가 6,124로 나

* **xttab** 명령어에 대해서는 본서 4.3절을 참조하라.

온 것에서 알 수 있듯이 union 변수는 하나의 패널 그룹 내에서 값이 고정된 것이 아니라 시간에 따라 변할 수 있다.

패널 프로빗 모형을 확률효과 모형으로 추정하기 위해서는 xtprobit 명령어를 사용하며, 옵션에 re를 추가한다. xtprobit은 최우추정량 결과를 제시해 준다. 명령문과 실행결과는 다음과 같다.

그림 15.1

```
. xtprobit union age grade not_smsa south southXt, nolog re

Random-effects probit regression               Number of obs      =     26200
Group variable: idcode                         Number of groups   =      4434

Random effects u_i ~ Gaussian                   Obs per group: min =         1
                                                               avg =       5.9
                                                               max =        12

                                               Wald chi2(5)       =    220.73
Log likelihood  = -10552.327                   Prob > chi2        =    0.0000

------------------------------------------------------------------------------
       union |      Coef.   Std. Err.      z    P>|z|     [95% Conf. Interval]
-------------+----------------------------------------------------------------
         age |   .0046532   .0025134     1.85   0.064     -.000273    .0095795
       grade |   .0481056   .0099402     4.84   0.000     .0286232    .0675881
    not_smsa |  -.1401136   .0460446    -3.04   0.002    -.2303594   -.0498679
       south |  -.6428989   .0619944   -10.37   0.000    -.7644058    -.521392
     southXt |   .0130454   .0043914     2.97   0.003     .0044384    .0216525
       _cons |  -1.872166   .1455716   -12.86   0.000    -2.157481   -1.586851
-------------+----------------------------------------------------------------
    /lnsig2u |   .6105518   .0458732                      .5206419    .7004617
-------------+----------------------------------------------------------------
     sigma_u |   1.356999    .031125                      1.297346    1.419395
         rho |   .6480667   .0104626                      .6272979    .6682901
------------------------------------------------------------------------------
Likelihood-ratio test of rho=0: chibar2(01) =  5989.96 Prob >= chibar2 = 0.000
```

확률효과 모형에서는 패널의 개체특성을 나타내는 오차항 u_i에 대해 확률분포를 가정한다. 앞의 결과(Random effects u_i ~ Gaussian)에서 알 수 있듯이 $u_i \sim N(0,\sigma_u^2)$로 가정하며, 오차항 $e_{it} \sim N(0,1)$는 표준정규분포로 가정한다. 앞의 결과에서 sigma_u는 u_i의 표준편차 추정치($\hat{\sigma}_u$)이고 lnsigma2u는 $\ln(\hat{\sigma}_u^2)$ 값임을 다음과 같이 쉽게 확인할 수 있다.

```
. di log(1.35699^2)
0.61053802
```

앞의 결과에서 rho 값은 전체 오차항의 분산에서 u_i의 분산이 차지하는 비중(ρ)을 추정한 것이다.

$$\rho = \frac{\sigma_u^2}{\sigma_u^2 + \sigma_e^2} = \frac{\sigma_u^2}{\sigma_u^2 + 1}$$

다음과 같이 $\hat{\rho}$값을 계산하면 그림 15.1에서와 동일한 값을 얻는다.

```
. di 1.35699^2/(1.35699^2+1)
0.64806352
```

ρ값이 1에 가까울수록 패널의 개체특성을 모형에서 고려하는 것이 중요하다는 의미가 된다. 위 추정결과의 맨 아래에 제시된 LR 검정은 다음의 귀무가설에 대한 검정결과이다.

$$H_0 : \rho = 0 \qquad \text{또는} \qquad H_0 : \sigma_u^2 = 0$$

따라서 귀무가설을 기각하면 패널 개체특성을 고려한 확률효과 모형이 적절하고, 귀무가설을 기각하지 못하면 개체특성을 고려할 필요가 없는 합동(pooled) 프로빗 모형을 추정하면 된다. 위 결과에서는 귀무가설을 기각하기 때문에 패널 프로빗 모형이 합동 프로빗 모형보다 적절하다고 말할 수 있다.

패널의 개체특성을 고려하지 않은 합동 프로빗 모형의 추정은 다음과 같이 probit 명령어를 사용한다.

```
. probit union age grade not_smsa south southXt, nolog
Probit regression                               Number of obs   =      26200
                                                LR chi2(5)      =     633.84
                                                Prob > chi2     =     0.0000
Log likelihood = -13547.308                     Pseudo R2       =     0.0229
------------------------------------------------------------------------------
       union |      Coef.   Std. Err.      z    P>|z|     [95% Conf. Interval]
-------------+----------------------------------------------------------------
         age |   .0059461   .0015798     3.76   0.000     .0028496    .0090425
       grade |     .02639   .0036651     7.20   0.000     .0192066    .0335735
    not_smsa |  -.1303911   .0202523    -6.44   0.000    -.1700848   -.0906975
       south |  -.4027254    .033989   -11.85   0.000    -.4693426   -.3361081
     southXt |   .0033088   .0029253     1.13   0.258    -.0024247    .0090423
       _cons |  -1.113091   .0657808   -16.92   0.000    -1.242019   -.9841628
------------------------------------------------------------------------------
```

위의 합동 프로빗 추정과 앞의 패널 프로빗 추정에서 계산된 로그우도(Log likelihood) 값을 이용하여 다음과 같은 LR 검정통계량 값을 계산할 수 있다.

$$LR = -2(\ln L_{Pooled} - \ln L_{Panel}) \sim \chi^2(df)$$

```
. di -2*(-13547.308  +10552.327)
5989.962
```

위에서 계산된 값은 정확히 그림 15.1의 Likelihood-ratio test of rho=0의 검정통계량 값과 일치함을 알 수 있다.

Tip 15.1 ● eststo 명령어의 활용

패널 프로빗과 합동 프로빗 추정결과를 비교하기 위해 estimates store와 estimates table 명령어를 사용할 수 있다. 즉 estimates store 명령어로 추정결과를 저장한 다음, estimates table 명령어로 표를 만드는 것이다. 그런데 여기에서 estimates store 대신에 eststo 명령어를 이용할 수도 있다. 두 명령어의 활용법을 비교해 보기로 한다.

예제 데이터파일 P_data15_1.dta를 이용하여 패널 프로빗과 합동 프로빗을 추정한 후 그 결과를 estimates store 명령어를 이용해 각각 저장할 수 있다.

```
. qui xtprobit union age grade not_smsa south southXt, nolog re
. estimates store XTPROBIT

. qui probit union age grade not_smsa south southXt, nolog
. estimates store PROBIT
```

이에 반해 eststo 명령어를 이용하면 모형을 추정한 후 그 결과를 저장하는 두 단계 절차를 한 단계로 줄일 수 있는 장점이 있다. 이 명령어를 사용하기 위해서는 findit eststo 명령문을 통해 인터넷에서 eststo 프로그램을 다운로드 받아야 한다. estimates store 명령어와 달리 eststo 명령어는 xtprobit과 probit 명령문 앞에 접두어(prefix) 형태로 사용한다. 명령문은 다음과 같다.

```
. eststo XTPROBIT: qui xtprobit union age grade not_smsa south southXt, nolog re

. eststo PROBIT: qui probit union age grade not_smsa south southXt, nolog
```

여기에서 보듯이 eststo 다음에 바로 결과를 저장하는 이름(XTPROBIT과 PROBIT)을 지정해 준다. 저장된 결과를 표로 만들기 위해서는 다음과 같이 estimates table 명령문을 활용할 수 있다.

```
. estimates table XTPROBIT PROBIT, b(%9.3f) star(0.01 0.05 0.1)

-----------------------------------------
    Variable |  XTPROBIT       PROBIT
-------------+---------------------------
union        |
         age |    0.005*
       grade |    0.048***
    not_smsa |   -0.140***
       south |   -0.643***
     southXt |    0.013***
       _cons |   -1.872***
-------------+---------------------------
lnsig2u      |
       _cons |    0.611***
-------------+---------------------------
_            |
         age |                  0.006***
       grade |                  0.026***
    not_smsa |                 -0.130***
       south |                 -0.403***
     southXt |                  0.003
       _cons |                 -1.113***
-----------------------------------------
          legend: * p<.1; ** p<.05; *** p<.01
```

그런데 위 표는 같은 변수끼리 추정계수를 비교하기가 매우 불편하게 되어 있다. 이런 경우 다음과 같이 equations 옵션을 사용할 수 있다.

```
. estimates table XTPROBIT PROBIT, b(%9.3f) star(0.01 0.05 0.1) eq(1)

-----------------------------------------
    Variable |  XTPROBIT       PROBIT
-------------+---------------------------
#1           |
         age |    0.005*        0.006***
       grade |    0.048***      0.026***
    not_smsa |   -0.140***     -0.130***
       south |   -0.643***     -0.403***
     southXt |    0.013***      0.003
       _cons |   -1.872***     -1.113***
-------------+---------------------------
lnsig2u      |
       _cons |    0.611***
-----------------------------------------
          legend: * p<.1; ** p<.05; *** p<.01
```

오차항 u_i를 고정효과로 가정하는 모형을 추정하기 위해서는 앞서 설명한대로 패널 그룹 더미변수를 두는 방법을 선택할 수밖에 없다. 다음은 합동 프로빗 모형에 패널 그룹 더미변수를 포함시킨 명령문이다.*

```
. qui probit union age grade not_smsa south southXt i.id
```

그러나 앞에서 지적한대로 그룹 더미변수가 매우 많고, 각 패널 그룹의 시계열 관측개체 수가 작은 경우(본 예제 데이터에서는 각 패널 그룹의 시계열 관측개체 수는 5.9개)에는 최우추정량이 일치추정량이 되지 않을 가능성이 있다.**

프로빗 모형을 추정한 후 한계효과를 계산하기 위해서는 다음과 같이 margins 명령문을 이용한다.

```
. qui xtprobit union age grade not_smsa south southXt, nolog re
. margins, atmeans noatlegend dydx(age grade) predict(pu0)
Conditional marginal effects                          Number of obs = 26,200
Model VCE: OIM

Expression: Pr(union=1 | u_i=0), predict(pu0)
dy/dx wrt:  age grade

------------------------------------------------------------------------------
             |            Delta-method
             |      dy/dx   std. err.      z    P>|z|     [95% conf. interval]
-------------+----------------------------------------------------------------
         age |   .0007261    .000394     1.84   0.065    -.0000461    .0014983
       grade |   .0075066   .0015693     4.78   0.000     .0044308    .0105824
------------------------------------------------------------------------------
```

margins 명령문에는 옵션으로 predict(pu0)을 추가해야 한다. 이 옵션의 의미는 각 설명변수가 1단위 변할 때, 노조에 가입할 확률, 즉 $\Pr(y_{it}=1 \mid u_i=0)$에 미치는 한계효과를 계산하라는 것이다.*** margins 명령어 다음에 옵션으로 dydx( )에서는 한계효과를 계산하고자 하는 설명변수 이름을 입력한다. atmeans 옵션은 나머지 변수는 평균에서 고정시킨 상태에서 한계효과를 계산하라는 의미이다.

---

* 패널 개체의 수가 STATA BE(예전 IC버전)에서 수용할 수 있는 변수의 수(2,048개)보다 많은 경우에는 추정결과가 제시되지 않는다.

** Neyman and Scott(1948)는 이 문제를 incidental parameter problem이라고 지적하였다.

*** 확률효과를 가정한 패널 프로빗 모형에서 한계효과를 구할 때는 $u_i=0$으로 가정하고 계산한다.

위의 변수 중 grade 변수는 교육연한(years of education) 변수이다. 따라서 한계효과 추정치 0.0075는 (다른 조건이 동일한 상태에서) 교육연한이 1년 증가할 때, 노조에 가입할 확률이 평균적으로 0.75%p 증가한다고 해석할 수 있다. 일반 선형회귀모형과 달리 프로빗 모형에서의 한계효과는 설명변수의 어느 값에서 측정하느냐에 따라 달라진다. 위 결과는 각 설명변수의 평균값에서 측정한 한계효과를 계산한 것이다.

margins 명령문에서 한계효과를 계산할 때 주의할 점은 범주형 변수를 설명변수로 사용하는 경우이다. not_smsa와 south 변수가 더미변수이기 때문에 i. operator를 사용한 후 한계효과를 계산한다. 그렇지 않다면 not_smsa와 south 변수를 연속형 변수로 간주하고 한계효과를 계산하게 된다.

```
. qui xtprobit union age grade i.not_smsa i.south southXt, nolog re
. margins, atmeans noatlegend dydx(_all) predict(pu0)
Conditional marginal effects                        Number of obs = 26,200
Model VCE: OIM

Expression: Pr(union=1 | u_i=0), predict(pu0)
dy/dx wrt:  age grade 1.not_smsa 1.south southXt

------------------------------------------------------------------------------
             |            Delta-method
             |      dy/dx   std. err.      z    P>|z|     [95% conf. interval]
-------------+----------------------------------------------------------------
         age |   .0007261    .000394     1.84   0.065    -.0000461    .0014983
       grade |   .0075066   .0015693     4.78   0.000     .0044308    .0105824
  1.not_smsa |  -.0209815   .0066575    -3.15   0.002      -.03403   -.007933
     1.south |  -.0943862   .0091894   -10.27   0.000    -.112397   -.0763754
     southXt |   .0020357   .0006872     2.96   0.003     .0006888    .0033825
------------------------------------------------------------------------------
Note: dy/dx for factor levels is the discrete change from the base level.
```

15.2 패널 로짓 모형

앞 절과 마찬가지로 종속변수가 이항변수인 다음과 같은 패널 회귀모형을 가정해 보자.

$$y_{it} = \begin{cases} 1, & y_{it}^* > 0 \text{인 경우} \\ 0, & y_{it}^* \leq 0 \text{인 경우} \end{cases}$$

$$y_{it}^* = \alpha + \beta x_{it} + u_i + e_{it}$$

위 식에서 오차항 e_{it}가 정규분포가 아니라 로지스틱 분포(logistic distribution)를 따른다고 가정하면 패널 로짓 모형이 된다.*

패널 로짓에서도 프로빗 모형과 마찬가지로 오차항 u_i를 고정효과와 확률효과 중 어느 것으로 가정하느냐에 따라 추정방법과 Stata 명령문이 달라진다. 먼저 u_i를 확률효과, 즉 확률변수로 간주하는 경우, $u_i \sim N(0, \sigma_u^2)$는 정규분포로 가정하고 e_{it}는 로지스틱 분포로 가정한다. 이렇게 정규분포와 로지스틱 분포를 가정하고 최우추정법을 이용한다.

패널 로짓 모형을 추정하기 위해서는 **xtlogit** 명령문을 사용한다. 패널 프로빗에서 이미 언급하였듯이 확률효과를 가정한 패널 로짓 모형이 일치추정량이 되기 위해서는 $cov(x_{it}, u_i) = 0$ 가정이 성립해야 한다. 다음은 앞 절과 동일한 예제 데이터파일 ⊙ P_data15_1.dta를 이용하여 패널 로짓 모형을 추정한 결과이다.

```
. xtlogit union age grade not_smsa south southXt, nolog re

Random-effects logistic regression              Number of obs      =     26200
Group variable: idcode                          Number of groups   =      4434

Random effects u_i ~ Gaussian                    Obs per group: min =         1
                                                               avg =       5.9
                                                               max =        12

                                                Wald chi2(5)       =    227.30
Log likelihood  = -10540.366                    Prob > chi2        =    0.0000

------------------------------------------------------------------------------
       union |      Coef.   Std. Err.      z    P>|z|     [95% Conf. Interval]
-------------+----------------------------------------------------------------
         age |   .0093936    .004454     2.11   0.035      .000664    .0181232
       grade |   .0867878   .0176345     4.92   0.000     .0522247    .1213508
    not_smsa |  -.2519379    .082334    -3.06   0.002    -.4133095   -.0905663
       south |  -1.163769   .1114164   -10.45   0.000    -1.382141    -.945397
     southXt |    .023245   .0078497     2.96   0.003     .0078599    .0386302
       _cons |  -3.360131   .2586306   -12.99   0.000    -3.867038   -2.853225
-------------+----------------------------------------------------------------
    /lnsig2u |   1.749534   .0469964                      1.657423    1.841645
-------------+----------------------------------------------------------------
     sigma_u |   2.398317   .0563561                      2.290366    2.511356
         rho |   .6361486   .0108779                      .6145729    .6571902
------------------------------------------------------------------------------
Likelihood-ratio test of rho=0: chibar2(01) =  6010.74 Prob >= chibar2 = 0.000
```

* 로지스틱 분포는 평균이 0이고 분산이 $\pi^2/3$이며, 0을 중심으로 대칭적인(symmetric) 분포이다.

앞 절 그림 15.1의 프로빗 추정결과와 비교할 때, 추정계수 값은 다르지만 계수의 부호나 유의성은 달라지지 않은 것을 알 수 있다. 추정계수의 크기는 가정된 분포가 다르기 때문에 발생하는 것이고, 이항 종속변수 모형에서 중요한 의미를 지니는 한계효과에 있어서는 xtprobit과 xtlogit의 추정결과에 거의 차이가 없다. 한편, Likelihood-ratio test of rho=0의 검정결과, $\sigma_u^2 = 0$이라는 귀무가설이 기각된다. 이는 패널 개체특성을 고려해야 한다는 것을 의미한다.

로짓 모형 추정 후 한계효과를 계산하기 위해서는 프로빗 모형에서와 마찬가지로 margins 명령어를 사용한다. 다음은 실행결과이다.

```
. margins, dydx(age grade) atmeans predict(pu0) noatlegend
Conditional marginal effects                          Number of obs = 26,200
Model VCE: OIM

Expression: Pr(union=1 | u_i=0), predict(pu0)
dy/dx wrt:  age grade

------------------------------------------------------------------------------
             |            Delta-method
             |      dy/dx   std. err.      z    P>|z|     [95% conf. interval]
-------------+----------------------------------------------------------------
         age |   .0007006   .0003342     2.10   0.036     .0000456    .0013555
       grade |   .0064725   .0013342     4.85   0.000     .0038575    .0090875
------------------------------------------------------------------------------
```

위 결과 중, 예를 들어 grade 변수의 한계효과를 해석하면, (다른 조건이 동일한 상태에서) 교육연한이 1년 증가할 때 노조에 가입할 확률이 0.64%p 증가하는 것으로 나타났다. 앞의 패널 프로빗에서는 grade 변수의 한계효과가 0.75%p이다.

xtprobit과 xtlogit을 추정한 후 두 모형에서 도출된 한계효과를 비교하는 표를 만들기 위해서는 outreg2 명령어를 활용할 수 있다. 이를 위해서는 먼저 findit outreg2 명령어를 통해 outreg2 프로그램을 다운로드 받아야 한다. 다음은 본 예제에 outreg2 명령어를 적용한 것이다.

```
. qui xtprobit union age grade i.not_smsa i.south southXt, nolog re
. qui margins, dydx(_all) atmeans noatlegend post predict(pu0)
. outreg2 using myfile.xls, ctitle(XTPROBIT) bdec(4) replace

. qui xtlogit union age grade i.not_smsa i.south southXt, nolog re
```

```
. qui margins, dydx(_all) atmeans noatlegend post predict(pu0)
. outreg2 using myfile.xls, ctitle(XTLOGIT) bdec(4)
```

위에서 보는 것처럼 프로빗이나 로짓 추정을 실행한 후 margins 명령어를 사용하여 한계효과를 계한다. 반드시 사용해야 옵션은 post 옵션이다. outreg2 명령어를 이용하여 계산된 한계효과를 저장한다. 이때 outreg2 명령문에 반드시 엑셀파일 형식을 *.xls로 지정해야 한다. *.xlsx로 지정하면 저장에 문제가 발생한다. 주의할 점은 xtprobit과 xtlogit 한계효과를 동시에 엑셀파일에 저장하기 위해서는 두 번째 outreg2 명령문에서는 replace 옵션을 사용해선 안된다. outreg2 명령문에 있는 또 다른 옵션인 bdec(4)은 한계효과를 표시할 때 소수점 넷째 자리까지 표시하라는 것이다. 또한 ctitle( ) 옵션에는 한계효과를 저장하는 이름을 지정한다.

자신이 지정한 working directory에서 파일명(본 예제에서는 myfile.xls)을 찾아 실행하면 다음과 같은 엑셀 표를 얻게 된다. 각 수치가 한계효과임을 쉽게 확인할 수 있다. 프로빗과 로짓 모형에서의 한계효과를 비교하면 그다지 큰 차이가 없다는 것을 알 수 있다.

	(1)	(2)
VARIABLES	XTPROBIT	XTLOGIT
age	0.0007*	0.0007**
	(0.000)	(0.000)
grade	0.0075***	0.0065***
	(0.002)	(0.001)
1.not_smsa	-0.0210***	-0.0180***
	(0.007)	(0.006)
1.south	-0.0944***	-0.0823***
	(0.009)	(0.008)
southXt	0.0020***	0.0017***
	(0.001)	(0.001)
Observations	26,200	26,200
Standard errors in parentheses		
*** p<0.01, ** p<0.05, * p<0.1		

패널의 개체특성을 나타내는 오차항 u_i를 고정효과로 간주하는 경우, 각 패널 그룹별 더미변수를 추가하여 합동 로짓 모형을 추정하는 방법이 있다. 그룹 더미변수가 매우 많고, 시계열 관측개체 수가 작은 경우에는 앞서 언급하였듯이 incidental parameter problem이 생길 수 있다.

그러나 패널 프로빗 모형과 달리 패널 로짓 모형은 오차항 u_i를 제거하면서 고정효과 모형을 추정할 수 있다. 즉 조건부 우도함수(conditional likelihood function)를 최대화 하는 최우추정법을 활용하는 것이다. 각 패널 그룹이 가진 시계열 관측개체 수를 $T=2$라고 가정할 때, 비조건부(unconditional) 우도함수는 다음과 같이 쓸 수 있다.

$$\text{비조건부 우도함수 : } L = \prod_{i=1}^{n} \Pr(y_{i1}) \Pr(y_{i2})$$

같은 상황에서 조건부 우도함수는 다음과 같이 쓸 수 있다.

$$\text{조건부 우도함수 : } L = \prod_{i=1}^{n} \Pr(y_{i1},\, y_{i2} \mid y_{i1} + y_{i2})$$

여기에서 $(y_{i1} + y_{i2})$의 값은 0, 1, 2가 될 수 있다. 이 값이 0과 2가 되는 경우에 조건부 확률이 다음과 같이 1임을 쉽게 보일 수 있다.

$$\Pr(y_{i1} = 0, y_{i2} = 0 \mid y_{i1} + y_{i2} = 0) = 1$$
$$\Pr(y_{i1} = 1, y_{i2} = 1 \mid y_{i1} + y_{i2} = 2) = 1$$

따라서 위 두 가지 경우는 조건부 우도함수 값에 영향을 미치지 않는다. $(y_{i1} + y_{i2})$이 0 또는 2가 되는 상황은 하나의 패널 개체가 주어진 시계열 관측기간 동안 계속 노조에 가입되어 있는 경우(즉, $y_{i1} + y_{i2} = 2$)와 노조에 한 번도 가입되지 않는 경우(즉, $y_{i1} + y_{i2} = 0$)를 뜻한다. 따라서 조건부 우도함수에서는 이와 같은 특수한 상황의 패널 그룹은 제외하고, $\Pr(y_{i1} = 1, y_{i2} = 0 \mid y_{i1} + y_{i2} = 1)$과 $\Pr(y_{i1} = 0, y_{i2} = 1 \mid y_{i1} + y_{i2} = 1)$에 해당하는 패널 그룹만을 로짓 모형 추정에 사용한다. 모형추정에 포함되는 이들 두 조건부 확률을 계산하면 고정효과를 나타내는 u_i를 포함하지 않는다.* 조건부 확률이 u_i를 포함하지 않는 가장 큰 이유는 오차항 e_{it}에 대해 로지스틱 분포를 가정했기 때문이다. 즉 로지스틱 분포함수의 특성상 이러한 결과를 얻게 된 것이다. 결과적으로 패널 로짓 모형에서는 u_i를 추정해야 할 모수로 간주하는 고정효과 모형을 추정하는 것이 가능하다. 이미 고정효과 모형의 장점을 언급하였듯이 $cov(x_{it}, u_i) \neq 0$, 상관이질성이 존재하더라도 일치추정량을 얻을 수 있다.

Stata에서 고정효과 로짓 모형을 추정하기 위해서는 다음과 같이 xtlogit 명령문에서 fe 옵션을 사용한다.

---

* 자세한 증명은 Baltagi(2008, pp.238~239)를 참조하라.

```
. xtlogit union age grade not_smsa south southXt, nolog fe

note: multiple positive outcomes within groups encountered.
note: 2744 groups (14165 obs) dropped because of all positive or
      all negative outcomes.

Conditional fixed-effects logistic regression   Number of obs      =     12035
Group variable: idcode                          Number of groups   =      1690

                                                Obs per group: min =         2
                                                               avg =       7.1
                                                               max =        12

                                                LR chi2(5)         =     78.16
Log likelihood  = -4511.1042                    Prob > chi2        =    0.0000

------------------------------------------------------------------------------
       union |      Coef.   Std. Err.      z    P>|z|     [95% Conf. Interval]
-------------+----------------------------------------------------------------
         age |   .0079706   .0050283     1.59   0.113    -.0018848    .0178259
       grade |   .0811808   .0419138     1.94   0.053    -.0009687    .1633303
    not_smsa |   .0210368   .1131542     0.19   0.853    -.2007414     .242815
       south |  -1.007318   .1500498    -6.71   0.000     -1.30141   -.7132256
     southXt |   .0263495   .0083244     3.17   0.002      .010034     .042665
------------------------------------------------------------------------------
```

앞서 설명하였듯이 고정효과 로짓 모형에서는 주어진 시계열 기간 동안 각 패널 개체의 union 변수 값이 모두 0이거나 모두 1인 패널 개체들은 제외된다. 앞의 결과에서 note: 2744 groups (14165 obs) dropped because of all positive or all negative outcomes 표현을 보면 전체 4,434 패널 개체에서 union 변수 값이 모두 0이거나 모두 1인 경우가 2,744명이고, 따라서 위 모형 추정에서는 그 차이인 1,690명의 패널 그룹만 사용되었음을 알 수 있다.

앞의 결과를 보면, 추정계수와 유의성에서 확률효과 로짓 모형과 차이가 크다는 것을 알 수 있다. 다음은 두 모형 간 추정계수와 유의성을 비교한 것이다.

```
. eststo RE: qui xtlogit union age grade not_smsa south southXt, nolog re

. eststo FE: qui xtlogit union age grade not_smsa south southXt, nolog fe

. eststo POOL: qui logit union age grade not_smsa south southXt, nolog

. estimates table POOL RE FE, b(%9.3f) star(0.01 0.05 0.1) stat(N) eq(1)
--------------------------------------------------------
    Variable |     POOL            RE              FE
-------------+------------------------------------------
```

```
#1           |
         age |    0.010***        0.009**         0.008
       grade |    0.048***        0.087***        0.081*
    not_smsa |   -0.221***       -0.252***        0.021
       south |   -0.714***       -1.164***       -1.007***
     southXt |    0.007           0.023***        0.026***
       _cons |   -1.888***       -3.360***
-------------+---------------------------------------------
lnsig2u      |
       _cons |                    1.750***
-------------+---------------------------------------------
Statistics   |
           N |    26200           26200           12035
-----------------------------------------------------------
                        legend: * p<.1; ** p<.05; *** p<.01
```

앞의 실행결과에는 패널의 개체특성을 고려하지 않은 합동 로짓 모형(POOL), 확률효과 로짓 모형(RE), 고정효과 로짓 모형(FE) 등 3개 모형을 비교한 결과가 제시되어 있다. 예를 들어 age 변수는 POOL과 RE에서는 추정계수 부호가 플러스로 유의하지만, FE에서는 유의하지 않다. 또한 southXt 변수의 경우에는 RE와 FE에서는 유의하지만, POOL에서는 유의하지 않다. not_smsa 변수 역시 RE와 FE에서 서로 다른 결과를 보여주고 있다. Statistics N에서는 각 추정모형에서 사용된 표본의 크기를 제시하고 있다. 앞서 설명하였듯이 FE 표본의 크기가 상대적으로 작다는 것을 확인할 수 있다.

고정효과를 고려할 필요가 있는지 가설검정하기 위해서는 합동 로짓과 고정효과 로짓을 비교해야 한다. 귀무가설을 다음과 같이 설정할 수 있다.

$$H_0: \text{고정효과가 존재하지 않는다.}$$

합동 로짓은 H_0 하에서 일치추정량이면서 효율적인 추정량이다. 그러나 H_1 하에서는 일치추정량이 될 수 없다. 고정효과 로짓의 경우에는 H_0과 H_1 하에서는 일치추정량이지만, H_0 하에서는 비효율적인 추정량이다. 고정효과 로짓이 H_0(고정효과가 존재하지 않는 경우) 하에서 비효율적인 추정량인 이유는 전체 표본을 모두 사용하는 것이 아니고 일부분만을 사용하기 때문이다. 위 가설을 검정하기 위해 다음과 같이 하우스만 검정을 실행할 수 있다.

```
. eststo POOL: qui logit union age grade not_smsa south southXt, nolog

. eststo FE: qui xtlogit union age grade not_smsa south southXt, nolog fe

. hausman FE POOL
no coefficients in common; specify equations(matchlist)
for problems with different equation names.
r(498);

. hausman FE POOL, eq(1:1)

                 ---- Coefficients ----
             |      (b)          (B)            (b-B)     sqrt(diag(V_b-V_B))
             |       FE          POOL         Difference          S.E.
-------------+----------------------------------------------------------------
         age |    .0079706     .0099931       -.0020225        .0042586
       grade |    .0811808     .0483487        .0328321        .0414183
    not_smsa |    .0210368    -.2214908        .2425276        .1074138
       south |   -1.007318    -.7144461       -.2928718        .1369954
     southXt |    .0263495     .0068356        .0195139        .0064797
------------------------------------------------------------------------------
                          b = consistent under Ho and Ha; obtained from xtlogit
           B = inconsistent under Ha, efficient under Ho; obtained from logit

    Test:  Ho:  difference in coefficients not systematic

                  chi2(5) = (b-B)'[(V_b-V_B)^(-1)](b-B)
                          =       20.50
                Prob>chi2 =      0.0010
```

앞의 명령문을 보면, 합동 로짓과 고정효과 로짓을 각각 추정한 후 hausman 명령문을 사용하였다. 귀무가설과 대립가설 하에서 모두 일치추정량을 얻는 고정효과 로짓(FE)을 먼저 입력하고, 합동 로짓(POOL)을 나중에 입력해야 함에 주의해야 한다. equations 옵션을 사용하지 않으면 에러 메시지를 얻게 됨을 알 수 있다. eq(1:1) 옵션은 xtlogit, fe와 logit 명령문 추정결과에서 첫 번째 추정식의 추정계수를 서로 비교하라는 의미이다. 하우스만 검정통계량의 p값이 0.01보다 작기 때문에 1% 유의수준에서 귀무가설이 기각된다. 즉 패널 개체별 고정효과가 존재한다고 판단할 수 있다. 따라서 합동 로짓보다 고정효과 로짓 모형을 선택하는 것이 바람직하다고 할 수 있다.

하우스만 테스트를 이용하면 패널 개체특성 u_i가 고정효과인지 확률효과인지 검정할 수 있다. 귀무가설을 다음과 같이 설정할 수 있다.

$$H_0 : cov(x_{it}, u_i) = 0$$

고정효과 모형은 H_0과 H_1 하에서는 일치추정량이지만, H_0 하에서는 비효율적인 추정량이다. 그 이유는 앞서 설명하였듯이 전체 표본을 모두 사용하지 않고 있기 때문이다. 확률효과 모형은 H_0 하에서는 일치추정량이면서 효율적인 추정량이지만, H_1 하에서는 일치추정량이 될 수 없다. 다음과 같은 절차를 거쳐 하우스만 검정을 실행한다.

```
. eststo FE: qui xtlogit union age grade not_smsa south southXt, nolog fe

. eststo RE: qui xtlogit union age grade not_smsa south southXt, nolog re

. hausman FE RE

                 ---- Coefficients ----
             |      (b)          (B)            (b-B)     sqrt(diag(V_b-V_B))
             |      FE           RE           Difference          S.E.
-------------+----------------------------------------------------------------
         age |   .0079706     .0093936       -.001423        .0023337
       grade |   .0811808     .0867878       -.005607        .0380235
    not_smsa |   .0210368    -.2519379        .2729746       .0776209
       south |  -1.007318    -1.163769        .1564513       .1005054
     southXt |   .0263495     .023245         .0031045       .0027708
------------------------------------------------------------------------------
                          b = consistent under Ho and Ha; obtained from xtlogit
           B = inconsistent under Ha, efficient under Ho; obtained from xtlogit

    Test:  Ho:  difference in coefficients not systematic

                  chi2(5) = (b-B)'[(V_b-V_B)^(-1)](b-B)
                          =       17.13
                Prob>chi2 =      0.0043
```

hausman 명령어 다음에 고정효과 결과를 먼저 적고, 그 다음에 확률효과 결과를 입력해야 한다.* 검정통계량의 p값이 0.01보다 작기 때문에 1% 유의수준에서 귀무가설이 기각된다. 따라서 고정효과 모형을 선택하는 것이 바람직하다고 판단할 수 있다.

고정효과 로짓 모형을 추정한 후 한계효과를 구하기 위해서는 앞에서 소개한 margins 명령어를 사용한다. 다음은 실행결과이다.

* xtlogit을 실행한 후 hausman 명령문에서는 sigmamore 또는 sigmaless 옵션이 허용되지 않는다.

```
. qui xtlogit union age grade i.not_smsa i.south southXt i.black, nolog fe
. margins, dydx(age grade) atmeans noatlegend

Conditional marginal effects                         Number of obs = 12,035
Model VCE: OIM

Expression: Pr(union|fixed effect is 0), predict(pu0)
dy/dx wrt:  age grade

------------------------------------------------------------------------------
             |            Delta-method
             |      dy/dx   std. err.      z    P>|z|     [95% conf. interval]
-------------+----------------------------------------------------------------
         age |   .0015663   .0010639     1.47   0.141    -.0005189    .0036514
       grade |   .0159527    .004762     3.35   0.001     .0066195     .025286
------------------------------------------------------------------------------
```

위에서는 앞의 모형과 달리 black 변수를 설명변수에 추가하였다. 그러나 black 변수는 시간에 따라 변하지 않고, 패널 그룹내에서 일정한 변수이기 때문에 고정효과 모형에서는 제외된다. note: black omitted because of no within-group variance에서 black 변수의 추정계수가 주어지지 않는다는 것을 말하고 있다. 그러나 오차항 u_i가 시간에 따라 변하지 않는 패널의 개체특성을 의미하기 때문에 인종변수인 black은 여전히 통제(control)된 상태에서 나머지 변수의 추정계수들이 계산된다는 점에 주의해야 한다. grade 변수를 살펴보면, (다른 조건이 일정할 때) 교육연한이 1년 증가하면 노조에 가입할 확률이 평균적으로 1.59%p 증가한다고 말할 수 있다. Pr(union|fixed effect is 0) 표현에서 알 수 있듯이 한계효과를 계산할 때는 고정효과에 해당하는 오차항 u_i를 0으로 가정하고 계산한다.

고정효과 로짓 모형은 xtlogi, fe 명령문뿐만 아니라 clogit 명령어로도 동일한 결과를 얻을 수 있다. clogit은 conditional logit의 줄임말이다. 원래 clogit 명령어는 종속변수가 여러 대안 중에서 하나를 선택한 결과일 때 주로 사용된다.* 예를 들어 국회의원 선거에서 A당, B당, C당 중에서 어느 정당 후보를 선택하느냐의 문제를 어떤 독립변수들이 유의하게 설명하는지 추정할 때 clogit을 사용한다. 아래에서는 고정효과 로짓 모형을 다음과 같이 clogit 명령문으로 추정했다.

* conditional logit 모형의 종속변수는 여러 가지 대안 중 하나만 선택하는 경우도 가능하고 또한 다중선택인 경우에도 가능하다.

그림 15.2

```
. clogit union age grade not_smsa south southXt black, nolog group(id)

note: multiple positive outcomes within groups encountered.
note: 2744 groups (14165 obs) dropped because of all positive or
      all negative outcomes.
note: black omitted because of no within-group variance.

Conditional (fixed-effects) logistic regression   Number of obs   =     12035
                                                  LR chi2(5)      =     78.16
                                                  Prob > chi2     =    0.0000
Log likelihood = -4511.1042                       Pseudo R2       =    0.0086

------------------------------------------------------------------------------
       union |      Coef.   Std. Err.      z    P>|z|     [95% Conf. Interval]
-------------+----------------------------------------------------------------
         age |   .0079706   .0050283     1.59   0.113    -.0018848    .0178259
       grade |   .0811808   .0419138     1.94   0.053    -.0009687    .1633303
    not_smsa |   .0210368   .1131542     0.19   0.853    -.2007414     .242815
       south |  -1.007318   .1500498    -6.71   0.000     -1.30141   -.7132256
     southXt |   .0263495   .0083244     3.17   0.002      .010034     .042665
------------------------------------------------------------------------------
```

clogit 명령어는 고정효과 로짓 모형을 추정하기 때문에 black 변수와 같이 시간에 따라 고정된 변수의 계수는 추정되지 않는다. 위 추정계수는 xtlogit, fe 명령문 결과와 정확히 일치함을 확인할 수 있다. clogit 명령문에서는 반드시 group( ) 옵션이 필요하다. 옵션의 괄호 안에는 패널 그룹에 해당하는 변수이름을 입력해야 한다.

xtlogit 그리고 clogit 명령문에서 or 옵션을 추가하면 추정계수 대신 x_k 변수가 1단위 증가할 때의 승산비(odds ratio)를 알 수 있다. 승산(odds)과 승산비를 설명하면 다음과 같다. 로짓 모형에서 승산은 다음과 같이 정의된다.

$$\text{승산} = \frac{\Pr(y_{it}=1)}{\Pr(y_{it}=0)}$$

로짓 모형에서 어떤 변수 x_k의 계수 β_k에 지수함수(exponential function)를 취한 $\exp(\beta_k)$은 해당 변수 x_k가 1단위 증가했을 때 승산이 몇 배 증가하는지를 나타낸다. 다시 말하면 해당 변수가 1단위 증가한 후의 승산이 그 전 승산의 몇 배인지를 나타낸다. 이를 승산비(odds ratio)라 한다.

다음과 같이 clogit 명령문으로 고정효과 로짓 모형을 추정하면서 or 옵션을 추가했다.

```
. clogit union age grade not_smsa south southXt black, nolog group(id) or

note: multiple positive outcomes within groups encountered.
note: 2744 groups (14165 obs) dropped because of all positive or
      all negative outcomes.
note: black omitted because of no within-group variance.

Conditional (fixed-effects) logistic regression   Number of obs   =     12035
                                                  LR chi2(5)      =     78.16
                                                  Prob > chi2     =    0.0000
Log likelihood = -4511.1042                       Pseudo R2       =    0.0086

------------------------------------------------------------------------------
       union | Odds Ratio   Std. Err.      z    P>|z|     [95% Conf. Interval]
-------------+----------------------------------------------------------------
         age |   1.008002   .0050686     1.59   0.113      .998117    1.017986
       grade |   1.084567   .0454583     1.94   0.053     .9990318    1.177425
    not_smsa |    1.02126   .1155598     0.19   0.853     .8181239    1.274833
       south |   .3651972   .0547978    -6.71   0.000     .2721478    .4900609
     southXt |     1.0267   .0085466     3.17   0.002     1.010085    1.043588
------------------------------------------------------------------------------
```

위 결과에서 알 수 있듯이 추정계수 대신 변수별로 승산비(Odds Ratio)에 대한 추정치가 나와 있다. 이 중 south 변수는 거주지가 남쪽지역이면 1, 그렇지 않으면 0인 더미변수이다. 이 변수의 승산비 추정치는 0.365이다. 이 값은 정확히 그림 15.2에 제시되어 있는 south 변수의 추정계수에 지수함수를 취해주면 얻을 수 있다.

```
. di exp(-1.007318 )
0.36519713
```

이 south 변수의 승산비 추정치인 0.365의 의미는 다음과 같다. south 변수 값이 1단위 증가할 때(즉, south=0에서 south=1이 되면) 노조가입 승산이 0.365배가 된다는 것이다. 남쪽지역 거주자(south=1)가 타지역 거주자(south=0)에 비해 노조가입의 승산에 있어서 0.365배(즉 36.5%) 수준이라는 것이다. 즉 타지역 거주자의 노조가입 승산이 예를 들어 1(즉, 가입 1명 대 미가입 1명의 비율)이라면, 남쪽지역 거주자의 노조가입 승산은 0.365(즉, 가입 0.369명 대 미가입 1명의 비율)이라는 것이다. 결국 남쪽지역 거주자가 타지역 거주자에 비해 노조가입확률이 상당히 낮은 것이다.

구체적인 수치를 예로 들어 이 결과를 생각해보자. 타지역 거주자의 경우(south=0), 예를 들어 $\Pr(y_{it}=1)=0.5$이고 $\Pr(y_{it}=0)=0.5$라고 해보자. 즉 노조가입의 확률이 0.5이다. 이 때 노조가입의 승산은 1이 된다. south 변수의 승산비가 0.365라는 것은 만약 이 사람이 남쪽지역으로 거주지를 옮기게 되면(south=1), 노조가입 승산이 거주지를 옮기기 이전에 비해 36.5%가 된다는 것이다. 즉, 본 예에서는 남쪽지역으로 옮김으로써 노조가입의 승산이 0.36으로 낮아지는 것이다. 승산이 0.365라는 사실을 이용하여 노조 가입 및 미가입 확률을 찾아낼 수 있다. 즉 거주지가 남쪽지역일 때의 노조 가입 및 미가입 확률을 계산해 낼 수 있다. 이를 위해서는 다음의 두 식을 풀면 된다.

$$\Pr(y_{it}=1)+\Pr(y_{it}=0)=1$$

$$\frac{\Pr(y_{it}=1)}{\Pr(y_{it}=0)}=0.365$$

앞의 두 식을 풀면 $\Pr(y_{it}=1)=0.267$ 및 $\Pr(y_{it}=0)=0.733$을 얻는다. 이상 south 더미변수 값에 따른 노조 가입 및 미가입 확률을 표로 정리한 것이 다음에 나와 있다.

	South=0	South=1
노조 가입 확률 $\Pr(y_{it}=1)$	0.5 (가정)	0.267
노조 미가입 확률 $\Pr(y_{it}=0)$	0.5 (가정)	0.733
노조가입 승산	1	0.365

결국 south 변수 값이 1단위 증가하면(즉, south=0에서 south=1이 되면) 노조에 가입하지 않을 확률이 커짐을 알 수 있다.

15.3 Stata do file

```
use P_data15_1,clear
xttab union
xtprobit union age grade not_smsa south southXt, nolog re
di log(1.35699^2)

probit union age grade not_smsa south southXt, nolog
di -2*(-13547.308   +10552.327)

qui xtprobit union age grade not_smsa south southXt, nolog re
estimates store XTPROBIT
```

```
qui probit union age grade not_smsa south southXt, nolog
estimates store PROBIT

eststo XTPROBIT: qui xtprobit union age grade not_smsa south ///
southXt, nolog re

eststo PROBIT: qui probit union age grade not_smsa south southXt, nolog
estimates table XTPROBIT PROBIT, b(%9.3f) star(0.01 0.05 0.1)
estimates table XTPROBIT PROBIT, b(%9.3f) star(0.01 0.05 0.1) eq(1)

qui probit union age grade not_smsa south southXt i.id

qui xtprobit union age grade not_smsa south southXt, nolog re
margins, atmeans noatlegend dydx(age grade) predict(pu0)


use P_data15_1,clear
xtlogit union age grade not_smsa south southXt, nolog re
margins, dydx(age grade) atmeans predict(pu0) noatlegend

qui xtprobit union age grade i.not_smsa i.south southXt, nolog re
margins, atmeans noatlegend dydx(_all) predict(pu0)

findit outreg2
qui xtprobit union age grade i.not_smsa i.south southXt, nolog re
qui margins, dydx(_all) atmeans noatlegend post predict(pu0)
outreg2 using myfile.xls, ctitle(XTPROBIT) bdec(4) replace

qui xtlogit union age grade i.not_smsa i.south southXt, nolog re
qui margins, dydx(_all) atmeans noatlegend post predict(pu0)
outreg2 using myfile.xls, ctitle(XTLOGIT) bdec(4)

xtlogit union age grade not_smsa south southXt, nolog fe
eststo RE: qui xtlogit union age grade not_smsa south southXt, nolog re
eststo FE: qui xtlogit union age grade not_smsa south southXt, nolog fe
eststo POOL: qui logit union age grade not_smsa south southXt, nolog
estimates table POOL RE FE, b(%9.3f) star(0.01 0.05 0.1) stat(N) eq(1)

eststo POOL: qui logit union age grade not_smsa south southXt, nolog
eststo FE: qui xtlogit union age grade not_smsa south southXt, nolog fe
* hausman FE POOL // error message
hausman FE POOL, eq(1:1)

eststo FE: qui xtlogit union age grade not_smsa south southXt, nolog fe
eststo RE: qui xtlogit union age grade not_smsa south southXt, nolog re
hausman FE RE
```

```
qui xtlogit union age grade i.not_smsa i.south southXt black, nolog fe
margins, dydx(age grade) atmeans noatlegend

clogit union age grade not_smsa south southXt black, nolog group(id)
clogit union age grade not_smsa south southXt black, nolog group(id) or
di exp(-1.007318 )
```

참고문헌

민인식 · 최필선 (2019a), 『STATA 기초적 이해와 활용 : 15-16버전』, 지필미디어.

민인식 · 최필선 (2019b), 『STATA 기초통계와 회귀분석 : 15-16버전』, 지필미디어.

민인식 · 최필선 (2019c), 『STATA 고급패널데이터 분석』, 15-16버전』, 지필미디어.

민인식 · 최필선 (2022a), 『STATA 시계열데이터 분석』, 16-17버전』, 지필미디어.

Allerano, M. and S. Bond (1991), "Some tests of specification for panel data: Monte Carlo evidence and an application to employment equations," *Review of Economic Studies*, 58, 277-297.

Allerano, M. and O. Bover (1995), "Another look at the instrumental variable estimation of error-components models," *Journal of Econometrics,* 68, 29-51.

Anderson, T. W. and C. Hsiao (1981), "Estimation of dynamic models with error components," *Journal of the American Statistical Association*, 76, 598-606.

Baltagi, B. (2008), *Econometric Aanalysis of Panel Data*, Wiley & Sons.

Baltagi, B. and P. X. Wu (1999), "Unequally spaced panel data regression with AR(1) disturbances," *Econometric Theory*, 15, 814-823.

Beck, N. L., and J. N. Katz (1995), "What to do (and not to do) with time-series cross-section data," *American Political Science Review*, 89, 634-647.

Bhargava, A., L. Franzini, and W. Narendranathan (1982), "Serial correlation and the fixed effects model," *Review of Economic Studies*, 49, 533-549.

Blundell, R. and S. Bond (1998), "Initial conditions and moment restrictions in dynamic panel-data models," *Journal of Econometrics,* 87, 115-143.

Breusch, T. S. and A. R. Pagan (1980), "The langrange multiplier test and its applications to model specification in econometrics," *Review of Economic Studies*, 47, 239-253.

Davidson, R and J. MacKinnon (1993), *Estimation and Inference in Econometrics*, New York: Oxford University Press.

Neyman, J. and E. L. Scott (1948), "Consistent estimation from partially consistent observations," *Econometrica*, 16, 1-32.

Roodman, D. (2006), "How to do xtabond2: an introduction to 'Difference' and 'System' GMM in Stata," Center for Global Development Working Paper, Number 103.

Swamy, P. A. V. B., and S. S. Arora (1972), "The exact finite sample properties of the estimators of coefficients in the error components regression models," *Econometrica*, 40, 261-275.

Windmeijer, F. (2005), "A finite sample correction for the variance of linear efficient two-step GMM estimators," *Journal of Econometrics*, 126, 25-52.

Wooldridge, J. M. (2002), *Econometric Analysis of Cross Section and Panel Data*, MIT Press.

찾아보기

저자 약력

◆ 민인식

- 서울대학교 사회과학대학 경제학부 졸업
- Texas A&M University 경제학과 대학원 졸업 (경제학 박사)
- 정보통신정책연구원 책임연구원
- Adjunct Professor, School of Public Health, Texas A&M University
- (현) 경희대학교 정경대학 경제학과 교수

◆ 최필선

- 서울대학교 사회과학대학 국제경제학과 및 동 대학원 졸업
- Texas A&M University 경제학과 대학원 졸업 (경제학 박사)
- 예금보험공사 연구위원, 금융감독원 팀장
- (현) 건국대학교 상경대학 국제무역학과 교수

패널데이터분석 Version16-17 3판
STATA Panel Data Analysis

발 행 일 3판 1쇄 발행 2022년 2월 18일
저 자 민인식, 최필선
발 행 인 김성남
발 행 처 (주)지필미디어

주 소 경기도 파주시 문발로 115 세종밴처타운 404호
전 화 (031) 957-4504
팩 스 (031) 957-4503
이 메 일 book@jiphil.co.kr
홈페이지 www.jiphil.co.kr
등록번호 제 312-1997-000043호 (1997년 07월 16일)

I S B N 979-11-86674-92-5 (93310)
가 격 30,000원